Dw

21世纪高等院校数字艺术类规划教材

马娜 陈中元 王文兵 ◎ 主编
杜怡君 喻会 吴谦 ◎ 副主编

中文版 Dreamweaver CC 基础培训教程

移动学习版

人民邮电出版社
北京

图书在版编目（CIP）数据

中文版Dreamweaver CC基础培训教程 : 移动学习版 / 马娜, 陈中元, 王文兵主编. -- 北京 : 人民邮电出版社, 2019.9
21世纪高等院校数字艺术类规划教材
ISBN 978-7-115-51499-8

Ⅰ. ①中… Ⅱ. ①马… ②陈… ③王… Ⅲ. ①网页制作工具—高等学校—教材 Ⅳ. ①TP393.092

中国版本图书馆CIP数据核字(2019)第117823号

内 容 提 要

Dreamweaver 是用户需求量大、深受个人和企业青睐的网页制作软件之一。本书针对目前广泛使用的 Dreamweaver CC 软件，讲解使用 Dreamweaver 制作网页的方法。首先对网页的基础知识进行详细介绍；然后介绍使用 Dreamweaver CC 制作简单网页的方法，如制作基础的文本网页、图像网页；再逐步深入，讲解超链接、网页布局、模板、行为、表单和库等知识点和相关操作；最后将 Dreamweaver 操作与网页设计实战相结合，通过一个完整网页的设计与制作来对全书知识进行综合应用。

为了便于读者更好地学习，本书除了设计“疑难解答”“技巧”与“提示”小栏目，还在需要扩展、详解的知识点及操作步骤旁附有相应的视频和扩展资料，读者通过手机或平板电脑扫描对应二维码，即可观看该知识点的详解及操作步骤的视频演示。

本书不仅可作为各院校网页设计相关专业的教材，还可供相关行业及专业工作人员学习和参考。

◆ 主　　编　马　娜　陈中元　王文兵
副 主 编　杜怡君　喻　会　吴　谦
责任编辑　税梦玲
责任印制　焦志炜

◆ 人民邮电出版社出版发行　　北京市丰台区成寿寺路 11 号
邮编　100164　　电子邮件　315@ptpress.com.cn
网址　http://www.ptpress.com.cn
固安县铭成印刷有限公司印刷

◆ 开本：787×1092　1/16
印张：15.75　　2019 年 9 月第 1 版
字数：399 千字　　2024 年 12 月河北第 3 次印刷

定价：49.80 元

读者服务热线：(010)81055256　印装质量热线：(010)81055316
反盗版热线：(010)81055315
广告经营许可证：京东市监广登字20170147号

前言

PREFACE

随着近年来课程的不断深入、计算机软硬件的升级，以及教学方式的不断更新，市场上很多教材讲解的软件版本、硬件型号、教学结构等都已不再适应当前的教学环境。

鉴于此，我们认真总结了教材编写经验，用2~3年的时间深入调研各地、各类院校的需求，组织了一个优秀且具有丰富教学经验和实践经验的作者团队编写了本套教材，以帮助各类院校快速培养优秀的技能型人才。

本着“学用结合”的原则，我们在教学方法、教学内容、教学资源3个方面体现了自己的特色。

教学方法

本书精心设计了“课堂案例→知识讲解→课堂练习→上机实训→课后练习”5段教学法，以激发学生的学习兴趣。通过对理论知识的讲解和经典案例的分析，训练学生的动手能力，再辅以课堂练习与课后练习帮助学生强化并巩固所学的知识和技能，达到提高学生实际应用能力的目的。

◎ **课堂案例：** 除了基础知识部分，涉及操作的知识均在每节开头以课堂案例的形式引入，让学生在操作中掌握该节知识在实际工作中的应用。

◎ **知识讲解：** 深入浅出地讲解理论知识，对课堂案例涉及的知识进行扩展与巩固，让学生理解课堂案例的操作。

◎ **课堂练习：** 紧密结合课堂讲解的内容给出操作要求，并提供适当的操作思路及专业背景知识供学生参考。该部分要求学生独立完成，以充分训练学生的动手能力，并提高其独立完成任务的能力。

◎ **上机实训：** 精选案例，对案例要求进行定位，对案例效果进行分析，并给出操作思路，帮助学生分析案例，让学生能够根据思路提示独立完成操作。

◎ **课后练习：** 结合每章内容给出几道操作题，学生可通过练习，强化巩固每章所学知识，从而温故知新。

教学内容

本书的教学目标是循序渐进地帮助学生掌握使用 Dreamweaver CC 进行网页设计与制作的相关知识。全书共 10 章，可分为以下 6 个方面的内容。

◎ **第1章：** 概述网页设计与制作的一些基础知识，如网站、网页、网页结构、HTML标记语言等基本概念，以及网站设计与制作的基本流程等。

◎ **第2章：**主要讲解Dreamweaver CC的基本操作，包括认识工作界面、创建与管理站点、网页文档的基本操作、页面属性的设置等。

◎ **第3~5章：**主要讲解使用Dreamweaver CC制作网页的相关知识，包括制作简单的文本网页、图文并茂的网页、带有超链接的网页等。

◎ **第6章：**主要讲解网页布局的相关知识，包括使用表格布局和使用DIV+CSS布局等。

◎ **第7~9章：**主要讲解网页的高级操作，包括使用模板、库、表单、行为等功能，以及移动端网页的设计与制作方法。

◎ **第10章：**综合应用本书所学的Dreamweaver知识进行网页设计与制作，包括网页首页和网页二级页面的制作等。

教学资源

本书提供了立体化教学资源，以丰富教师的教学方式。读者可到 box.ptpress.com.cn/y/51499 下载资源。本书的教学资源包括以下 3 个方面的内容。

01 视频资源

本书在讲解过程中提供了很多辅助学习的视频，读者用手机或平板电脑扫描对应二维码即可查看、学习相关操作的视频演示等。

02 教学资源

本书配套了精心制作的教学资源包，包括丰富的网页结构设计参考、网页效果图参考、PPT、教学教案等资源，以便老师顺利开展教学工作。

03 扩展资源

扩展资源包中包含每年定期更新的拓展案例。扩展资源中含有网页设计案例素材、网页设计中的网站发布技术等。

致 谢

本书由马娜、陈中元、王文兵任主编，杜怡君、喻会、吴谦任副主编。另外，刘森参与了编写，并为本书提供了很多精彩的商业案例，在此表示感谢。

作 者

2019 年 3 月

目录
CONTENTS

CHAPTER 1

第1章 网页的基本操作

随着科技的发展，网络以其独特的优势成为人们生活和工作中不可缺少的重要部分。它通过文字、图片、影音播放、下载传输、游戏、聊天软件等途径将各种信息通过网页传达给用户，为人们带来极其丰富的生活和美好的享受。Dreamweaver是网页制作的软件之一，在使用该软件制作网页前，读者需要先对网页的基本知识进行了解。本章将介绍制作网页的基础知识，包括网页设计基础、网页构建流程等。通过本章的学习，读者可以了解网页设计的相关基本操作。

课堂学习目标

- 了解网站与网页的关系
- 了解网站类型与基本结构
- 掌握网页的基本构成要素
- 掌握网站制作的基本流程

课堂案例展示

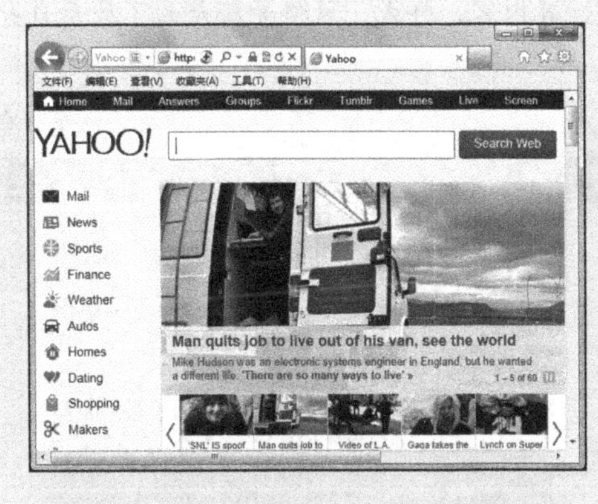

赏析特色网站

1.1 网页设计基础

在网络中，几乎所有的网络活动都与网页有关，要想学习网页制作，就需要先了解一些网页的基本知识，如网站与网页的关系、网站的类型、网站的结构、网页的基本构成要素和网页编辑语言等，本节将详细讲解这些知识。

1.1.1 网站与网页的关系

互联网是由成千上万个网站组成的，而每个网站又由诸多网页构成，因此可以说网站是由网页组成的一个整体。下面分别对网站和网页进行介绍。

- 网站：网站是指在互联网上根据一定的规则，使用HTML（标准通用标记语言）工具制作的用于展示特定内容的一组相关网页的集合。通常情况下，网站只有一个主页，主页中会包含该网站的标志和指向其他页面的链接。用户可以通过网站来发布想要公开的资讯，或者利用网站来提供相关的网络服务；也可以通过网页浏览器来访问网站，获取自己需要的资讯或者享受网络服务。
- 网页：网页是组成网站的基本单元，用户上网浏览的一个个页面就是网页。网页又称为Web页，一个网页通常就是一个单独的HTML文档，其中包含文字、图像、声音和超链接等元素。

1.1.2 常见的网站类型

网站是多个网页的集合，按网站内容可将网站分为5种类型：门户网站、企业网站、个人网站、专业网站和职能网站，下面将分别对这几种类型的网站进行讲解。

- 门户网站：门户网站是一种综合性网站，涉及领域非常广泛，包含文学、音乐、影视、体育、新闻、娱乐等方面的内容，还具有论坛、搜索和短信等功能。国内较著名的门户网站有新浪网、搜狐网、网易网等，如图1-1所示。
- 企业网站：企业网站是为了在互联网上展示企业形象和品牌产品，以对企业进行宣传而建设的网站。企业网站一般以企业的名义开发创建，其内容、样式、风格等都是为了展示自身的企业形象，如图1-2所示。

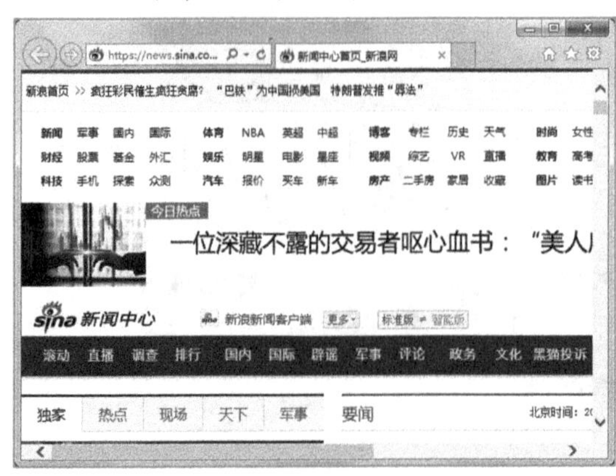

图1-1 门户网站

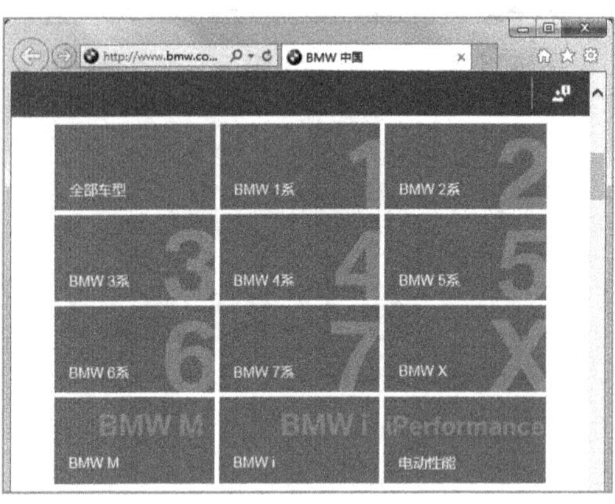

图1-2 企业网站

- 个人网站：个人网站是指个人或团体因某种兴趣、拥有某种专业技术、提供某种服务或为了展示、销售自己的作品、商品而制作的具有独立空间域名的网站，它具有较强的个性。图1-3所示为个人平面作品展示网站。
- 专业网站：这类网站具有很强的专业性，通常只涉及某一个领域，如太平洋电脑网是一个电子产品专业网站平台，如图1-4所示。

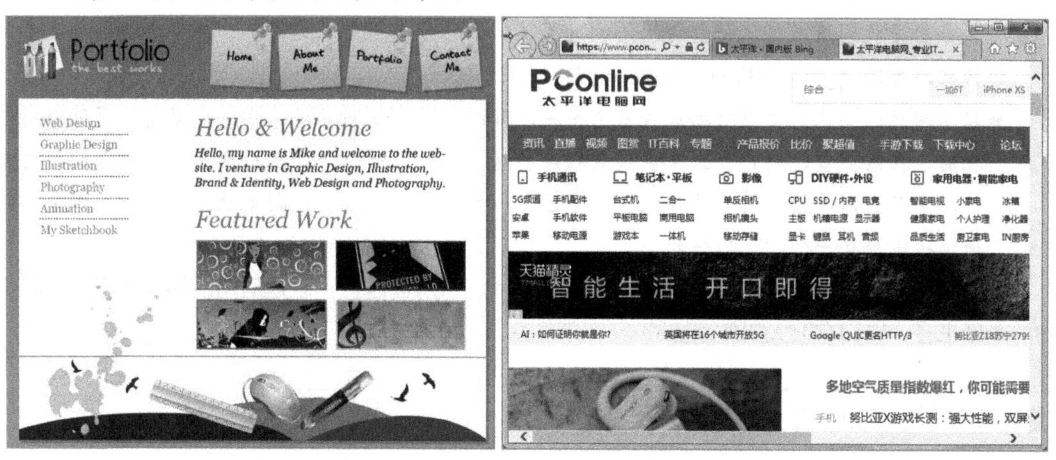

图1-3 个人网站　　　　图1-4 专业网站

- 职能网站：职能网站具有特定的功能，如政府职能网站等。目前流行的电子商务网站也属于这类网站，较有名的电子商务网站有淘宝网、卓越网、当当网等，如图1-5所示。

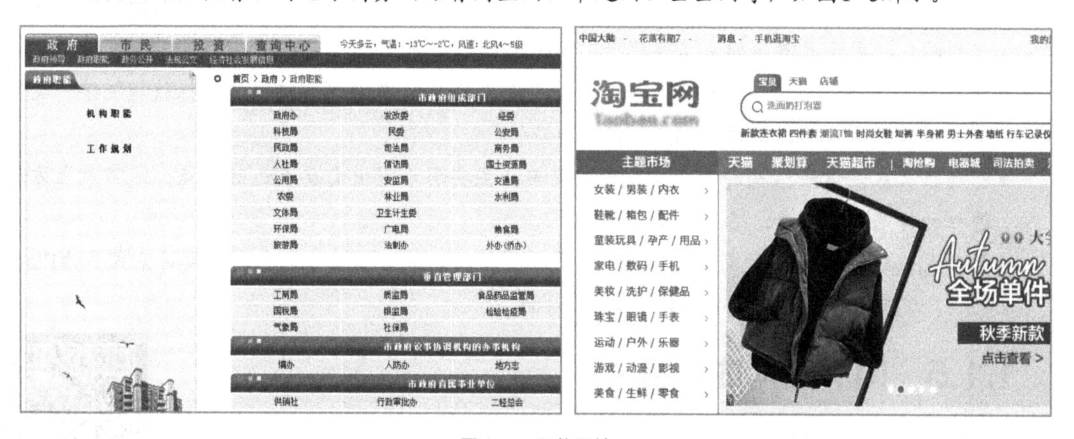

图1-5 职能网站

1.1.3 网页的分类

根据不同的分类方式，可以将网页分为不同的类型，下面分别进行介绍。

1. 按位置分类

按网页在网站中的位置可将网页分为主页和内页。主页是指网站的主要导航页面，一般是进入网站时打开的第一个页面，也称为首页；内页是指与主页相链接的页面，也就是网站的内部页面。

2. 按表现形式分类

按网页的表现形式可将网页分为静态网页和动态网页，并且静态网页与动态网页也是相对的，即静态网页的URL后缀是htm、html、shtml、xml等；而动态网页的URL后缀是asp、jsp、php、perl、cgi等。下面分别介绍静态网页和动态网页的特点。

- 静态网页：静态网页的执行过程是浏览器向网络中的服务器发出请求，指向某个静态网页，服务器接收到请求后，将其传输给浏览器（传送的是一个文本文件），浏览器接收到服务器传来的文件后，解析HTML标记，再显示结果。
- 动态网页：动态网页以数据库技术为基础，可以大大降低网站的维护量。动态网页可以实现注册、在线调查、用户登录及在线购物等功能，它并不是一个独立存在于服务器上的网页文件，而是当用户请求时，才从服务器中返回一个完整的网页。在浏览动态网页时，浏览器的地址栏中会有一个“？”符号。

虽然静态网页与动态网页都可以使用文字和图片展示网页信息，但是从网站的开发、管理和维护的角度来看，它们有很大的差别。

1.1.4 网站的基本结构

网站结构的设计与规划对整个网站的最终呈现效果起着至关重要的作用，它不但直接关系到页面结构的合理性，而且还在一定程度上映射出该网站的类型定位。下面对常见网站的结构进行介绍。

- 国字型：国字型是最常见的一种布局方式，其上方为网站标题和广告条，中间为正文，左右分列两栏，用于放置导航和工具栏等，下方为站点信息。
- 拐角型：拐角型与国字型相似，上方为标题和广告条，中间左侧较窄的一栏放超链接一类的功能，右侧为正文，下方为站点信息。
- 标题正文式：这种结构的布局方式比较简单，主要用于突出需要表达的重点，通常最上方为通栏的标题和导航条，下方为正文部分。
- 封面式：封面式常用于显示宣传网站首页，一般以精美大幅图像为主题，设计方式多为Flash动画，还有许多网站采用HTML5来制作封面。

1.1.5 网页的构成要素

知识链接
网页常用术语

在网页中，文字和图像是构成网页最基本的两个元素。除此之外，构成网页的元素还包括动画、音频、视频和表单元素等，如图1-6所示。下面分别介绍网页各构成要素的作用。

- 文字：文字是网页中最基本的组成元素之一，是网页主要的信息载体，通过它可以非常详细地将要传达的信息传送给用户。文字在网络上传输速度较快，用户可方便地浏览和下载文字信息。
- 图像：图像也是网页中不可或缺的元素，它有着比文字更直观和生动的表现形式，并且可以传递一些文字不能传递的信息。

图1-6 网页的元素

- LOGO：在网页设计中，LOGO起着相当重要的作用。一个好的LOGO不仅可以为企业或网站树立好的形象，还可以传达丰富的行业信息。
- 表单元素：表单是功能型网站的一种元素，它用于收集用户信息、帮助用户进行功能性控制。表单的交互设计与视觉设计是网站设计中相当重要的环节，在网页中小到搜索框、大到注册表都需要使用它。
- 导航：导航是网站设计中必不可少的基础元素之一，它是网站结构的分类，用户可以通过导航识别网站的内容及信息。
- 动画：网页中常用的动画格式主要有两种：一种是GIF动画；另一种是SWF动画。GIF动画是逐帧动画，相对比较简单；SWF动画则更富表现力和视觉冲击力，还可结合声音和互动功能，给用户带来强烈的视听感受。
- 超链接：用于指定从一个位置跳转到另一个位置的超链接，可以是文本链接、图像链接、锚链接等。可以在当前页面中进行跳转，也可以在页面外进行跳转。
- 音频：音频文件可以使网页效果更加多样化，网页中常用的音乐格式有mid、mp3等。mid是通过计算机软、硬件合成的音乐，不能被录制；mp3为压缩文件，其压缩率非常高，音质也不错，是背景音乐的首选。
- 视频：网页中的视频文件一般为flv格式。它是一种基于Flash MX的视频流格式，具有文件小、加载速度快等特点，是网络视频格式的首选。

1.1.6 网页制作的核心语言

在网页制作方面，一些新技术、新应用层出不穷，但不管怎样变化，在制作网页时也要掌握最基础、最重要的网页核心语言，如HTML语言、CSS语言（将在第7章进行介绍）和JaveScript脚本语言等，下面分别对这些语言的内容进行简单介绍。

1. HTML 标记语言

HTML是标准通用标记语言下的一个应用，也是一种规范、一种标准，它通过标记符来标记要显示的网页中的各个部分。网页文件本身是一种文本文件，通过在文本文件中添加标记符，可以告诉浏览器如何显示其中的内容，如文字如何处理、画面如何安排、图片如何显示等。

（1）HTML语言的特点

HTML语言不复杂，但功能很强大，可支持不同数据格式的文件嵌入，如图像、声音、视频、动画、表单和超链接等，这也是它在互联网中盛行的原因之一，其主要特点如下。

- 简易性：HTML语言版本升级采用超集方式，从而更加灵活方便。
- 可扩展性：HTML语言的广泛应用带来了加强功能、增加标记符等要求，它采取子类元素的方式，为系统扩展带来了保证。
- 平台无关性：HTML语言是一种标准，使用同一标准的浏览器在查看一份HTML文档时的显示是一样的。但是网页浏览器的种类众多，为了让不同标准的浏览器用户查看同样显示效果的HTML文档，HTML语言使用了统一的标准，从而使其能显示于各个浏览器平台。

（2）HTML语言的基本语法

HTML语言是一套指令，通过指令让浏览器识别页面类别，而浏览器识别页面类别也是通过页面的起始标记<html>和结束标记</html>来实现的。由此可见，在网页中，大多数标记都是成对出现的，而每个标记的结束标记都是以右斜杠加关键字来表示的。另外，HTML页面主要有头部和主体两个部分，下面分别对其进行介绍。

- 头部：所有关于整个文档的信息都包含在头部中，即<head></head>标记之间，如网页标题、描述及关键字等。
- 主体：可以调用的任何语言的子程序都包含在主体中，网页中的所有标记内容都放在主体中，如文字、图像、嵌入的动画、Java小程序和其他页面元素等，即<body></body>标记之间。

提示 在头部的<head></head>标记之间还包括<title></title>标记，主要用于设置页面标题，但此标题并不会出现在浏览器窗口中，而是显示在浏览器的标题栏中。

（3）HTML语言的常用标记

在HTML语言中，各标记之间不区分大小写，不管是用大写字母、小写字母，还是大、小写字母混合使用，其作用都是相同的，但为了编码的美观，建议统一使用小写字母。下面介绍一些HTML语言中常用的标记符号。

- 格式标记：在HTML语言中用于设置格式的标记主要有<p></p>分段标记，
换行标记，<blockquote> </blockquote>两边缩进标记，<dl></dl>、<dt> </dt>和<dd> </dd>级别标记，<ol> </ol>、<ul> </ul>和<li> </li>列表标记，<div> </div>层标记等。
- 文字标记：文字标记主要用于设置文字格式，如<pre> </pre>预处理标记、<h1> </h1>……

<h6> </h6>标题格式标记、<tt> </tt>默认字体格式标记、<cite> </cite>斜体标记、<em> </em>斜体并黑体标记、<strong> </strong>加粗并黑体标记等。

- 图像标记：用于添加图像的标记，即<img></img>。
- 表格标记：主要用于添加表格，即<table></table>。但可通过表格属性标记设置其表格格式。
- 链接标记：在网页文档中添加各种链接，即<a href=""></a>。
- 表单及表单元素标记：主要用于添加表单及在表单中添加表单元素，如<form> </form>表单标记、<input type="">输入区标记、<select> </select>下拉列表框标记、<option></option>列表框标记、<textarea> </textarea>多行文本框区域标记。需注意的是，表单元素标记都必须放在表单标记中。

提示 <input type="">标记中共提供了8种类型的输入区域，具体由type属性来决定，如<input type="text">表示文本框，<input type="button">表示按钮类型。

2. HTML5 语言的基本介绍

HTML5草案的前身名为Web Applications 1.0，2004年由WHATWG提出，于2007年被万维网联盟（World Wide Web Consortium，W3C）接纳，并成立了新的HTML工作团队，第一份正式草案于2008年1月22日公布。2012年12月17日，万维网联盟宣布HTML5规范正式定稿，并称“HTML5是开放的Web网络平台的奠基石”。下面将分别介绍HTML5中的新标记及HTML5语言的新特点。

（1）HTML5中的新标记

在HTML5中提供了一些新的元素和属性，下面将分别介绍在HTML5语言中添加的常用标记。

- 搜索引擎标记：主要是有助于索引整理，同时更好地帮助小屏幕装置和视障人士使用，即<nav></nav>导航块标记和<footer></footer>标记。
- 视频和音频标记：主要用于添加视频和音频文件，如<video controls></video>和<audio controls></audio>。
- 文档结构标记：主要用于在网页文档中进行布局分块，整个布局框架都使用<div>标记进行制作，如<header><footer><dialog><aside>和<fugure>。
- 文字和格式标记：HTML5语言中的文字和格式标记与HTML语言中的基本相同，但是去掉了<u><font><center>和<strike>标记。
- 表单元素标记：HTML5与HTML相比，在表单元素标记中，添加了更多的输入对象，即在<input type="">中添加了电子邮件、日期、URL和颜色等输入对象。

（2）HTML5语言的新特点

与之前的HTML语言相比，HTML5语言有两大特点：一方面，它强化了Web网页的表现性能；另一方面，它除了可描绘二维图形外，还添加了播放视频和音频的标签，追加了本地数据等Web的应用功能。其新特点具体介绍如下。

- 全新且合理的标记：该特点主要体现于多媒体对象的绑定情况。以前的多媒体对象都绑定在<object>和<embed>标记中，在HTML5中，则有单独的视频和音频的标记，分别为<video

controls></video>和<audio controls></audio>标记。

- Canvas对象：主要是给浏览器带来了直接绘制矢量图的功能，可摆脱Flash和Silverlight，直接在浏览器中显示图形或动画。
- 本地数据库：主要是通过内嵌一个本地的SQL数据库，增加交互式搜索、缓存和索引功能。
- 浏览器中的真正程序：在浏览器中提供API，可实现浏览器内的编辑、拖放和各种图形用户界面的功能。

3. JavaScript 脚本语言

JavaScript是一种脚本编程语言，支持网页应用程序的客户机和服务器的开发。在客户机中，它可用于编写网页浏览器在网页页面中执行的程序；在服务器中，它可用于编写服务器程序，网页服务器程序用于处理浏览器页面提交的各种信息并相应地更新浏览器的显示。因此，JavaScript语言是一种基于对象和事件驱动且具有安全性能的脚本语言。下面简单介绍JavaScript脚本语言。

（1）JavaScript脚本语言的特点

在网页中使用JavaScript脚本语言，可以与HTML语言一起实现在一个网页页面中与网页客户机交互的作用，并且它是通过嵌入或调入标准的HTML语言来实现的，弥补了HTML语言的缺陷。

JavaScript是一种比较简单的编程语言，在使用时直接在HTML页面中添加脚本，无需单独编译解释，在预览时直接读取脚本执行其指令。因此，JavaScript脚本语言使用起来简单方便、运行快，适用于简单应用。在Dreamweaver中的各种行为效果就是使用JavaScript脚本语言实现的。

（2）JavaScript脚本语言的引用及位置

在Dreamweaver CC中，JavaScript脚本语言是引用在<script></script>标记之间的，如图1-7所示。如果需要重复使用某个JavaScript程序，则可将这些代码作为一个单独的文件进行存放，其扩展名为js。在引用时，使用src属性，如图1-8所示。

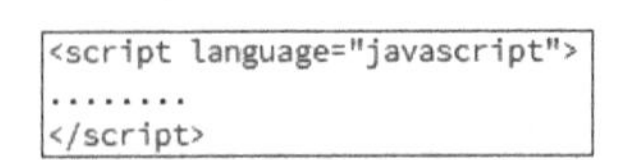

```
<script language="javascript">
........
</script>
```

图1-7　脚本语言的引用

```
<script language="javascript" src="script.js">
</script>
```

图1-8　引用脚本文件

1.1.7　屏幕分辨率和网页编辑器

通过前面的知识可了解网页是一个HTML格式的文件，并通过UTL来识别与存取，再通过浏览器显示结果。此外，屏幕分辨率决定着网页制作的尺寸，而网页编辑器则是实现网站制作的一个利器。下面将对屏幕分辨率和网页编辑器进行介绍。

1. 屏幕分辨率

屏幕分辨率是指分辨图像的清晰度，它也是由一个个像素点组成的，且分辨率越高，像素点越多，显示的图像就越清晰。

在网页设计中，屏幕分辨率直接影响着网页的尺寸。因为在网页布局时，由于用户操作环境的不同，其网页设计的尺寸也有所区别。就目前而言，1 920像素×1 080像素和1 280像素×1 024像素的屏幕分辨率是最常用的，设计的网页看起来也较为美观。图1-9所示为1 920像素×1 080像素下的网页，图1-10所示则为1 280像素×1 024像素下的网页。

图1-9　1 920像素 ×1 080像素下的网页

图1-10　1 280像素 ×1 024像素下的网页

2. 网页编辑器

网页编辑器是指设计网页并输入内容的相关操作工具，根据输入的方法可以分为HTML代码编辑器和可视化编辑器。HTML代码编辑器可直接在编辑器中输入HTML代码，如记事本。而可视化编辑器则可根据操作查看效果，如常用的Dreamweaver CC。下面分别对这两种编辑器进行介绍。

- HTML代码编辑器：记事本是最典型的HTML代码编辑器，熟悉HTML标记的用户可直接在记事本中输入HTML标记制作网页，但输入的HTML标记不能有半点差错，否则将导致网页错误。
- 可视化编辑器：Dreamweaver CC是最常用的可视化编辑器之一。在该编辑器中，即使不熟悉HTML标记也可以制作出网页，只需在网页中输入相应的内容，就会自动生成相应的HTML标记，但有可能生成一些不必要的标记，从而使文件变大。

1.1.8　网页色彩搭配

色彩是光刺激眼睛再传到大脑的视觉中枢而产生的一种感觉。良好的色彩搭配能够给网页浏览者带来很强的视觉冲击力，加深浏览者对网页的印象，是制作优秀网页的前提。下面介绍一些常用的网页色彩搭配方法。

1. 网页安全色

即使设计了漂亮的配色方案，但由于浏览器、分辨率、计算机等配置不同，网页呈现在浏览者眼前的效果也不相同。为了避免这种情况发生，就需要使用网页安全色进行网页配色。

网页安全色是指在不同硬件环境、不同操作系统、不同浏览器中都能够正常显示的颜色集合（调色板或者色谱）。当使用网页安全色进行配色后，这些颜色在任何终端用户的显示设备上都将显示为相同的效果。

网页安全色是当红色（Red）、绿色（Green）、蓝色（Blue）的颜色数字信号值（DAC Count）为0、51、102、153、204、255时构成的颜色组合，一共有216种颜色（其中彩色有210种，非彩色有6种）。Dreamweaver CC中直接提供了这些颜色，可以在颜色板中单击▶按钮展开色板，然后选择需要的颜色，如图1-11所示。

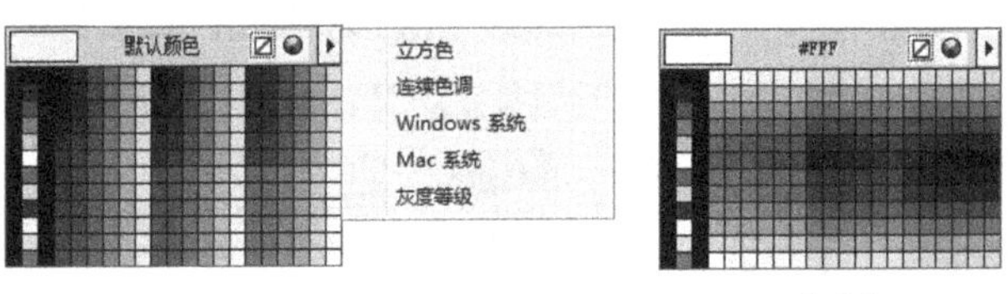

图1-11　Dreamweaver安全色

网页安全色在需要实现高精度的渐变效果、显示真彩图像或照片时有一定的欠缺，设计时并不需要刻意局限使用这216种安全色，而是应该更好地搭配安全色和非安全色，以制作出具有个性和创意的网页。

2. 色彩表达方式

在Dreamweaver中，颜色值最常见的表达方式是十六进制。十六进制是计算机中数据的一种表示方法，由数字0~9、字母A~F组成，字母不区分大小写。颜色值可以采用6位的十六进制代码来表示，并且需要在前面加上特殊符号“#”，如#0E533D。

除此之外，还可通过RGB、HSB、Lab、CMYK来表示。RGB色彩模式是通过对红（R）、绿（G）、蓝（B）3个颜色通道的变化及它们相互之间的叠加来得到各式各样的颜色，是目前运用最广的颜色系统之一。HSB色彩模式是普及型设计软件中常见的色彩模式，其中H代表色相；S代表饱和度；B代表亮度。Lab色彩模式由亮度（L）、a 和b两个颜色通道组成。a包括的颜色是从深绿色（低亮度值）到灰色（中亮度值）再到亮粉红色（高亮度值）；b包括的颜色是从亮蓝色（低亮度值）到灰色（中亮度值）再到黄色（高亮度值）。因此，这种颜色混合后将产生具有明亮效果的色彩。CMYK也称为印刷色彩模式，由青、洋红（品红）、黄、黑4种色彩组合成各种颜色。

3. 相近色的应用

相近色是指相同色系的颜色。使用相近色进行网页色彩的搭配，可以使网页的效果更加统一、和谐，如暖色调和冷色调就是相近色的两种运用。

- 暖色调：暖色主要包括红色、橙色、黄色等色彩，能给人温暖、舒适、有活力的感觉，可以突出网页的视觉效果。在网页中应用相近色时，要注意色块的大小和位置。不同的亮度会对人们的视觉产生不同的影响，如果将同样面积和形状的几种颜色摆放在画面中，画面会显得单调、乏味，所以应该确定颜色最重的一种颜色为主要色，其面积最大，中间色稍小，浅色面积最小，以使画面效果显得丰富，如图1-12所示。
- 冷色调：冷色主要包括青、蓝、紫等色彩，可以给人明快、硬朗的感觉。冷色调颜色的亮度越高，其特效越明显，其中蓝色是最为常用的一种冷色调颜色，如图1-13所示。

技巧　除了暖色调和冷色调外，与黑、白、灰3种中性色组合，能够带给人轻松、沉稳、大方的感觉。中性色主要用于调和色彩搭配，突出其他颜色。

图1-12　暖色调

图1-13　冷色调

4. 对比色的应用

在色相环中每一个颜色对面（180°）的颜色，称为互补色，也是对比最强的色组。对比色也可以指两种可以明显区分的色彩，包括色相对比、明度对比、饱和度对比、冷暖对比等，如黄和蓝、紫和绿、红和青。任何色彩和黑、白、灰，深色和浅色，冷色和暖色，亮色和暗色都是对比色关系。图1-14所示为对比色的网页效果。

图1-14　对比色

1.1.9　网页制作遵循的原则

网页设计与其他设计相似，需要内容与形式统一。除此之外，还要遵循风格定位、CIS的使用等原则。

- 统一内容与形式：好的信息内容应当具有编辑的合理性与形式的统一性，形式是为内容服务的，而内容需要利用美观的形式才能吸引浏览者的关注。就如同产品与包装的关系，包装对产品销售有着重大的作用。网站类型不同，其表现风格也不同，通常表现在色彩、构图和版式等方面。例如，新闻网站多采用简洁的色彩和大篇幅的构图，娱乐网站多采用丰富的色彩和个性化的排版等。总之，设计时一定要遵循美观、科学的色彩搭配和构图原则。
- 风格定位：确定网站的风格对网页设计具有决定性的作用，网站风格包括内容风格和设计风格。内容风格主要体现在文字的展现方法和表达方法上，设计风格则体现在构图和排版上。如主页风格，通常主页依赖于版式设计、页面色调处理、图文并茂等。这需要设计者具有一定的美术资质和修养。
- CIS的使用：CIS（Corporate Identity System，企业识别系统）设计是企业、公司、团体在形象上的整体设计，包括企业理念识别（Mind Identity，MI）、企业行为识别（Behavior Identity，BI）、企业视觉识别（Visual Identity，VI）3部分。VI是CIS中的视觉传达系统，对企业形象在各种环境下的应用进行了合理的规定。在网站中，标志、色彩、风格、理念的统一延续性是VI应用的重点。将VI设计应用于网页设计中，是VI设计的延伸，即网站页面的构成元素以VI为核心，并加以延伸和拓展。随着网络的发展，网站成为企业、集团宣传自身形象和传递企业信息的一个重要窗口，因此，VI系统在提高网站质量、树立专业形象等方面起着举足轻重的作用。

疑难解答 如何保持网页设计风格的统一？

一个简单的保持网站内部设计风格统一的方法是：保持网页某部分固定不变，如LOGO、徽标、商标或导航栏等，或者设计相同风格的图表或图片。通常，上下结构的网站保持导航栏和顶部的LOGO等内容固定不变。需要注意的是，不能陷入一个固定不变的模式，要在统一的前提下寻找变化，寻找设计风格的衔接和设计元素的多元化。

1.2 制作网站的基本流程

网页设计是一项系统而又复杂的项目，因此，在设计时必须遵循一定的流程，进行规范的操作。这样才能有条不紊地制作网页，并减少工作量、提高工作效率。下面将对网站的策划、制作网站的准备工作和制作及上传网页的相关知识进行介绍。

1.2.1 网站分析与策划

网站分析与策划是制作网页的基础。在确定要制作网页后，应该先对网页进行准确的定位，以确保网页设计效果和功能水平，包括网站的主题和定位、网站的目标、网站的内容与形象规划、素材和内容收集和推广网站等。

- 确定网站的主题和定位：确定网站的主题是指在网站规划前，先对网站环境进行调查分析，包括社会环境调查、消费者调查、竞争对手调查、资源调查等。网站定位是指在调查的基础上进行进一步的规划，一般是根据调查结果确定网站的服务对象和内容。需要注意的是，网站的内容一定要有针对性。
- 确定网站的目标：网站的目标是指从总体上为网站建设提供总的框架大纲和网站需要实现的功能等。
- 内容与形象规划：网站的内容与形象是网站吸引浏览者的主要因素，与内容相比，多变的形象设计具有更加丰富的表现效果，如网站的风格设计、版式设计、布局设计等。这一过程需要设计师、编辑人员、策划人员的全力合作，才能达到内容与形象的高度统一。
- 素材和内容收集：在确定好网页类型后，需要搜集和整理网页内容与相关文本，以及图形和动画等素材，并将其进行分类整理，如制作企业或公司的网站就需要搜集和整理企业或公司的介绍、产品、企业文化等信息。
- 推广网站：网站推广是网页设计过程中必不可少的环节，一个优秀的网站，尤其是商业网站，有效的市场推广是成功的关键因素之一。因此，在进行网站分析与策划时还需要考虑网站推广的方式。

1.2.2 网页效果图设计

网页效果图设计与传统的平面设计相同，通常使用Photoshop进行界面设计。图1-15为利用其图像处理上的优势制作多元化的效果图，最后对图像进行切片并导出为网页。

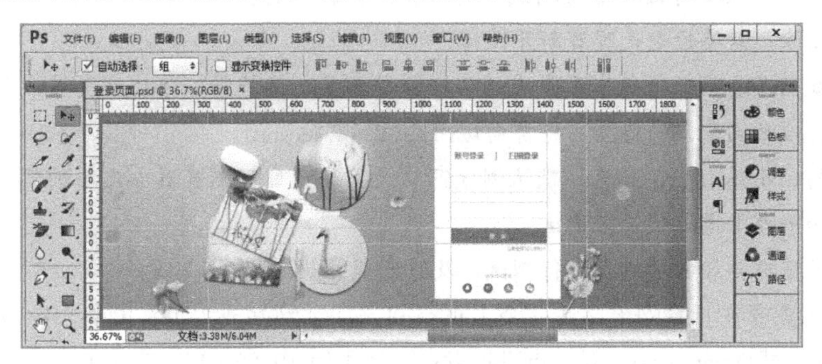

图1-15 网页效果图设计软件

提示 也可以通过其他软件来制作网页需要的元素，如图像制作软件Illustrator、CorelDRAW，动画制作软件Flash，视频编辑软件Premiere、After Effect等。

1.2.3 创建并编辑网页文档

完成前期的准备工作后，就可以启动Dreamweaver进行网页的初步设计了。此时应该先创建管理资料的场所——站点，并对站点进行规划，确定站点的结构，包括并列、层次、网状等结构，可根据实际情况选择。然后在站点中创建需要的文件和文件夹，并对页面中的内容进行填充和编辑，丰富网页中的内容。本书将主要介绍使用Dreamweaver CC制作网页的方法。

1.2.4 优化与加工网页文档

为了增加网页被浏览者搜索到的概率，还需要适时地对网站进行优化。网站优化包含的内容很多，如搜索关键字的优化、清晰的网站导航、完善的在线帮助等，以最完整地体现和发挥出网站的功能和信息。用户可以从以下几个方面来考虑网站自身的优化。

- 尽量多使用纯文本链接，并定义全局统一链接位置。
- 标题中需要包含有优化关键字的内容，并且网站中的其他子页面标题不能雷同，必须要能展示当前网页所表达的内容。
- 网页关键词要与网站相关，尽量选取较瞩目、热门的相关词汇。
- 网站结构要清晰，明确每个页面的具体功能和位置。

1.2.5 测试并发布 HTML 文档

完成网页的制作后，还需对站点进行测试并发布。站点测试可根据浏览器种类、客户端要求及网站大小等进行测试，通常是将站点移到一个模拟调试服务器上对其进行测试或编辑。测试站点时应注意以下几个方面。

- 监测页面的文件大小及下载速度。
- 运行链接检查报告对链接进行测试。因为页面在制作过程中可能会使某些链接指向的页面被移动或删除，需要检查是否有断开链接。
- 一些浏览器不能很好地兼容网页中的某些样式、层、插件等，导致网页显示不正常。这需要测试人员检查浏览器的行为，将自动访问定位到其他页面。
- 页面布局、字体大小、颜色、默认浏览窗口大小等在目标浏览器中无法预览，需要在不同的浏览器和平台上进行预览并调试。
- 在制作过程中要经常对站点进行测试，及时发现并解决问题。

发布站点前需要在互联网上申请一个主页空间，指定网站或主页在网络中的位置。然后使用SharePoint Desiger或Dreamweaver对站点进行发布，也可使用FTP（File Transfer Protocol，文件传输协议）软件将文件上传到服务器申请的网址目录下。

1.2.6 网站的更新与维护

将站点上传到服务器后，需要每隔一段时间对站点中的某些页面进行更新，保持网站内容的新鲜感以吸引更多的浏览者。此外，还应定期打开浏览器检查页面元素和各种超链接是否正常，以防止死链接情况的存在。最后还需要检测后台程序是否被不速之客篡改或注入，以便进行及时修正。

1.3 上机实训——赏析特色网站

1.3.1 实训要求

本实训要求对不同类型（如雅虎、网易和POCO等）的特色网站进行赏析，以加深对网页设计工作的基本理解。

1.3.2 实训分析

对一些制作精美、浏览量大的网站进行分析，可以快速提高网站设计者的设计水平，主要包括网站的页面布局、界面设计、配色、功能实现和内容等方面的分析，以找出网站的设计优异性，并加以借鉴。当然，不同类型的网站设计的思路和风格不同，所需借鉴的网站也不相同，具体情况具体分析。另外，要制作出优秀的网站，最重要的还是设计人员的不断创新和练习。

视频教学
赏析特色网站

1.3.3 操作思路

需要在浏览器中输入网站的地址进入网站首页，然后对网页的结构进行分析与学习。

【步骤提示】

STEP 01 在浏览器地址栏中输入雅虎网的网址，打开雅虎首页，如图1-16所示。雅虎是著名的门户网站，其布局、设计、功能都被认为是门户网站设计的标杆。仔细分析网站的结构和布局，加深对国字型网站布局结构的理解。

STEP 02 在浏览器地址栏中输入网易网的网址，打开网易网首页。仔细分析网站的结构和布局，加深对标题正文型网站布局结构的理解。

STEP 03 在浏览器地址栏中输入POCO网的网址，打开POCO网首页，如图1-17所示。仔细分析网站的结构和布局，并学习网站的主色调和配色方案。

图1-16　雅虎网首页

图1-17　POCO网首页

1.4 课后练习

1. 练习1——*规划个人网站*

本练习要求对个人网站进行规划。该网站主要用于展示用户的个人摄影作品、个人信息和最新动态，并且会和大家分享一些摄影作品的拍摄技巧。要求制作的网页能体现该网站的主要功能，界面设计要符合网站特色。要完成本练习需要先搜集相关的图像和文字等资料，然后制作草图并确认。站点规划草图参考效果如图1-18所示。

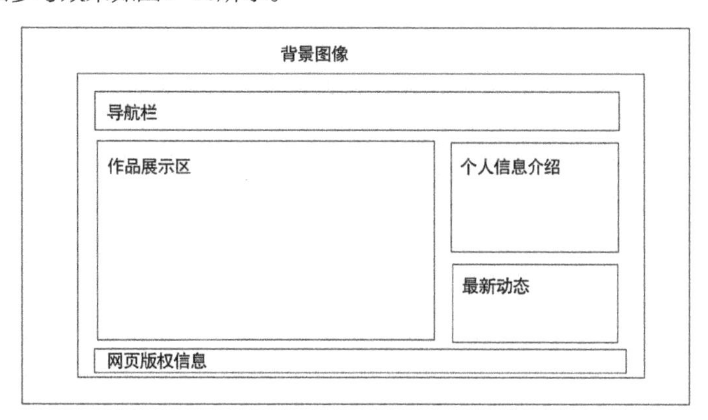

图1-18　个人网站草图设计

提示：根据个人需要绘制并修改网站站点基本结构；绘制草图并进行确认，然后搜集相关的文字、图像资料。

2. 练习2——*规划灯饰照明网站*

本练习要求对一个灯饰照明电商网站进行规划。该网站主要用于展示企业的产品、企业的相关信息和最新动态。要求制作的网页能体现该网站的主要功能，界面设计要符合网站特色。要完成本练习需要先搜集相关的图像和文字等资料，然后规划站点结构，参考效果如图1-19所示。

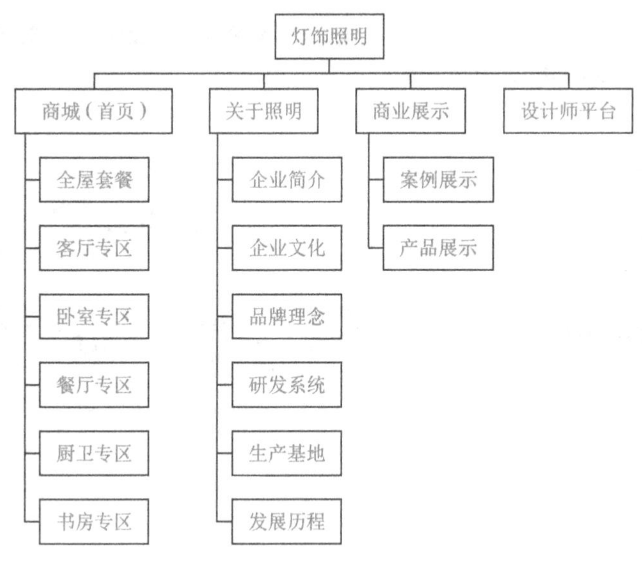

图1-19　灯饰照明网站结构图

CHAPTER 2

第2章 Dreamweaver CC的基本操作

使用Dreamweaver CC可以快速、轻松地完成网页设计与开发、网站维护、Web应用程序设计的全部过程。它不仅适合初学者使用，也适合专业的网页设计者使用。本章将介绍Dreamweaver CC的基本操作，主要包括Dreamweaver CC工作界面、站点、网页文档等相关知识。通过本章的学习，读者可以使用Dreamweaver CC创建网站站点，并在其中创建网页文档。

课堂学习目标

- 了解Dreamweaver CC的工作界面
- 掌握站点的创建和管理方法
- 掌握网页文档的相关基本操作

课堂案例展示

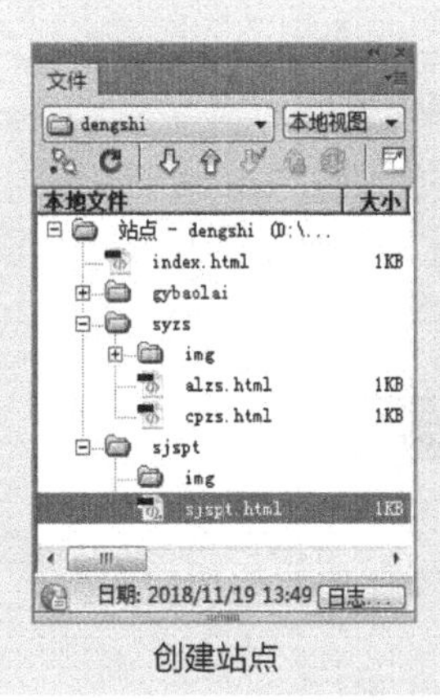

创建站点

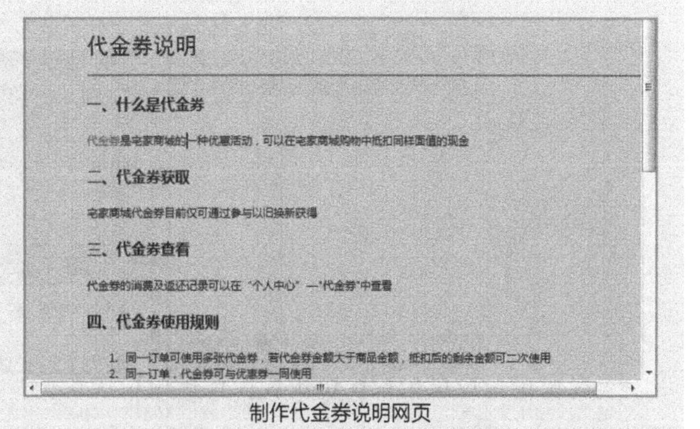

制作代金券说明网页

2.1 认识Dreamweaver CC的工作界面

Dreamweaver CC是集网页制作和网站管理于一身的网页编辑器，是针对专业网页设计师特别开发的视觉化网页开发工具，利用它可以轻而易举地制作出跨越平台限制和跨越浏览器限制的网页。选择【开始】/【Adobe Dreamweaver CC】命令，可快速启动Dreamweaver CC，其工作界面如图2-1所示。

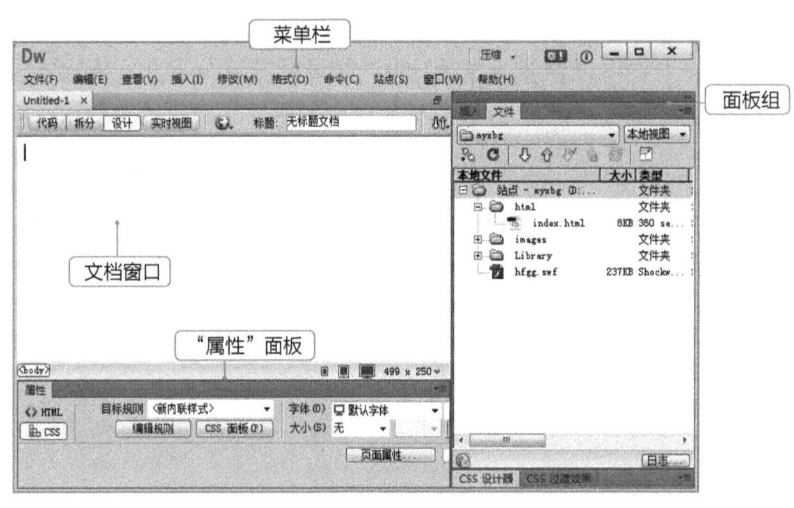

图2-1 Dreamweaver CC的工作界面

2.1.1 课堂案例——自定义工作界面

案例目标： Dreamweaver CC 的工作界面可以根据用户的操作习惯来进行自定义。本例要求对 Dreamweaver CC 的工作界面进行自定义设置，完成后的效果如图 2-2 所示。

知识要点： 关闭工作面板；移动工作面板；存储工作区。

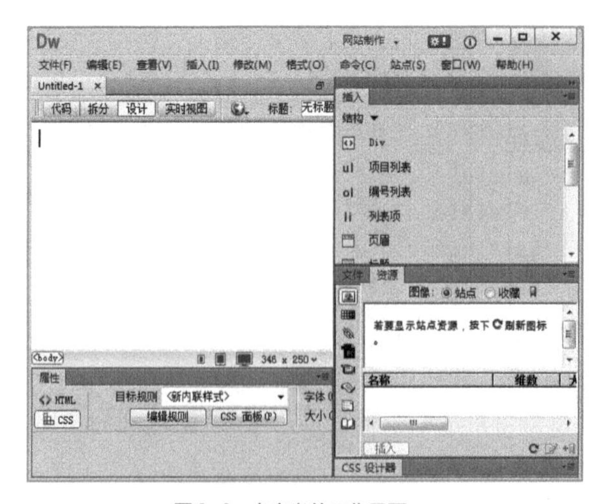

图2-2 自定义的工作界面

其具体操作步骤如下。

STEP 01 启动Dreamweaver CC，在默认的“压缩”工作区模式面板组上单击“CSS过渡效果”选项卡，然后在面板组上单击按钮，在打开的下拉列表中选择“关闭”选项，关闭“CSS过渡效果”选项卡，如图2–3所示。

STEP 02 将鼠标指针放在“文件”面板组标签上，拖动鼠标到“CSS设计器”面板上方，当出现蓝色的线条时释放鼠标，使“文件”面板组单独停放，如图2–4所示。

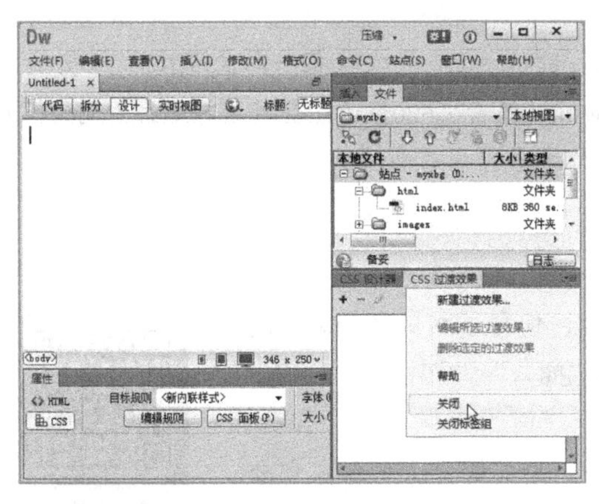

图2–3 关闭“CSS过渡效果”选项卡

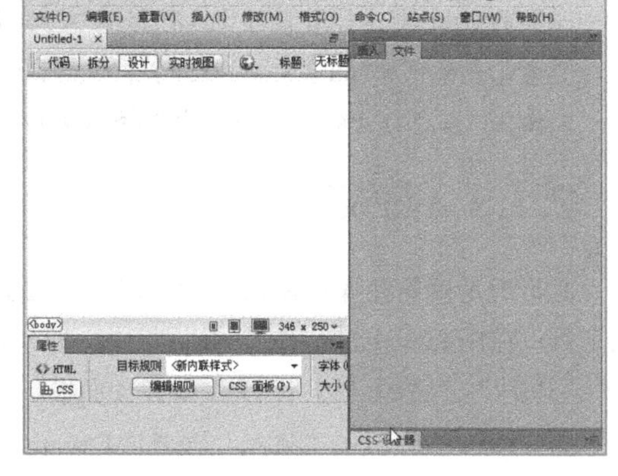

图2–4 停放面板组

STEP 03 选择【窗口】/【资源】命令，打开“资源”面板，将“资源”面板拖动到“文件”面板组中，如图2–5所示。

STEP 04 在窗口右上角单击 压缩 按钮，在打开的下拉列表中选择“新建工作区”选项，打开“新建工作区”对话框，在其中输入“网站制作”文本，单击 确定 按钮，此时工作界面被保存在软件中，可以供用户随时切换，如图2–6所示。

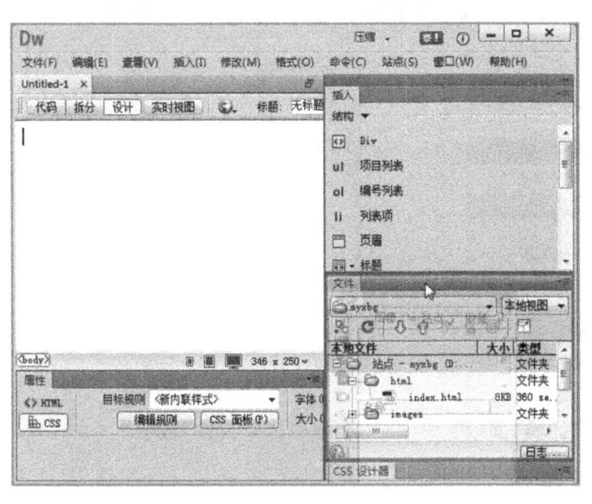

图2–5 组合面板组

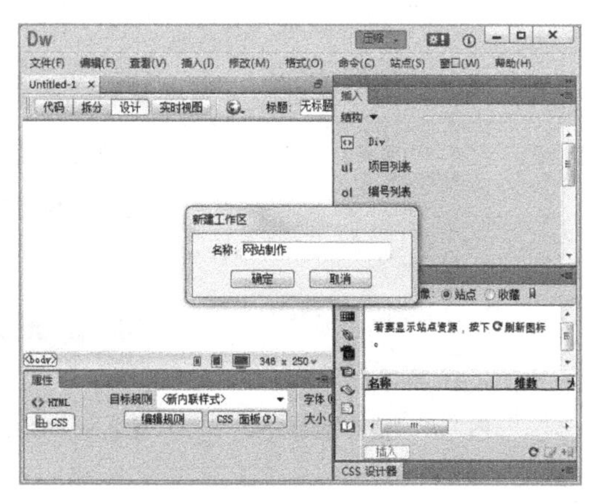

图2–6 新建工作区

2.1.2 文档窗口

文档窗口主要用于显示当前所创建和编辑的HTML文档内容。文档窗口由标题栏、视图栏、编辑区和状态栏组合而成，如图2–7所示。下面分别进行介绍。

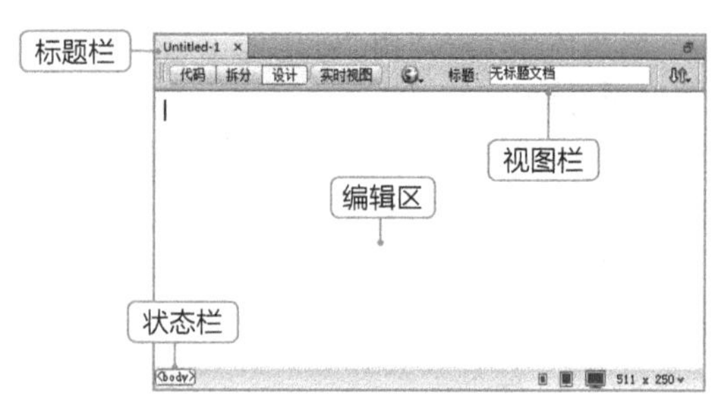

图2-7　文档窗口

- 标题栏：主要用于显示当前网页的名称。
- 视图栏：主要用于切换各视图。

- 编辑区：编辑网页的区域。
- 状态栏：主要用于显示网页区域中所使用的元素标签的名称及切换各页面设置的分辨率，如智能手机480像素×800像素、平板电脑768像素×1 024像素和桌面电脑1 000像素×620像素。另外，可单击右侧的下拉按钮，在打开的下拉列表中选择不同的分辨率。

2.1.3　面板组

面板组是停靠在操作窗口右侧的浮动面板集合，包含了网页文档编辑的常用工具。在Dreamweaver CC的面板组中主要包括“插入”“属性”“CSS设计器”“文件”“资源”和“行为”等浮动面板。

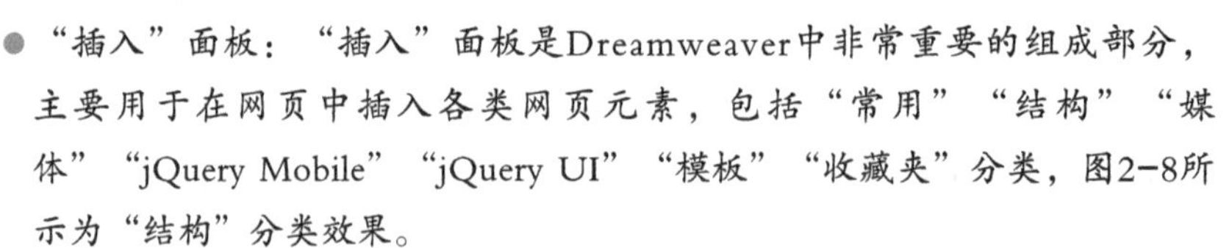

- “插入”面板：“插入”面板是Dreamweaver中非常重要的组成部分，主要用于在网页中插入各类网页元素，包括“常用”“结构”“媒体”“jQuery Mobile”“jQuery UI”“模板”“收藏夹”分类，图2-8所示为“结构”分类效果。
- “CSS设计器”面板：用于进行CSS样式的创建和编辑操作，依次单击面板右上角的按钮，可实现扩展、新建、编辑和删除操作，如图2-9所示。
- “文件”面板：用于查看站点、文件或文件夹。用户可更改并查看区域大小，也可展开或折叠“文件”面板，当折叠时以文件列表的形式显示本地站点等内容，如图2-10所示。

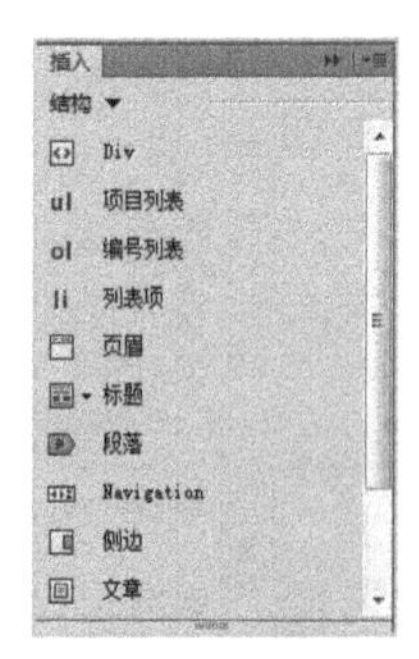

图2-8　“插入”面板分类

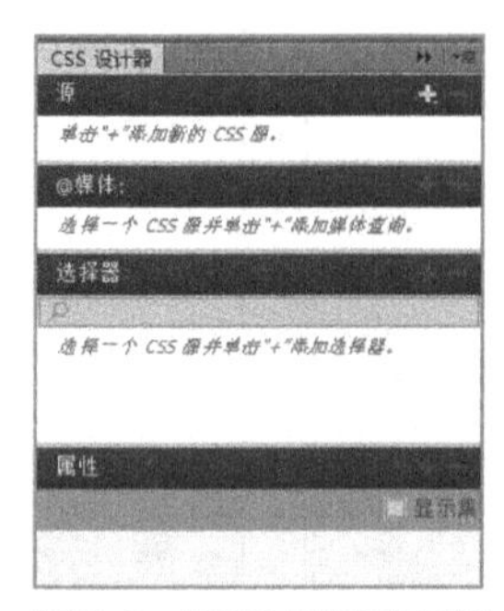

图2-9　“CSS设计器”面板

图2-10　“文件”面板

提示　“插入”面板中默认显示“常用”列表类别，但可通过单击插入栏顶部的按钮，在打开的下拉列表中选择其他的类别。如果将“插入”面板移动到网页文档的顶部，则会改变其浮动的布局方式，其好处是可以直观地选择需要使用的类别列表，也可方便地插入需要的按钮。

疑难解答 | 浮动面板有什么共同的操作吗?

面板组中的所有面板都有一些共同的操作，如打开某个面板、显示面板、移动面板、折叠和展开面板组，下面将分别对其操作方法进行介绍。

- 打开面板：在面板组中单击某个浮动面板名称按钮即可显示该浮动面板的内容。
- 显示面板：选择“窗口”菜单中的相应命令或直接按对应快捷键可以显示对应的面板。
- 移动面板：在面板上按住鼠标左键不放，并将其拖动到操作界面的任意位置后释放鼠标左键，可将该浮动面板脱离面板组，单击“面板”按钮可以打开该面板。
- 折叠和展开面板组：在面板组中单击“展开”按钮可以将面板组展开，单击“折叠”按钮可以将面板组折叠为图标。

2.1.4 “属性”面板

“属性”面板主要用于显示文档窗口中所选元素的属性，并允许用户在该面板中对元素属性进行修改。在网页中选择的元素不同，其“属性”面板中的各参数也会不同，如果选择表格，那么“属性”面板上将会出现关于设置表格的各种属性，如图2-11所示。

图2-11 表格“属性”面板

2.1.5 工作区布局

为使用户获得更好的工作体验，可通过移动和处理文档窗口和面板来自定义工作区，或保存工作区并在它们之间进行切换。下面分别对面板的管理操作和存储与切换工作区的方法进行介绍。

1. 停放和取消停放面板

停放面板是指将一组面板或面板组放在一起，通常以垂直方向显示。用户可自行设置停放或取消停放面板。其方法分别介绍如下。

- 停放面板或面板组：直接拖动面板标签到另一个停放位置即可停放面板（如顶部、底部或两个其他面板之间）。若要停放面板组，需将其标题栏（标签上面的实心空白栏）拖动到停放面板中。图2-12所示即为停放“文件”面板的过程。
- 取消停放面板或面板组：直接将面板标签或标题栏从停放中拖动到另一个停放面板中，或者拖动到面板组以外，使其变为自由浮动。

2. 切换和移动面板

Dreamweaver CC面板组的可操作性非常强，其中相关操作如下。

- 切换面板：当面板组中包含多个标签时，单击相应的标签即可显示对应的面板内容。

- 移动面板：拖动某个面板标签至该面板组或其他面板组中，当出现蓝色框线后释放鼠标即可移动该面板。

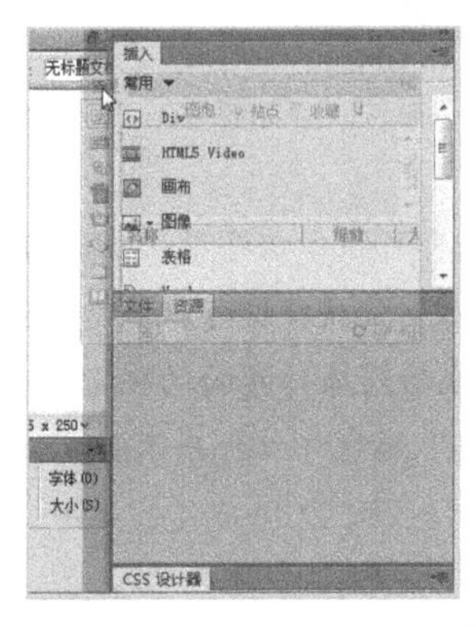

图2-12　停放面板

3. 堆叠浮动面板

将面板拖出停放但并不将其拖入放置区域时，面板会自由浮动。此时可以将浮动的面板放在工作区的任何位置，或将浮动的面板或面板组堆叠在一起，以便在拖动最上面的标题栏时将它们作为一个整体进行移动。下面分别对可进行的操作进行介绍。

- 堆叠浮动的面板：将面板的标签拖动到另一个面板底部的放置区域后即可拖动该面板并使其堆叠到一起。
- 更改堆叠顺序：向上或向下拖移面板标签。

4. 存储工作区

对Dreamweaver CC的工作界面进行调整后，即可将这些设置保存起来，方便后期直接调用，其方法为：选择【窗口】/【工作区布局】/【新建工作区】命令，打开“新建工作区”对话框，在其中输入工作区的名称，单击 确定 按钮即可存储。

5. 切换工作区

知识链接
使用辅助工具

为了给不同需求的用户提供更好的界面体验，Dreamweaver CC预设了很多工作区空间，用户只需选择需要的工作区即可进行切换，主要有以下两种方法。

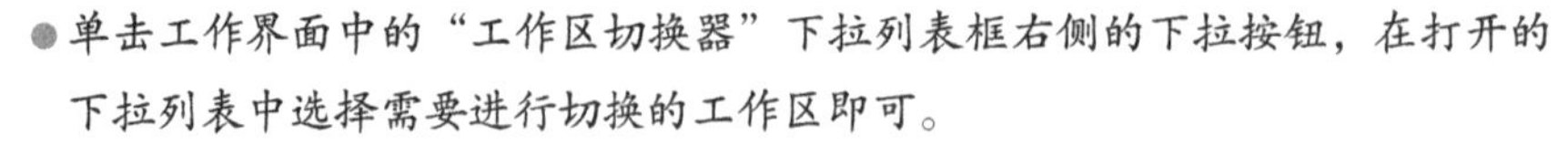

- 单击工作界面中的“工作区切换器”下拉列表框右侧的下拉按钮，在打开的下拉列表中选择需要进行切换的工作区即可。
- 选择【窗口】/【工作区布局】命令，在打开的子菜单中选择需要的工作区。

提示　在切换工作区的菜单中选择“管理工作区”命令，可打开“管理工作区”对话框，在其中可对工作区进行重命名、删除等操作。

2.1.6　视图模式

Dreamweaver CC为了方便用户制作网页，提供了6种视图模式，网页制作人员可通过不同的视图模式，对网页进行制作、浏览和检查。下面将分别介绍各视图的作用。

- 设计视图：对于初学Dreamweaver的用户而言，可选择在设计视图中，通过可视化操作来进行网页的设计与制作。启动Dreamweaver CC后，新建的网页默认为“设计视图”模式，如果不是该模式，只需在视图栏中单击设计按钮，就可快速切换到“设计视图”模式，如图2-13所示。
- 拆分视图：拆分视图是由代码视图和设计视图组合而成的，在该视图中既可查看效果又可查看其代码，并通过修改代码来修改网页。要切换到“拆分视图”模式，只需在视图栏中单击拆分按钮即可，如图2-14所示。

图2-13　设计视图

图2-14　拆分视图

- 代码视图：在Dreamweaver CC中，可通过在代码视图中编写HTML代码制作网页，这需要网页制作人员熟练掌握HTML和JavaScript等语言，但通过该视图制作网页有一弊端，就是不能在制作过程中查看效果。如果要切换到“代码视图”模式，只需在视图栏中单击代码按钮即可，如图2-15所示。
- 实时视图：在Dreamweaver CC中，可通过实时视图对制作的网页进行预览，该效果与在浏览器中预览的效果一致，并且还可以结合设计、拆分和代码视图进行预览和修改网页。如果要切换到“实时视图”模式，只需要在视图栏中单击实时视图按钮即可，如图2-16所示。

图2-15　代码视图

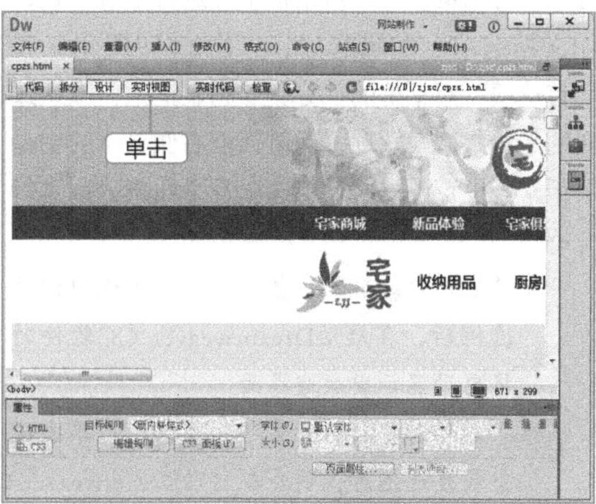

图2-16　实时视图

- 实时代码：在Dreamweaver CC中，只有在“实时视图”模式下，才会激活“实时代码”模式。在该视图中，可结合“代码视图”和“拆分视图”模式查看制作网页的代码，并且在该视图中查看的代码是以黄色底纹作为代码的背景。另外，在该视图中只能以只读形式查看代码，不能对其修改，如图2-17所示。要切换到“实时代码”视图模式，可先切换到“实时视图”模式，再在视图栏中单击 实时代码 按钮。
- 检查视图：在Dreamweaver CC中，在代码视图中进行网页制作时，可同时开启检查视图，这样可检查所编写的代码是否正确，如果错误，则会在视图栏下方进行提示。检查视图同样需要激活实时视图后，在视图栏中单击 检查 按钮才能进入，如图2-18所示。

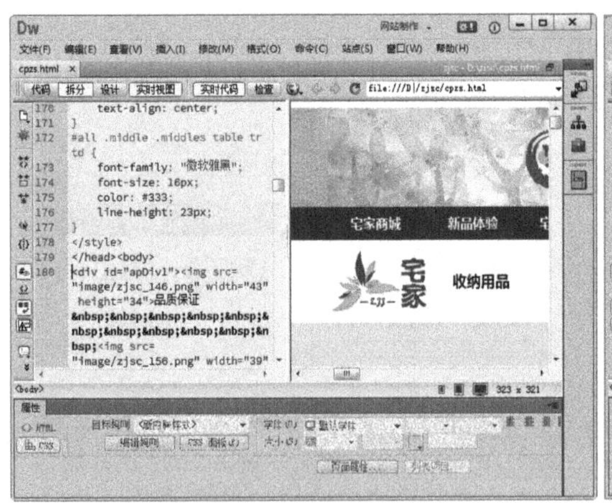
图2-17 实时代码

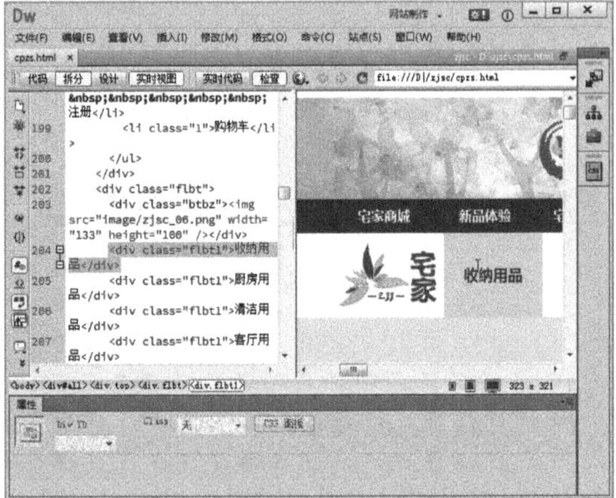
图2-18 检查视图

2.1.7 环境设置

Dreamweaver CC虽然可以对网页文档进行基本的操作，但不同的用户习惯的操作环境也有所不同，此时可通过首选参数对操作环境进行设置。下面将分别进行介绍。

1. 首选参数的常规设置

设置首选参数是通过“首选项”对话框进行的。选择【编辑】/【首选项】命令，则可打开“首选项”对话框。在该对话框中可进行常规设置，如文档选项、编辑选项，如图2-19所示。在“首选项”对话框的“分类”列表框中，默认选择的是“常规”选项，而对话框右侧显示的则是关于常规设置的一些功能选项，下面将分别进行介绍。

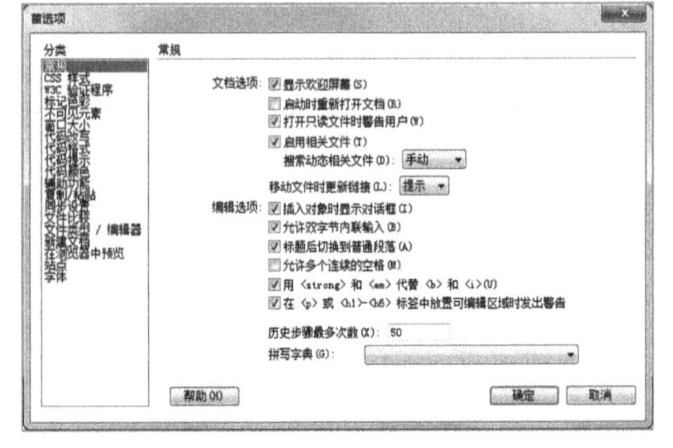
图2-19 “首选项”对话框

- “显示欢迎屏幕”复选框：单击选中该复选框后，在启动Dreamweaver CC软件时将自动显示出欢迎界面。
- “启动时重新打开文档”复选框：单击选中该复选框后，则会在启动Dreamweaver CC软件时，自动打开最近打开过的网页文档。

- “打开只读文件时警告用户”复选框：单击选中该复选框后，打开只读文件时，则会进行提示。
- “启用相关文件”复选框：单击选中该复选框后，在打开某文件后，可显示相关文件的功能。
- “搜索动态相关文件”下拉列表框：用于设置动态文件，显示相关文件的方式。
- “移动文件时更新链接”下拉列表框：用于设置在移动、删除文件或更改文件名称时被操作的网页文档内部链接的更新方式。

提示 “移动文件时更新链接”下拉列表框中的“总是”选项表示在移动、删除或更改文件后总是更新链接；“从不”选项表示从不更新链接；“提示”选项用于提示是否更新网页文档的超链接。

- “插入对象时显示对话框”复选框：单击选中该复选框后，可设置在“插入”面板或菜单中插入对象时显示对话框。
- “允许双字节内联输入”复选框：单击选中该复选框后，将允许使用用户安装的输入法在Dreamweaver CC中输入中文，否则会出现Windows的中文输入系统不能输入中文的提示。
- “标题后切换到普通段落”复选框：单击选中该复选框后，可设置在使用了<h1>等段落标记后，按【Enter】键自动生成<p>标记进行换行。
- “允许多个连续的空格”复选框：单击选中该复选框后，可设置在网页文档中按空格键来输入连续的空格符。
- “用<strong>和<em>代替<b>和<i>”复选框：单击选中该复选框后，可设置使用<strong>标记来代替<b>标记，使用<em>标记来代替<i>标记，因为W3C标准不提倡使用<b>标记和<i>标记。
- “在<P>或<h1>-<h6>标签中放置可编辑区域时发出警告”复选框：选中该复选框后，可设置在<p>标记和<h1>-<h6>标记中放置模板文件包含的可编辑区域时，弹出警告提示。
- “历史步骤最多次数”数值框：用于设置“历史记录”面板中保存历史步骤的最多次数。
- “拼写字典”下拉列表框：用于设置拼写字典的语言，在Dreamweaver CC中并不支持英文版和中文版的拼写和语法字典。

2. 设置不可见元素

Dreamweaver CC对网页进行布局时，可能希望显示某些标记元素，以帮助用户了解页面布局的情况。在Dreamweaver CC的“首选项”对话框的“不可见元素”分类列表框中，可控制13种不同标记代码的可见性，如命名锚记、换行符等，如图2-20所示。但需要注意的是，显示不可见元素在布局时会占用页面的位置，影响布局的精确位置。因此，还是建议隐藏不必要的元素。

图2-20 设置不可见元素

3. 在浏览器中预览

在浏览器中预览，是指网页文档编辑完成后，按【F12】键所使用的默认浏览器。在“首选项”对话框的“分类”列表框中选择“在浏览器中预览”选项，则可在右侧指定默认的主浏览器和次浏览器，如图2-21所示。

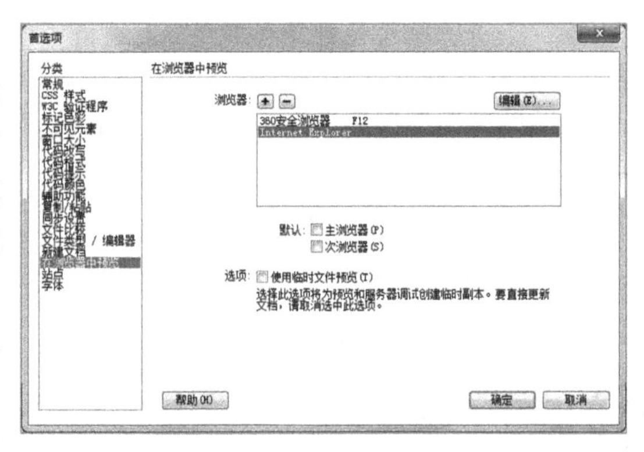

图2-21　在浏览器中预览

- “主浏览器”复选框：单击选中该复选框后，可设置“浏览器”列表框中选择的浏览器为主浏览器，即在浏览网页时，启动主浏览器进行网页的预览。
- “次浏览器”复选框：单击选中该复选框后，可设置“浏览器”列表框中选择的浏览器为次浏览器。
- “使用临时文件预览”复选框：单击选中该复选框后，表示可创建供预览和服务器调试使用的临时副本。

2.2 创建与管理站点

站点是管理网页文档的场所，主要用于存放用户网页、素材（如图像、Flash动画、视频、音乐、数据库文件等）。多个网页文档通过各种链接关联起来就构成了一个站点，站点可以小到一个网页，也可以大到整个网站。下面对站点的创建与管理方法进行介绍。

2.2.1 课堂案例——创建并编辑“宝莱灯饰”网站

案例目标：本案例要为某灯饰公司制作的电子商务网站创建站点，然后对站点进行编辑，如制作网页需要的文件和文件夹，完成后的参考效果如图 2-22 所示。

知识要点：创建站点；添加文件或文件夹；复制文件或文件夹；重命名文件或文件夹。

图2-22　创建站点

其具体操作步骤如下。

STEP 01 启动Dreamweaver CC，选择【站点】/【新建站点】命令，打开“站点设置对象未命名站点2”对话框。

STEP 02 在“站点名称”文本框中输入站点名称，这里输入“dengshi”，单击对话框中的任一位置，确认站点名称的输入，此时对话框的名称会随之而改变。在“本地站点文件夹”文本框后单击“浏览文件夹”按钮，如图2-23所示。

STEP 03 打开“选择根文件夹”对话框，在该对话框中选择存放站点的路径，这里选择“dengshi”文件夹，然后单击“选择文件夹”按钮，如图2-24所示。

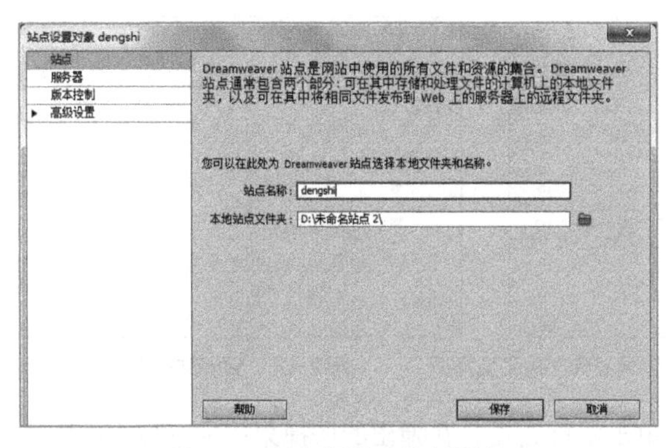

图2-23　单击“浏览文件夹”按钮

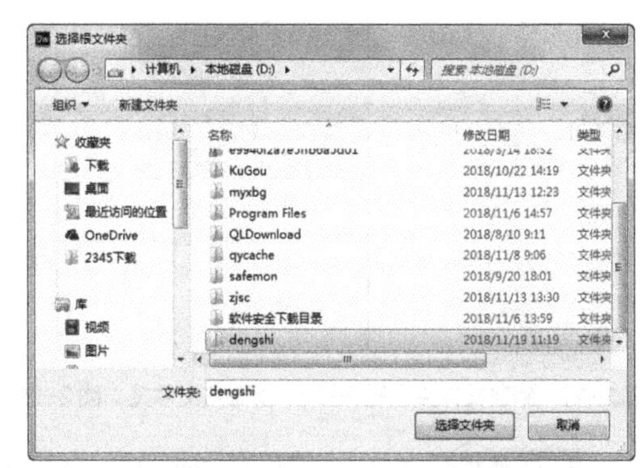

图2-24　选择站点保存位置

STEP 04　返回“站点设置对象”对话框，单击左侧的“高级设置”选项，展开其下的列表，选择“本地信息”选项。然后在右侧的“Web URL”文本框中输入“http://localhost/”，单击选中“区分大小写的链接检查”复选框，单击 保存 按钮，如图2-25所示。

STEP 05　稍后在面板组的“文件”面板中即可查看到创建的站点。然后在“站点-dengshi”选项上单击鼠标右键，在弹出的快捷菜单中选择“新建文件”命令。

STEP 06　此时新建文件的名称呈可编辑状态，输入“index”后按【Enter】键确认，如图2-26所示。

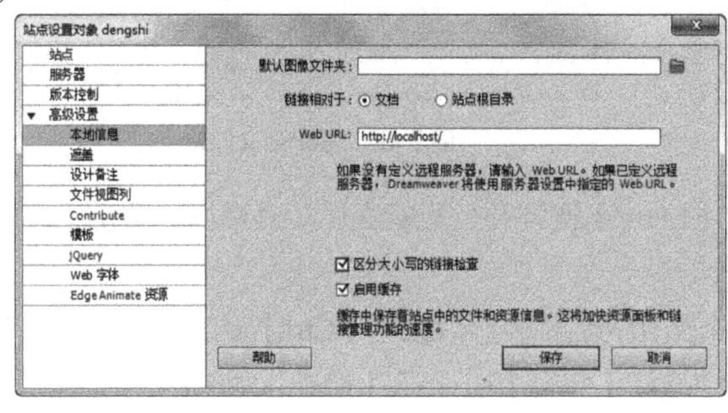

图2-25　设置站点本地信息

图2-26　创建文件

STEP 07　继续在“站点-dengshi”选项上单击鼠标右键，在弹出的快捷菜单中选择“新建文件夹”命令，如图2-27所示。

STEP 08　将新建的文件夹名称重命名为“gybaolai”后按【Enter】键，如图2-28所示。

STEP 09　按相同的方法在创建的“gybaolai”文件夹上利用右键菜单创建4个文件和1个文件夹，其中4个文件的名称依次为“qijj”“qywh”“ppll”“fzlc”，文件夹的名称为“img”，用于存放图像，如图2-29所示。

STEP 10　在“gybaolai”文件夹上单击鼠标右键，在弹出的快捷菜单中选择【编辑】/【拷贝】命令，如图2-30所示。

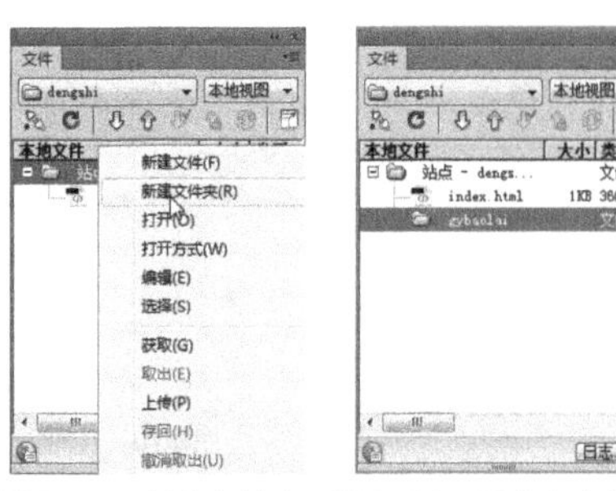

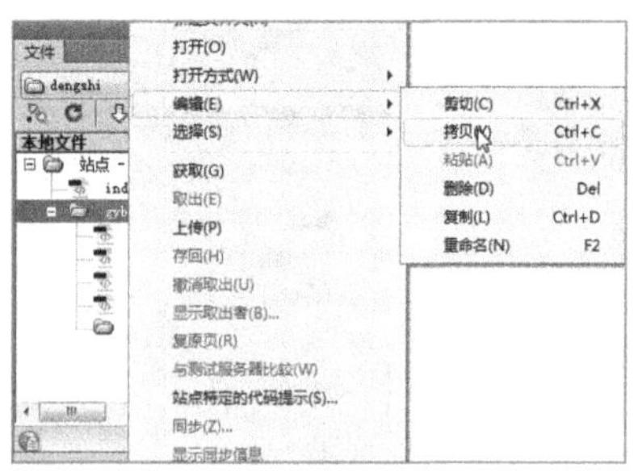

图2-27　新建文件夹　图2-28　重命名文件夹　图2-29　创建其他文件和文件夹　图2-30　复制文件夹

STEP 11 继续在“站点-dengshi”选项上单击鼠标右键，在弹出的快捷菜单中选择【编辑】/【粘贴】命令，如图2-31所示。

STEP 12 在粘贴得到的文件夹上单击鼠标右键，在弹出的快捷菜单中选择【编辑】/【重命名】命令，如图2-32所示。

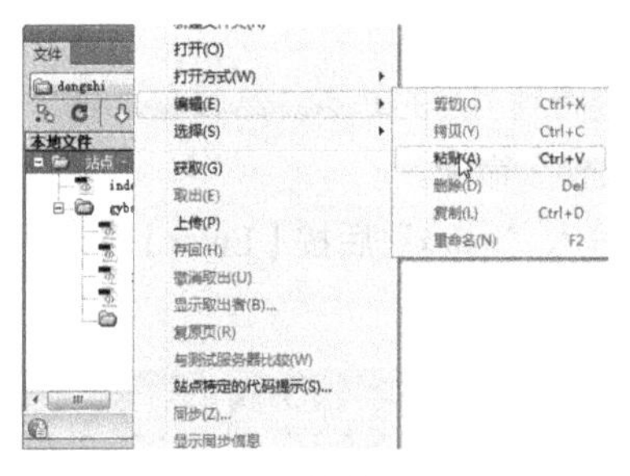

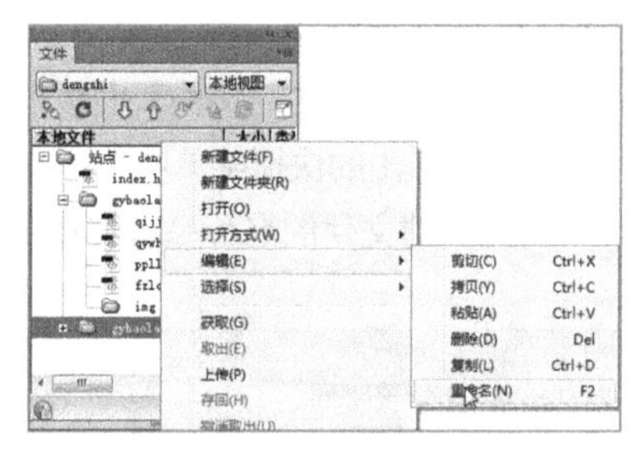

图2-31　粘贴文件夹　　图2-32　重命名文件夹

STEP 13 输入新的名称“syzs”，按【Enter】键打开“更新文件”对话框，单击 更新(U) 按钮，如图2-33所示。

STEP 14 修改“syzs”文件夹中前两个文件的名称，然后按住【Ctrl】键的同时选择剩下的两个文件，单击鼠标右键，在弹出的快捷菜单中选择【编辑】/【删除】命令，如图2-34所示。

STEP 15 打开提示对话框，在其中单击 是(Y) 按钮确认删除文件，如图2-35所示。使用相同的方法新建“sjspt”文件夹，然后在其中创建一个“img”文件夹和“sjspt”文件。

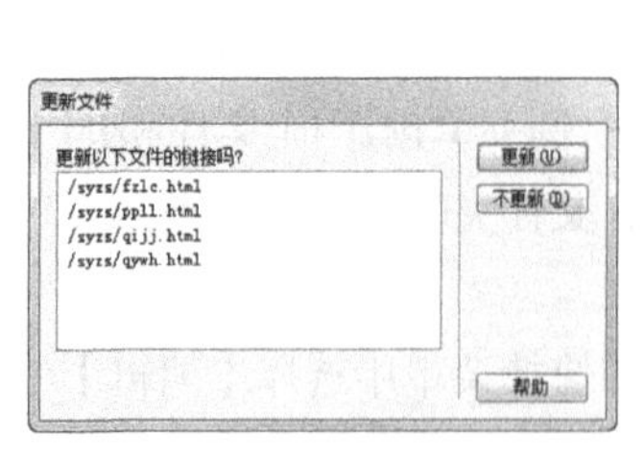

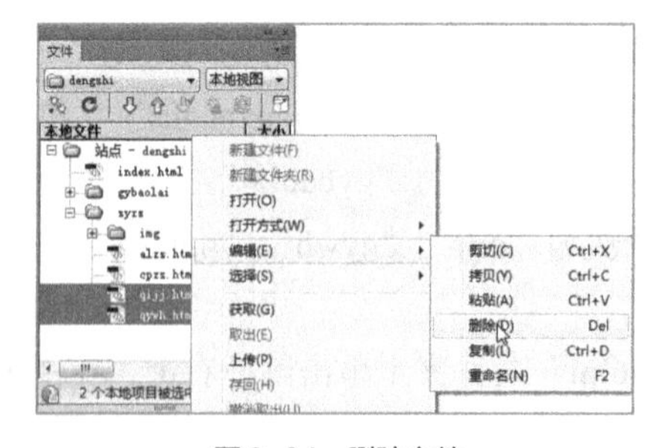

图2-33　更新文件　　图2-34　删除文件　　图2-35　确认删除文件

2.2.2　创建本地站点

在Dreamweaver CC中新建网页前，最好先创建本地站点，然后在本地站点中创建网页，这样可方便地在其他计算机中进行预览。而在Dreamweaver CC中创建本地站点相当简单，有以下3种方法。

- 选择【站点】/【新建站点】命令，在打开的对话框中设置站点的名称、保存位置等即可。
- 选择【站点】/【管理站点】命令，打开“管理站点”对话框，单击 新建站点 按钮，在打开的对话框中进行设置即可。
- 在“文件”面板中单击“管理站点”超链接或单击该超链接前的下拉按钮，在打开的下拉列表中选择“管理站点”选项，打开“管理站点”对话框，单击 新建站点 按钮，在打开的对话框中进行设置即可。

2.2.3 管理站点

在Dreamweaver CC中可以创建多个站点，创建的站点还可以进行管理操作，如导出与导入站点，编辑、复制和删除站点及站点的结构规划等。

1. 认识“管理站点”对话框

要对已经创建的站点进行操作，需要在“管理站点”对话框中进行，因此对“管理站点”对话框进行了解是必不可少的。下面对该对话框进行详细介绍，如图2-36所示。

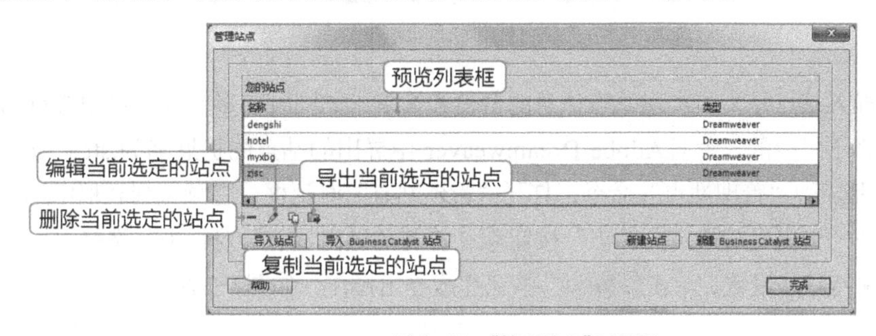

图2-36 “管理站点”对话框

“管理站点”对话框中相关选项的含义如下。

- 预览列表框：该列表框中显示了用户创建的所有站点的名称和类型，也可以在该列表框中选择不同的站点进行编辑、删除、复制和导出等操作。
- “删除当前选定的站点”按钮：选择“管理站点”对话框中不再使用的站点，单击该按钮可将其删除。
- “编辑当前选定的站点”按钮：单击该按钮，可在打开的对话框中重新对所选站点的名称和存储路径等进行修改。
- “复制当前选定的站点”按钮：单击该按钮，可复制当前所选站点，得到所选站点的副本。
- “导出当前选定的站点”按钮：单击该按钮，可导出当前所选站点，在打开的对话框中选择存放站点的位置，单击 保存(S) 按钮，即可导出所选站点。
- 导入站点 按钮：单击该按钮，可在打开的对话框中选择需要导入的站点，导入站点后，其会显示在预览列表框中。
- 导入 Business Catalyst 站点 按钮：单击该按钮，可导入现有的 Business Catalyst 站点。
- 新建站点 按钮：单击该按钮，可创建新的Adobe Dreamweaver 站点，然后在“站点设置”对话框中指定新站点的名称和位置。
- 新建 Business Catalyst 站点 按钮：单击该按钮，创建新的Business Catalyst 站点。

提示 单击"删除当前选定的站点"按钮删除当前所选站点功能，只会删除Dreamweaver站点管理器中的站点，站点中的所有文件并不会被删除。

2. 编辑站点

编辑站点是指对存在的站点重新进行参数设置，如要为创建的站点输入URL地址，其方法为：选择"站点"/"管理站点"命令，打开"管理站点"对话框，在预览列表框中选择需要修改的站点选项，单击"编辑当前选定的站点"按钮，在打开的对话框左侧单击"高级设置"选项，在展开的列表中选择"本地信息"选项，单击选中"站点根目录"单选项，在"Web URL"文本框中输入URL地址，然后单击 保存 按钮即可。

提示 指定Web URL后，Dreamweaver才能使用测试服务器显示数据并连接到数据库，其中测试服务器的Web URL由域名和Web站点主目录的任意子目录或虚拟目录组成。

3. 导出站点

导出与导入站点是为了实现站点信息的备份和恢复，如同时在多台计算机中进行同一网站的开发时，这是必不可少的。并且Adobe Dreamweaver 中导出的站点的扩展名为.ste。导出站点的方法为：选择"站点"/"管理站点"命令，打开"管理站点"对话框，在预览列表框中选择需导出的站点选项，单击"导出当前选定的站点"按钮，打开"导出站点"对话框，选择导出站点所保存的位置，其他保持默认设置，单击 保存(S) 按钮完成导出操作，如图2-37所示。

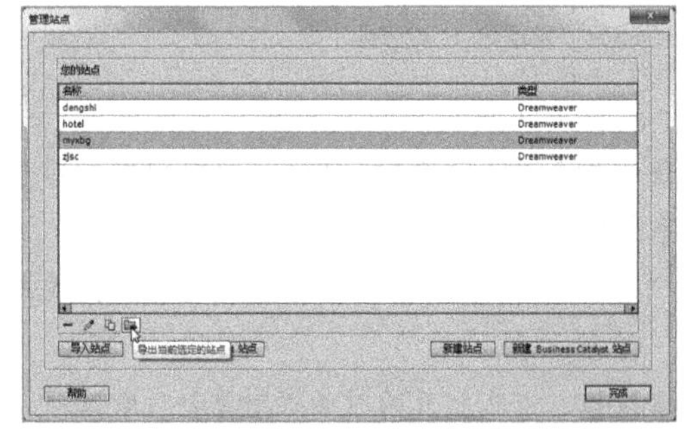

图2-37 导出站点

4. 导入站点

".ste"格式的站点信息文件可以被Dreamweaver直接导入，以实现站点的备份和共享。导入站点的方法为：打开"管理站点"对话框，单击 导入站点 按钮，打开"导入站点"对话框，如图2-38所示。找到需要导入站点的路径并将其选中，然后单击 打开(O) 按钮，返回到"管理站点"对话框即可查看到导入的站点，单击 完成 按钮，返回Dreamweaver CC主界面，则会自动打开"文件"面板显示导入的站点。

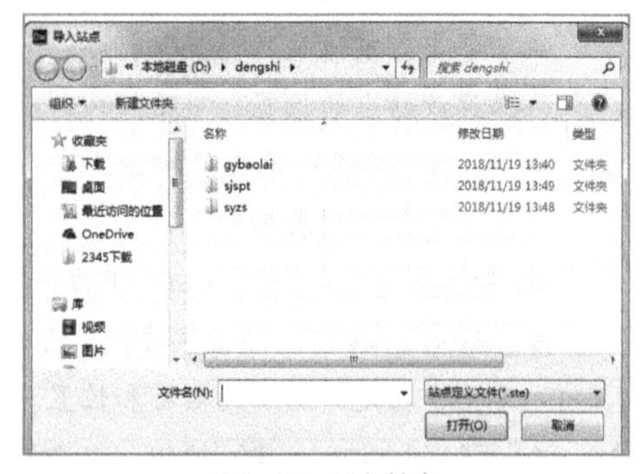

图2-38 导入站点

5. 复制与删除站点

在“管理站点”对话框中，用户可以方便地对站点进行复制与删除操作，其方法分别介绍如下。

- 复制站点：打开“管理站点”对话框，在预览列表框中选择需要复制的站点选项，单击按钮可复制站点，单击按钮可对复制的站点进行编辑。
- 删除站点：打开“管理站点”对话框，在预览列表框中选择要删除的站点，单击按钮，在打开的提示对话框中单击按钮即可删除站点。

2.2.4 管理站点中的文件和文件夹

为了更好地管理网页和素材，新建站点后，用户需要将制作网页所需的所有文件都存放在站点根目录中。用户可以在站点中进行站点文件或文件夹的添加、移动和复制、删除和重命名等操作。

1. 添加文件或文件夹

网站内容的分类决定了站点中创建文件和文件夹的个数。通常，网站中每个分支的所有文件统一存放在单独的文件夹中，根据网站的大小，又可进行细分。如把图书室看成一个站点，则每架书柜相当于文件夹，书柜中的书本则相当于文件。在站点中添加文件或文件夹的方法为：在需要添加文件或文件夹的选项上单击鼠标右键，在弹出的快捷菜单中选择“新建文件”或“新建文件夹”命令，即可新建文件或文件夹。

2. 移动和复制文件或文件夹

新建文件或文件夹后，若对文件或文件夹的位置不满意，可对其进行移动操作。而为了加快新建文件或文件夹的速度，用户还可通过复制的方法来快速进行新建。在“文件”面板中选择需要移动或复制的文件或文件夹，将其拖动到需要的新位置即可完成移动操作；若在移动的同时按住“Ctrl”键不放，可实现复制文件或文件夹的操作。

3. 删除文件或文件夹

若不再使用站点中的某个文件或文件夹，可将其删除。选中需删除的文件或文件夹，单击鼠标右键，在弹出的快捷菜单中选择【编辑】/【删除】命令，或直接按【Delete】键，在打开的对话框中单击按钮即可删除文件或文件夹。

4. 重命名文件或文件夹

选择需重命名的文件或文件夹并单击鼠标右键，在弹出的快捷菜单中选择【编辑】/【重命名】命令，使文件或文件夹的名称呈可编辑状态，此时在可编辑的名称框中输入新名称即可。

技巧 选择需重命名的文件或文件夹，按【F2】键可快速进入改写状态，选择文件或文件夹后再单击其名称也可使其名称呈改写状态。

2.3 网页文档的基本操作

新建的站点是空站点，这时就需要在站点下方创建相应的文档，在上一节的创建与管理站点中讲过一些创建网页文档的方法，但那只是创建网页文档方法和类型中的一种，本节将详细介绍创建与编辑网页文档的具体知识和操作方法。

2.3.1 课堂案例——创建并保存 zhuce.html 网页

案例目标：本案例将创建一个名称为“zhuce.html”的网页文档，然后对其进行保存和关闭操作。完成后的参考效果如图 2–39 所示。

知识要点：新建网页；保存网页；关闭网页。

效果文件：效果 \ 第 2 章 \ 课堂案例 \ zhuce.html

视频教学
创建并保存
zhuce.html 网页

图 2–39　创建并保存网页

其具体操作步骤如下。

STEP 01 选择【文件】/【新建】命令，打开“新建文档”对话框。在左侧列表中选择“空白页”选项，在“页面类型”列表框中选择“HTML”选项，单击创建按钮，如图2–40所示。

STEP 02 选择【文件】/【保存】命令，在打开的“另存为”对话框中选择“dengshi”文件夹作为保存位置，在“文件名”文本框中输入“zhuce”，单击保存按钮，如图2–41所示。

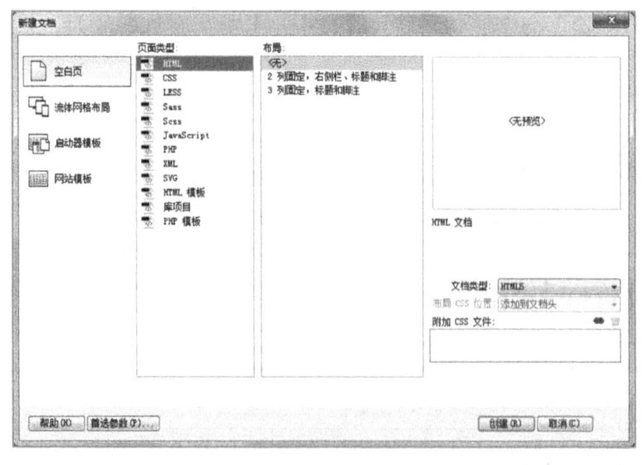

图 2–40　新建 HTML 网页文档

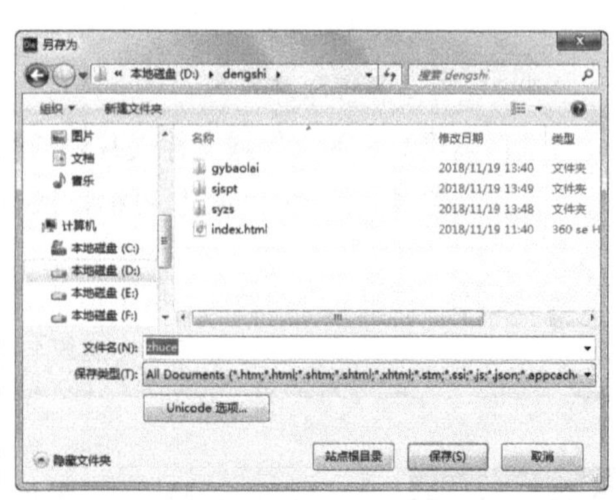

图 2–41　保存网页文档

STEP 03 返回Dreamweaver中，可看到网页文档的名称显示为“zhuce.html”。

2.3.2 新建网页

在站点中，新创建的网页类型有多种，如空白网页、流体网格布局网页、启动器模板网页和网站模板等。但不管创建哪种类型的网页，都需要使用“新建文档”对话框。

1. 新建空白网页

在Dreamweaver CC中，创建空白网页的方法有多种，而且前面介绍在“文件”面板中创建的网页文件，默认情况下也是创建的空白网页文件。按【Ctrl+N】组合键，打开“新建文档”对话框，在其中选择“空白页”选项卡，在“页面类型”列表框中选择“HTML”选项，然后在“布局”列表框中选择“无”选项，单击创建(R)按钮即可创建空白网页，如图2-42所示。

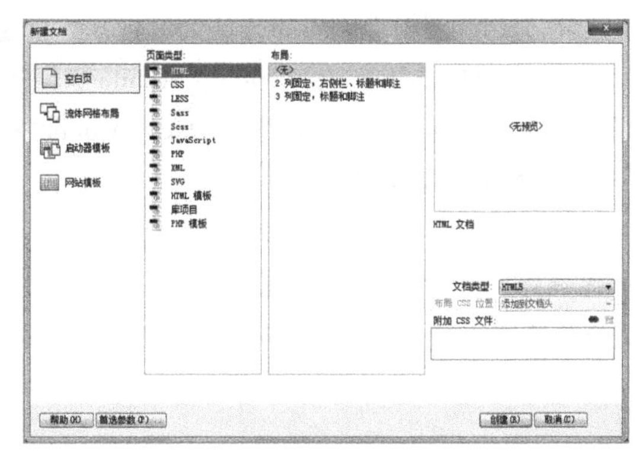

图2-42 “新建文档”对话框

“空白页”选项的相关含义如下。

- “页面类型”列表框：在“页面类型”列表框中可以选择创建不同网页类型的页面，一般创建最基本的HTML网页即可。
- “布局”列表框：在该列表框中选择“无”选项，则会是空白网页；如果选择了“2 列固定，右侧栏、标题和脚注”或“3 列固定，标题和脚注”选项，则会自动创建该选项所描述的网页，也会在右侧的预览框中进行显示。这种网页称为空模板。
- “文件类型”下拉列表框：在该下拉列表框中可选择在Dreamweaver中所使用的HTML语言的版本，在Dreamweaver CC中，默认使用的是HTML 5 语言。
- “附加CSS文件”文本框：该文本框中主要显示创建网页所链接的CSS样式表文件的路径。另外，单击其后的“附加样式表”按钮，则可链接CSS样式表文件，而在列表框中选择附加的样式文件，则可单击“从列表中删除所选的文件”按钮删除附加的CSS样式表文件。

2. 创建流体网格布局网页

流体网格布局是用竖直或水平分割线对页面进行分块，把边界、空白和栏包括在内，以提供组织内容的框架。它是一个简单的辅助设计工具，并且这种设计也同样适合网页设计，因为网格为所有的网页元素提供了一个结构，可以使网页设计更加轻松、灵活。

在网页中创建流体网格布局的方法很简单，只需选择【文件】/【新建】命令，打开“新建文档”对话框，选择“流体网格布局”选项卡，然后在列表框中选择一种显示设备，并设置显示的分辨率，然后单击创建(R)按钮即可，如图2-43所示。

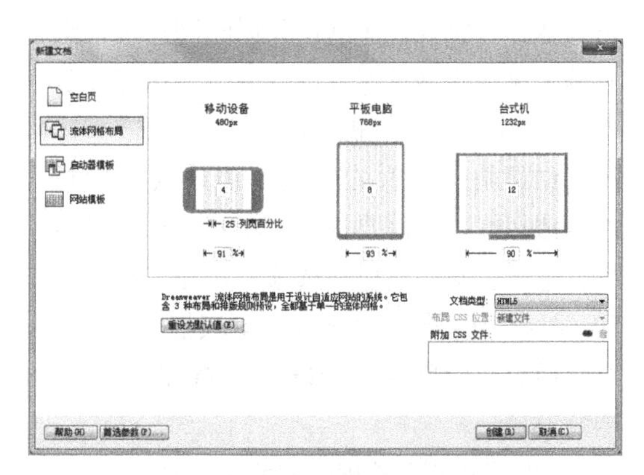

图2-43 创建流体网格布局

3. 创建启动器模板网页

在Dreamweaver CC中，启动器模板主要用于创建jQuery Mobile网页，而jQuery Mobile是一款基于 HTML5的统一用户界面系统，适用于所有常见的移动设备平台，并且构建于可靠的 jQuery 和 jQuery 用户界面基础之上。其轻型代码构建有渐进增强功能，并采用灵活的主题设计。与此同时，Adobe Dreamweaver CC的特色在于利用简化的工作流程创建 jQuery Mobile 项目。

创建启动器模板网页的方法为：打开“新建文档”对话框。选择“启动器模板”选项卡，在“示例页”列表框中选择“jQuery Mobile（本地）”选项，其他保持默认设置，单击 创建(R) 按钮，在网页文档中即可查看到创建的jQuery Mobile网页，默认情况下，创建的jQuery Mobile网页中会有一定的CSS内容，如图2-44所示。

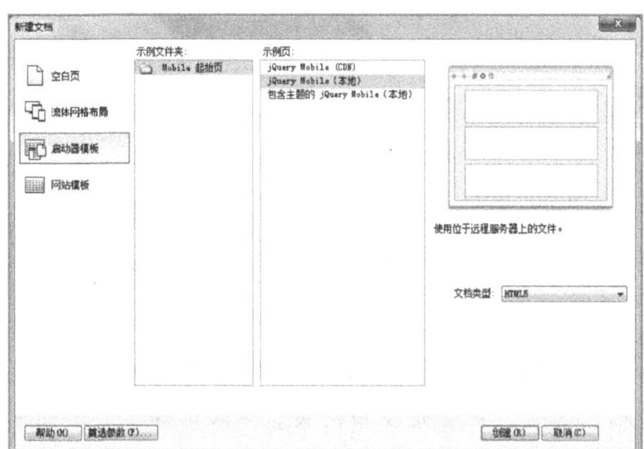

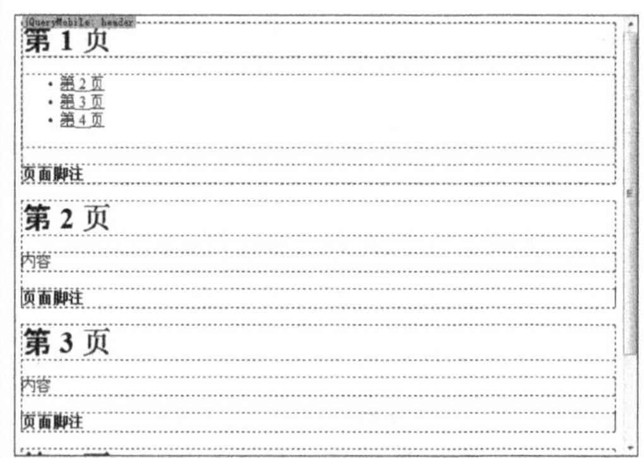

图2-44　创建jQuery Mobile网页

提示　在“示例页”列表框中选择“jQuery Mobile(本地)”选项，是使用位于本地磁盘的文件。jQuery Mobile(CDN)则是使用位于远程服务器上的文件。另外，在jQuery Mobile网页中，可以很方便地添加关于jQuery Mobile的其他元素，如滑块、按钮、电子邮件和日期等元素，如果要支持这些元素，则在保存时必须复制支持这些元素的相关文件。

4. 基于网站模板新建网页

网站模板是指用户自己创建的网页，并将其保存为模板，在制作类似的网页时，则可基于保存的网页模板进行创建，这样可节省制作网页的时间，提高网页制作的效率。

创建基于模板的网页与创建其他网页的方法相似，只需要打开“新建文档”对话框，选择“网站模板”选项卡，在“站点”和“站点‘E-mail’的模板”列表框中选择站点和模板，然后单击 创建(R) 按钮即可，如图2-45所示。

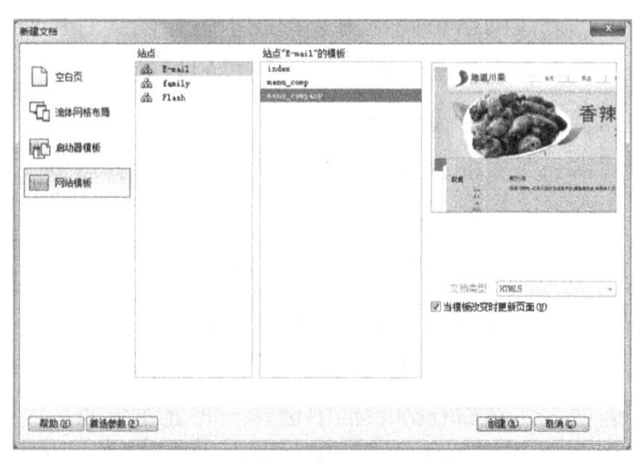

图2-45　基于网站模板新建网页

“网站模板”选项的相关含义如下。

- “站点”列表框：在该列表框中，可以选择用户所创建的站点，如果用户没有创建站点，则该列表框中没有任何一个站点。
- “站点***的模板”列表框：该列表框的名称会根据“站点”列表框中所选择的站点所命名，并且该列表框中存在的模板选项，是所选站点中的模板。
- “当模板改变时更新页面”复选框：默认情况下该复选框是选中状态，表示在更新模板网页时，所做的更改会自动更改到基于该模板所创建的网页模板中；相反，如果取消选中该复选框，对模板网页所做的更改就不会应用到引用的网页中。
- 首选参数(P)...按钮：单击该按钮，则会打开“首选项”对话框，在该对话框中可以设置默认网页文档的类型、扩展名和默认编码等参数。

2.3.3 保存文档

保存网页操作是在制作或编辑了网页后，对当前网页进行保存，避免意外关闭网页文档时，丢失编辑的网页内容。下面对保存网页的常用方法进行介绍。

- 使用菜单命令保存：在Dreamweaver CC中，选择“文件”/“保存”命令，打开“另存为”对话框，设置保存路径、保存名称及保存的类型后，单击保存(S)按钮即可。
- 使用组合键保存：在Dreamweaver CC中，在需要保存的网页文档中按【Ctrl+S】组合键，打开“另存为”对话框，设置保存路径、保存名称及保存的类型后，单击保存(S)按钮即可。

疑难解答 | 对已经存在的网页文档进行编辑保存时，为什么不会打开“另存为”对话框呢？

对于已经存在的网页文档，在进行编辑或修改操作后，对其保存时，不会打开“另存为”对话框，除非需要将已经存在的网页文档进行“另存为”操作，才会打开“另存为”对话框，即将已经编辑或修改后的网页文档不保存在原有的路径和位置。其方法为：选择【文件】/【另存为】命令，即可打开“另存为”对话框，进行另存为操作。

2.3.4 打开与关闭文档

当需要对网页文档进行查看或编辑时，需要对其进行打开操作，而在不使用网页文档时，则需要对其进行关闭操作。

1. 打开网页

要打开需要查看或编辑的网页文档的方法有多种，除了直接双击扩展名为html的文件外，还可在文件上单击鼠标右键，在弹出的快捷菜单中选择“打开方式”命令将其打开。此外，在启动Dreamweaver CC后，想打开网页文件则需要在“打开”对话框中找到并选择需要打开的网页文档，下面将分别介绍各种打开网页的方法。

- 使用菜单命令打开：在Dreamweaver CC中选择【文件】/【打开】命令，打开“打开”对话框，在该对话框中找到并选择需要打开的网页文档，然后单击打开(O)按钮，则打开所选网页文档。

- 在欢迎屏幕中打开：在Dreamweaver CC主界面的欢迎屏幕中单击“打开”超链接，打开“打开”对话框，找到并打开需要打开的网页文档即可。
- 使用快捷组合键打开：在Dreamweaver CC中按【Ctrl+O】组合键，即可打开“打开”对话框，找到并打开需要打开的网页文档。

2. 关闭网页

打开的网页文档在编辑和保存后，可以将其关闭。除了退出Dreamweaver CC软件的同时关闭所打开的网页这种方法外，还有以下几种方法。

- 直接在文档窗口中单击标题右侧的“关闭”按钮☒。
- 直接按【Ctrl+W】组合键，即可关闭当前网页文档。
- 在标题栏的空白处单击鼠标右键，在弹出的快捷菜单中选择“关闭”命令即可关闭当前网页文档。

2.4 设置页面属性

设置页面属性可以对页面的外观、链接、标题等进行设置。在Dreamweaver CC中新建或打开一个页面，单击“属性”面板中的[页面属性...]按钮或选择【修改】/【页面属性】命令，打开“页面属性”对话框，在该对话框中可进行各种设置。

2.4.1 课堂案例——设置“djqsm.html”网页属性

案例目标：对网页的页面属性进行设置可以让网页具有一定的格式，提高网页制作效率。本案例将对“djqsm.html”网页的属性进行设置，包括文本、背景、链接、标题的样式，设置页面属性前后的参考效果如图2-46所示。

视频教学
设置“djqsm”网页属性

知识要点：外观属性；链接属性；标题属性。

素材文件：素材\第2章\课堂案例\ djqsm.html

效果文件：效果\第2章\课堂案例\ djqsm.html

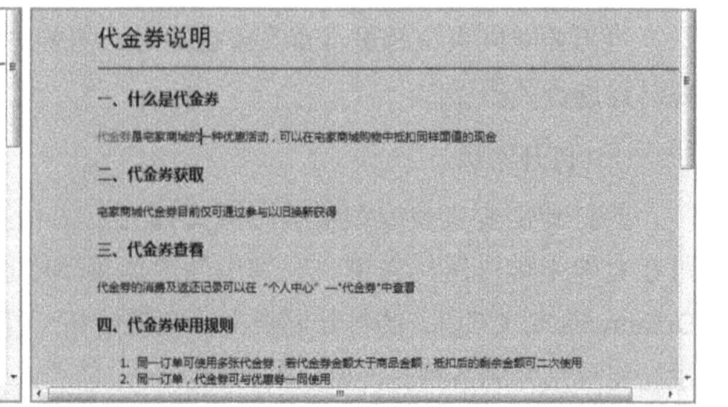

图2-46 设置页面属性前、后的效果

其具体操作步骤如下。

STEP 01 打开“djqsm.html”网页文件，单击“属性”面板底部的 页面属性... 按钮，打开“页面属性”对话框，如图2-47所示。

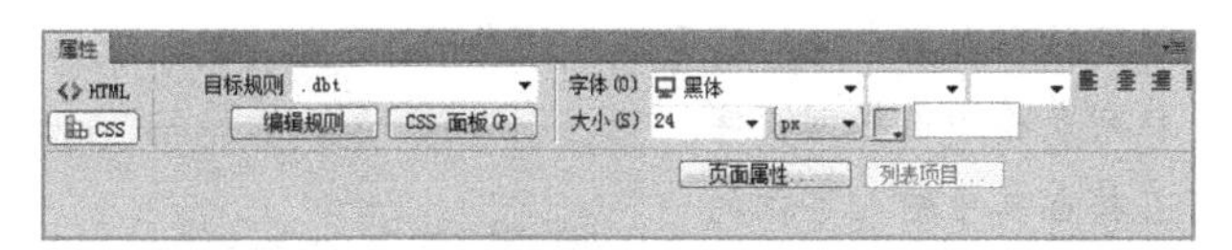

图2-47 单击“页面属性”按钮

STEP 02 在“分类”列表框中选择“外观（CSS）”选项，在右侧设置“页面字体”为“思源黑体 cn regular”，“大小”为“12”，“文本颜色”为“#036”，“背景颜色”为“#FC6”，如图2-48所示。

STEP 03 在“分类”列表框中选择“链接（CSS）”选项，在右侧设置“链接颜色”为“#FF3300”，“已访问链接”为“#000066”，在“下划线样式”下拉列表框中选择“始终无下划线”，如图2-49所示。

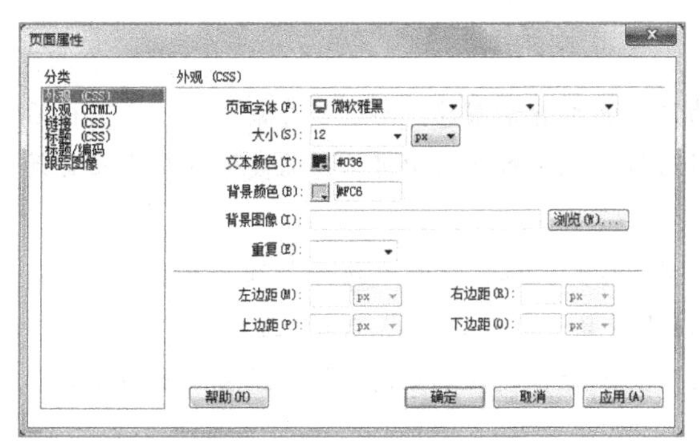

图2-48 设置外观（CSS）

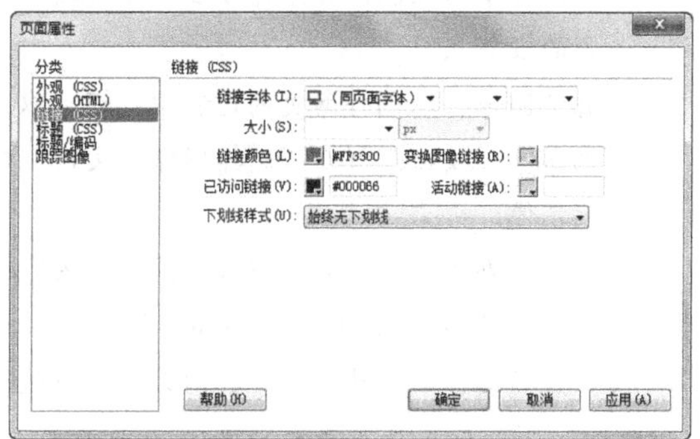

图2-49 设置链接（CSS）

STEP 04 在“分类”列表框中选择“标题（CSS）”选项，设置“标题1”为“48”，“标题3”为“24和#f60”，如图2-50所示。

STEP 05 在“分类”列表框中选择“标题/编码”选项，设置“标题”为“代金券说明”，如图2-51所示。单击 确定 按钮应用设置。

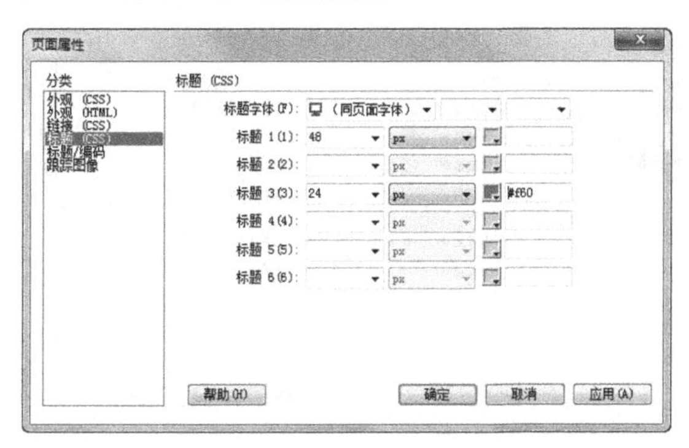

图2-50 设置标题（CSS）

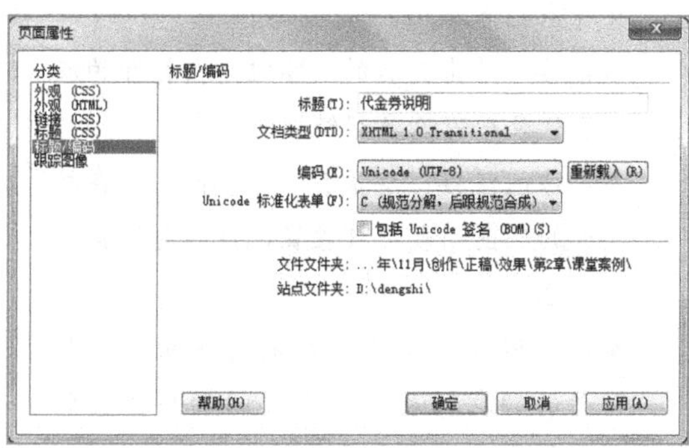

图2-51 设置标题/编码

2.4.2 设置“外观（CSS）”属性

打开“页面属性”对话框，将显示默认的外观对话框，如图2-52所示。在该对话框中设置好各项参数后，单击应用(A)按钮即可使设置生效。其中各项设置参数的含义如下。

- 页面字体：可在该下拉列表框中选择网页字体的类别。
- 大小：可在该下拉列表框中选择网页字体的大小，也可直接在其中输入字体的大小，其默认单位为px（像素）。
- 文本颜色：单击“文本颜色”文本框前的按钮打开颜色列表，在列表中可选择设置文本的颜色。也可直接在后面的文本框中输入十六进制的颜色代码。
- 背景颜色：单击“背景颜色”文本框前的按钮，在打开的颜色列表中可设置页面背景的颜色，其操作方法与文本颜色的设置相同。

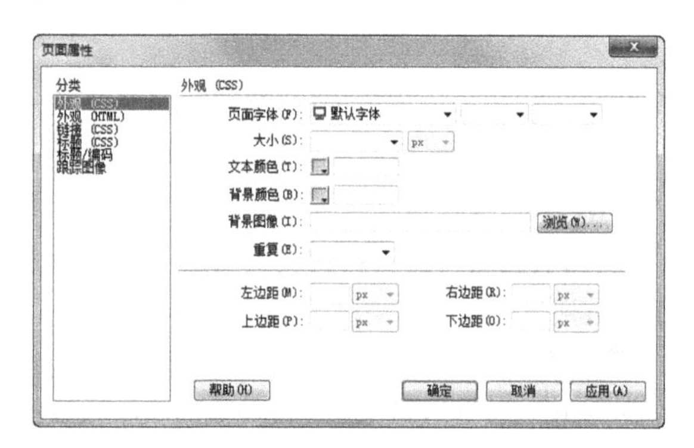

图2-52 “外观（CSS）”属性

- 背景图像：在制作网页的过程中，还可以为网页添加背景图像。单击“背景图像”文本框后的浏览(W)...按钮，打开“选择图像源文件”对话框。在该对话框中可选择需要设置为页面背景的图像。
- 重复：在该下拉列表框中可设置背景图像的重复方式，选择“no-repeat”选项表示不重复；“repeat”表示重复；“repeat-x”表示在X轴上重复；“repeat-y”表示在Y轴上重复。
- “左边距”“右边距”“上边距”“下边距”文本框：输入相应的数据可设置文本与浏览器左、右、上、下边界的距离。

2.4.3 设置“外观（HTML）”属性

在“页面属性”对话框中选择“外观（HTML）”选项，在打开的界面中可以为网页文档中的<body>标签添加属性定义以实现页面效果，主要包括背景图像、文本、背景、链接、左边距、上边距等，如图2-53所示。“外观（HTML）”栏与“外观（CSS）”栏的设置方法类似，其特有属性的含义介绍如下。

- 链接：单击其后的按钮，在打开的颜色列表中可设置超链接的颜色。
- 已访问链接：单击其后的按钮，在打开的颜色列表中可设置已访问超链接的颜色。
- 活动链接：单击其后的按钮，在打开的颜色列表中可设置活动超链接的颜色。

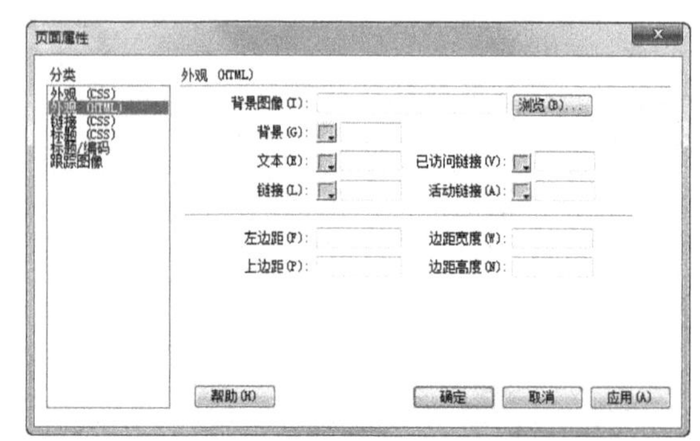

图2-53 “外观（HTML）”属性

2.4.4 设置“链接（CSS）”属性

“链接（CSS）”属性用于对整个网页中的超链接文本样式进行设置。在“页面属性”对话框中选择“链接（CSS）”选项，可在打开的界面中进行设置，如图2-54所示。该对话框中各组成部分的含义如下。

图2-54 “链接（CSS）”属性

- 链接字体：在该下拉列表框中可设置网页中链接文本的字体，单击其右侧的下拉按钮可将设置的链接文本加粗或倾斜。
- 大小：单击▾按钮，在打开的下拉列表框中选择链接文本的字体大小，也可在该文本框中直接输入所需的字体大小。
- 链接颜色：用于设置链接文本的颜色。
- 变换图像链接：用于设置滚动链接的颜色。
- 已访问链接：用于设置访问后的链接文本的颜色。
- 活动链接：用于设置正在访问的链接文本的颜色。
- 下划线样式：在该下拉列表框中可设置链接对象的下划线样式。

2.4.5 设置“标题（CSS）”属性

标题（CSS）用于对1~6级标题文本的字体、粗斜体样式、标题的字体大小及颜色进行设置，在“页面属性”对话框中选择“标题（CSS）”选项即可，如图2-55所示。该对话框中主要组成部分的含义如下。

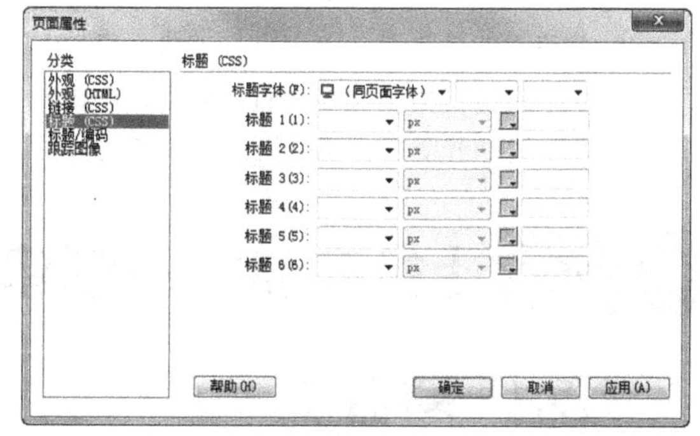

图2-55 “标题（CSS）”属性

- 标题字体：用于设置页面标题字体的大小，单击后面的下拉按钮可加粗或倾斜字体。
- 标题1～标题6：在下拉列表框中可选择和输入1～6级标题的字体大小；在其后的下拉列表框中可设置字体大小的单位，默认为px。单击其后的“色块”按钮可设置其颜色。

2.4.6 设置“标题/编码”属性

在“页面属性”对话框中选择“标题/编码”选项，可对页面的标题和编码进行设置，如图2-56所示。该对话框中各组成部分的含义如下。

- 标题：用于设置页面的标题，其效果与在文件内容中修改标题相同。
- 文档类型：用于选择文档的类型，默认类型为“HTML5”。

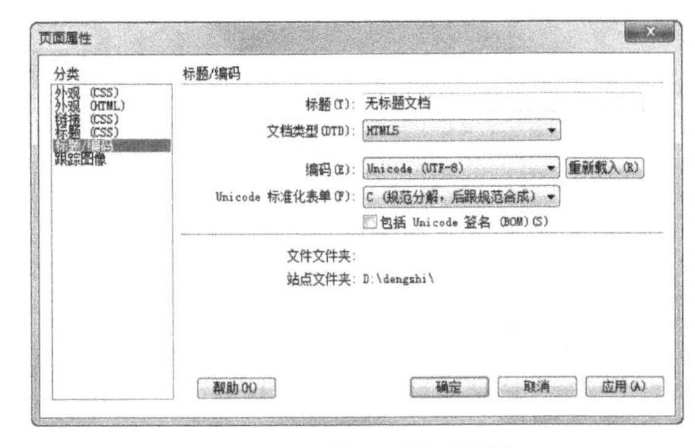
图2-56 “标题/编码”属性

- 编码：用于选择文档的编码语言，默认设置为“Unicode（UTF-8）”，修改编码后可单击后方的 重新载入(R) 按钮，转换现有文档或使用选择的新编码重新打开网页。
- Unicode标准化表单：当用户选择的编码类型为“Unicode（UTF-8）”时，该选项为可用状态，此时该下拉列表框提供了4个选项，选择默认的选项即可。
- “包括Unicode签名（BOM）”复选框：单击选中该复选框，则在文档中包含一个字节顺序标记——BOM，该标记位于文本文件开头的2～4个字节，可将文档识别为Unicode格式。

2.4.7 跟踪图像

在“页面属性”对话框中选择“跟踪图像”选项，在右侧打开的界面中可以对跟踪图像的属性进行设置，如图2-57所示。“跟踪图像”属性允许用户在文档窗口中将原来的网页制作初稿作为页面的辅助背景，方便用户进行页面布局和设计，从而制作出更符合设计意图的效果。“跟踪图像”属性各组成部分的含义如下。

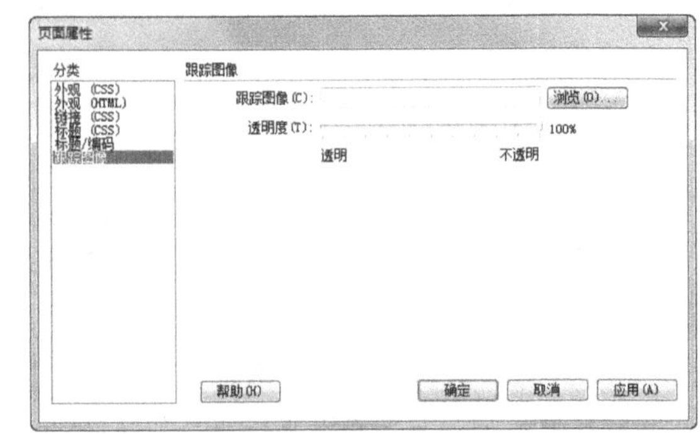
图2-57 “跟踪图像”属性

- 跟踪图像：用于设置跟踪图像的位置，可直接在文本框中输入位置，也可单击后面的 浏览(W)... 按钮，在打开的对话框中进行选择。
- 透明度：用于设置跟踪图像在网页编辑状态下的透明度，向左拖动滑块，透明度更高，图像显示更透明；向右拖动滑块，透明度更低，图像显示更不明显。

2.5 上机实训——创建“花火植物”站点

2.5.1 实训要求

本实训要为花火植物网站创建并规划站点，需要先规划站点结构，明确站点每部分的分类，及分类文件夹中的页面，最后在Dreamweaver中进行站点、文件和文件夹的创建与编辑。

2.5.2 实训分析

为了便于管理和移动，网站需要通过站点来对这些网页进行管理。对于需要创建的网站，如果规模非常大，分类较多，或栏目较多，就需要合理地规划站点的结构，并对站点进行构建。站点结构的规划是为了让整个网站的结构更加清晰，且要在创建网站前完成，这样可节省制作网站的时间，也可以保证多个相关联的文件存在于相同的文件夹中。

本实训需要创建站点文件夹和文件，参考效果如图2-58所示。

视频教学
创建“花火植物”站点

图2-58 “花火植物”站点

2.5.3 操作思路

完成本实训需要先创建站点，然后在“文件”面板中新建首页文件“index.html”与“hhbl”和“hhgs”文件夹，在其中添加文件和文件夹，最后在该文件夹的基础上进行编辑，其操作思路如图2-59所示。

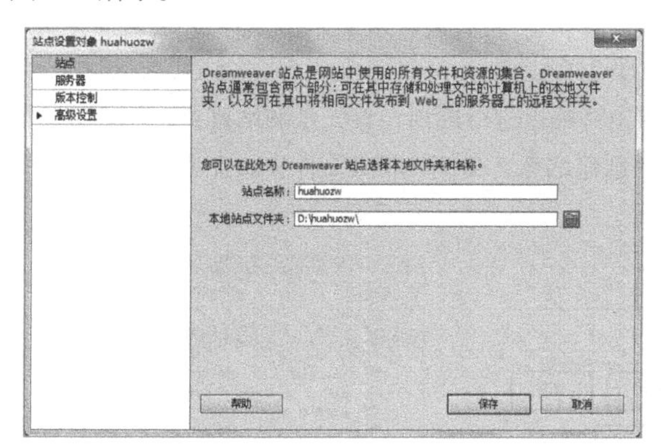

① 创建站点

② 创建首页和“hhbl”文件夹

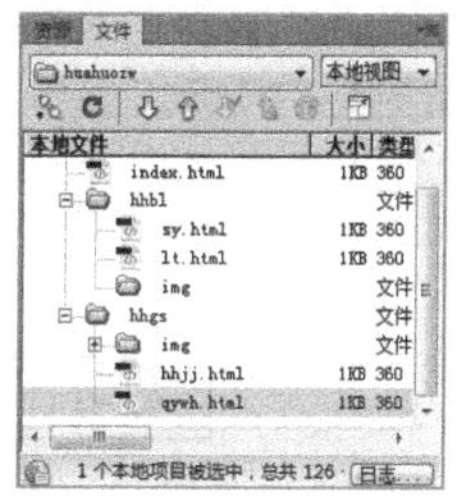

③ 复制文件夹并修改名称

图2-59 操作思路

【步骤提示】

STEP 01 启动Dreamweaver CC，选择“站点”/“新建站点”命令，在打开的对话框中新建“huahuozw”站点。

STEP 02 在“文件”面板中新建“index.html”网页和“hhbl”文件夹，在“hhbl”文件夹中新建“sy.html”“lt.html”网页文件和“img”文件夹。

STEP 03 复制并粘贴“hhbl”文件夹，将文件夹重命名为“hhgs”，并修改网页文件的名称为“hhjj.html”和“qywh.html”。

2.6 课后练习

1. 练习1——*自定义“我的工作区”*

根据工作使用习惯的不同，用户可自定义Dreamweaver CC的工作区，使其更加符合设计者的操作习惯。本练习将自定义一个工作区，然后将其保存，完成后的参考效果如图2-60所示。

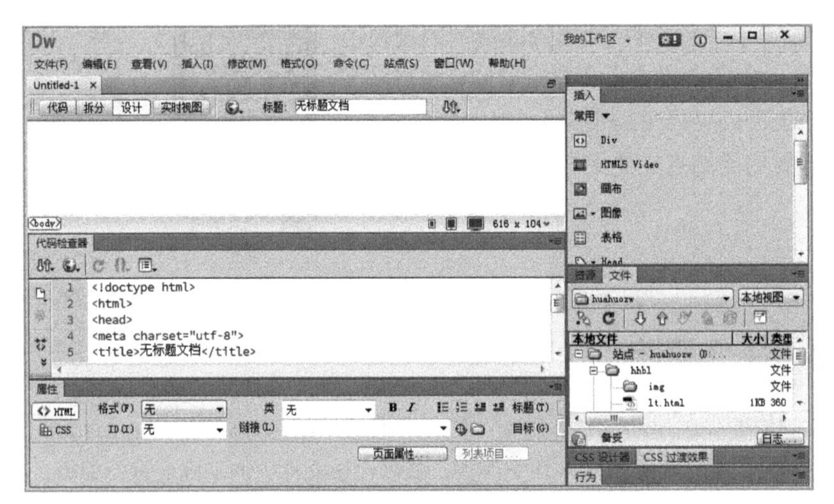

图2-60　自定义的工作区

2. 练习 2——创建并规划“珠宝”网站

某珠宝公司要制作一个电子商务网站，需要先对站点进行规划，首先是网站首页，然后按不同的内容分成多个页面，最后在Dreamweaver CC中创建站点、文件和相关文件夹，完成后的参考效果如图2-61所示。

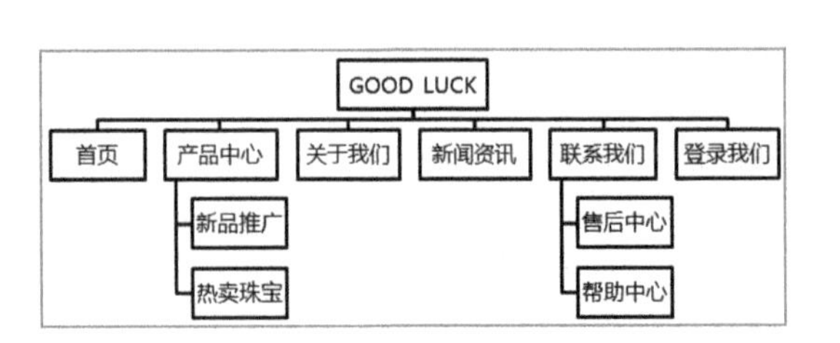

图2-61　创建并规划“珠宝”网站

CHAPTER 3

第3章 制作基础的文本网页

文本是网页中最基础的元素，是用户获取网页信息最直接的方式。在Dreamweaver中创建站点后，就可以制作基础的文本网页。本章将介绍制作文本网页的方法，包括一般文本、特殊文本、项目符号和编号的输入与编辑，以及网页头部内容的设置等。通过本章的学习，可以在网页中输入并设置文本内容，提高网页制作效果的美观度。

课堂学习目标

- 掌握文本的基本操作
- 掌握特殊文本对象的插入方法
- 掌握项目符号和编号列表的插入方法
- 掌握网页头部内容的设置方法

课堂案例展示

“花火简介”网页

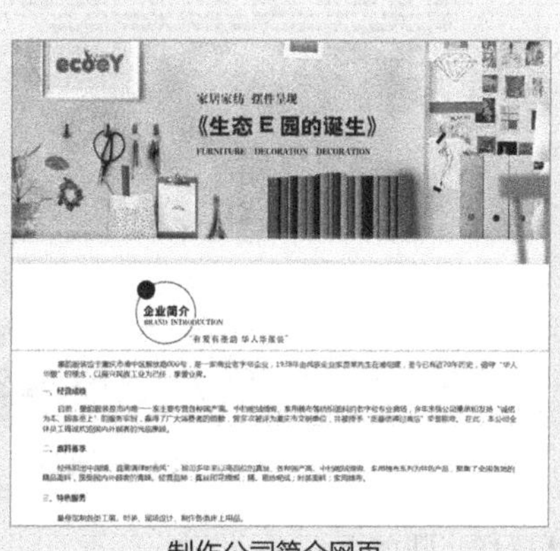

制作公司简介网页

3.1 插入文本对象

文本是网页中最常见、运用最广泛的元素之一，也是制作内容丰富、信息量大的网站必备元素。本节将详细讲解在网页中添加一般文本、特殊文本的方法。

3.1.1 课堂案例——制作“花火简介”网页

案例目标：在提供的“hhjj.html”网页的基础上，通过添加水平线、输入文本、设置文本、添加特殊符号等操作进行美化，完成后的参考效果如图 3-1 所示。

知识要点：一般文本的输入；特殊文本对象的插入。

素材位置：素材 \ 第 3 章 \ 课堂案例 \ hhjj.html、花火简介 .txt

效果文件：效果 \ 第 3 章 \ 课堂案例 \ hhjj.html

图 3-1 效果图

其具体操作步骤如下。

STEP 01 打开“hhjj.html”网页文件，将鼠标光标移动到外侧DIV中单击定位插入点，然后选择【插入】/【水平线】命令，插入一条水平线，如图3-2所示。

视频教学
制作“花火简介”网页

STEP 02 将插入点定位到内侧DIV中，输入“花火植物家居馆……”文本（具体内容可参见提供的花火简介.txt素材），当输入完“进出口等为一体的农业产业化国家重点龙头企业。”后按【Enter】键分段，如图3-3所示。

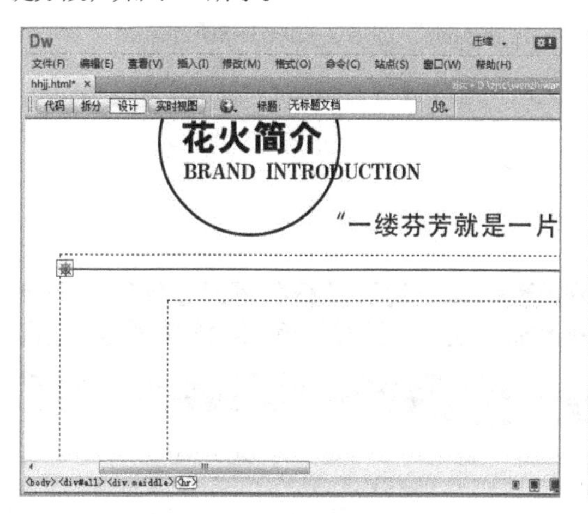

图3-2　添加水平线

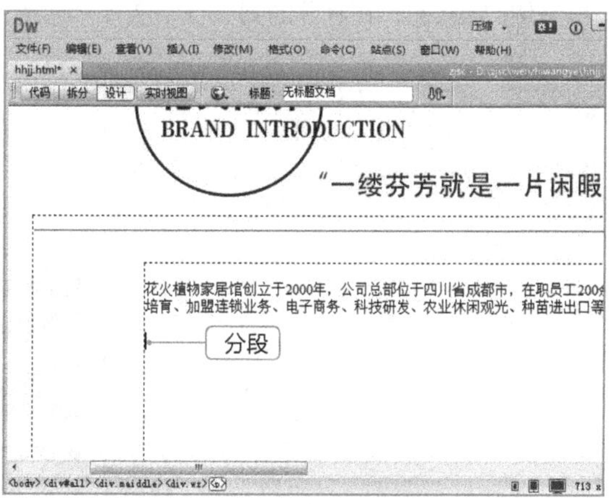

图3-3　输入文本并分段

STEP 03 继续使用相同的方法输入其他文本，并在对应的位置进行分段，效果如图3-4所示。

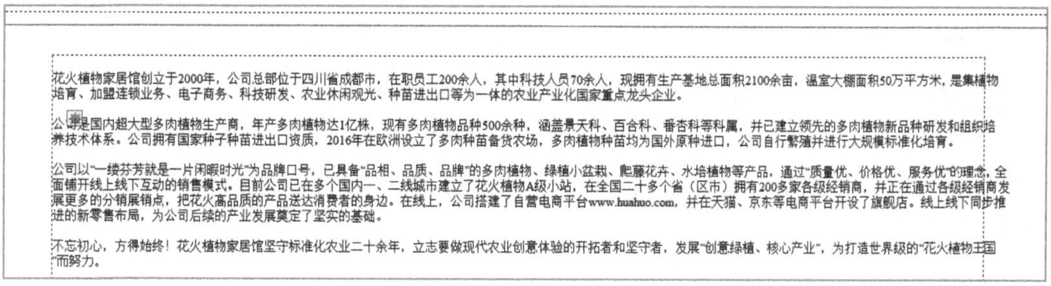

花火植物家居馆创立于2000年，公司总部位于四川省成都市，在职员工200余人，其中科技人员70余人，现拥有生产基地总面积2100余亩，温室大棚面积50万平方米，是集植物培育、加盟连锁业务、电子商务、科技研发、农业休闲观光、种苗进出口等为一体的农业产业化国家重点龙头企业。

公司是国内超大型多肉植物生产商，年产多肉植物达1亿株，现有多肉植物品种500余种，涵盖景天科、百合科、番杏科等科属，并已建立领先的多肉植物新品种研发和组织培养技术体系。公司拥有国家种子种苗进出口资质，2016年在欧洲设立了多肉种苗备货农场，多肉植物种苗均为国外原种进口，公司自行繁殖并进行大规模标准化培育。

公司以“一缕芬芳就是一片闲暇时光”为品牌口号，已具备“品相、品质、品牌”的多肉植物、绿植小盆栽、爬藤花卉、水培植物等产品，通过“质量优、价格优、服务优”的理念，全面铺开线上线下互动的销售模式。目前公司已在多个国内一、二线城市建立了花火植物A级小站，在全国二十多个省（区市）拥有200多家各级经销商，并正在通过各级经销商发展更多的分销展销点，把花火高品质的产品送达消费者的身边。在线上，公司搭建了自营电商平台www.huahuo.com，并在天猫、京东等电商平台开设了旗舰店。线上线下同步推进的新零售布局，为公司后续的产业发展奠定了坚实的基础。

不忘初心，方得始终！花火植物家居馆坚守标准化农业二十余年，立志要做现代农业创意体验的开拓者和坚守者，发展“创意绿植、核心产业”，为打造世界级的“花火植物王国”而努力。

图3-4　输入其他文本

STEP 04 拖动鼠标选择输入的文本，在“属性”面板中单击[CSS]按钮，在“字体”下拉列表框右侧单击下拉按钮，在打开的下拉列表框中选择“管理字体”选项，如图3-5所示。

STEP 05 打开“管理字体”对话框，在其中单击“自定义字体堆栈”选项卡，在右侧“可用字体”列表框中选择“思源黑体 cn regular”选项，单击“插入”按钮[<<]将其添加到字体列表中，如图3-6所示。

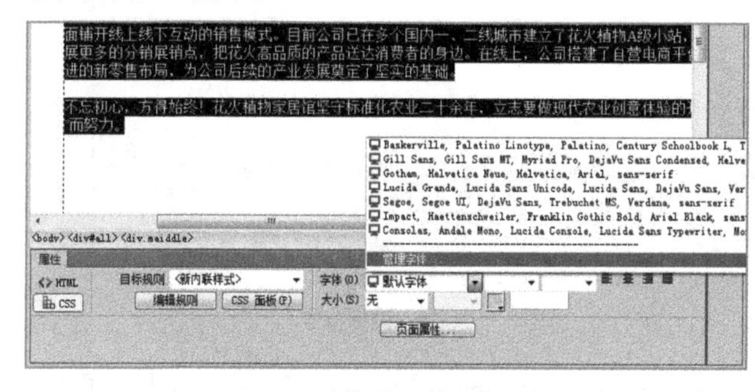

图3-5　选择“管理字体”选项

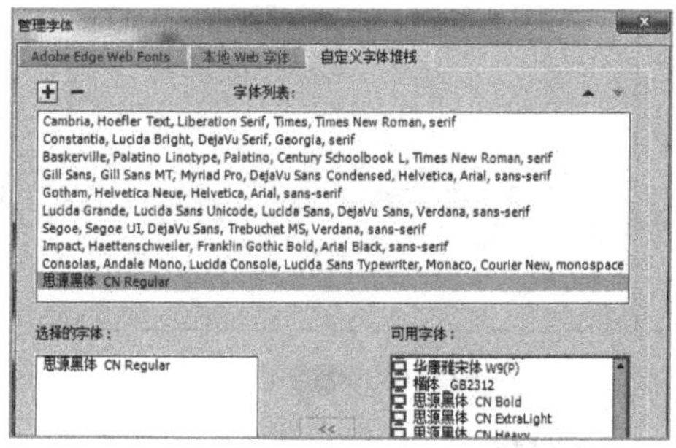

图3-6　添加“思源黑体 cn regular”字体

STEP 06 单击“添加”按钮添加一个字体列表，在“可用字体”列表框中选择“黑体”选项，单击“插入”按钮<<，如图3-7所示。

STEP 07 单击完成按钮关闭“管理字体”对话框，在“属性”面板中单击“字体”下拉列表框右侧的按钮，在打开的列表框中选择“思源黑体 cn regular”选项，如图3-8所示。

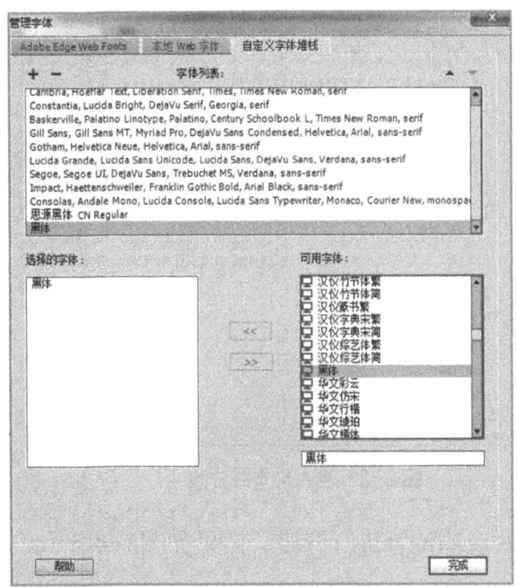

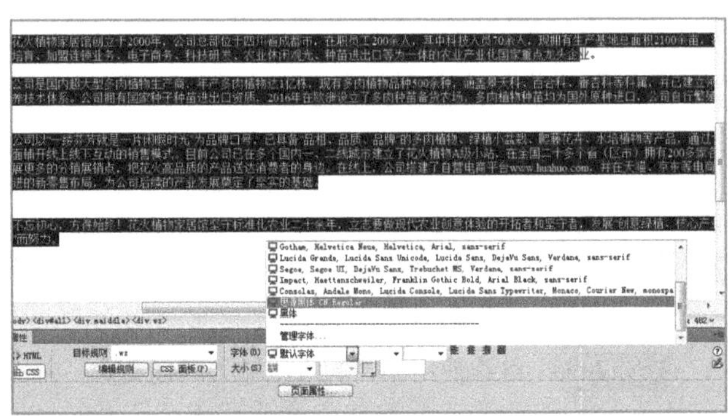

图3-7 添加“黑体”字体

图3-8 设置字体

STEP 08 在“大小”下拉列表框中选择“16”选项，将插入点定位到“花火植物家居馆”文本后，如图3-9所示。

STEP 09 选择【插入】/【字符】/【商标】命令，即可在插入点处插入商标符号，效果如图3-10所示。

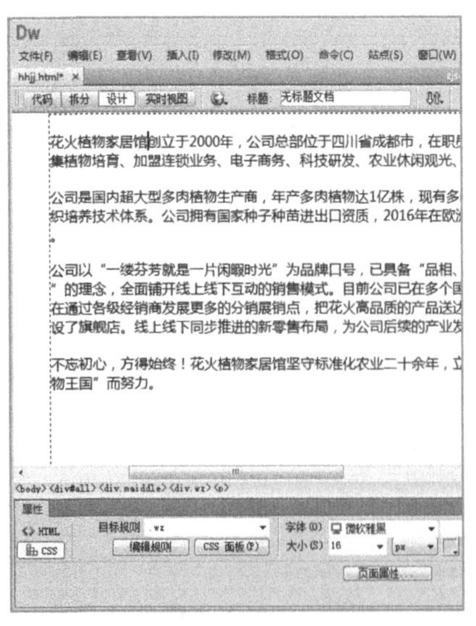

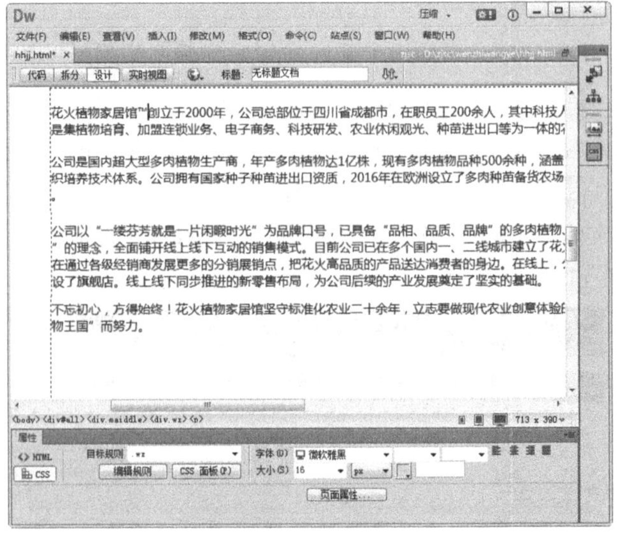

图3-9 设置字号

图3-10 插入商标符号

STEP 10 将插入点定位到文本开始处，按【Ctrl+Shift+Space】组合键插入一个空格，再按6

次，使文本缩进两个字符，然后使用相同的方法为其他段落设置缩进效果，如图3-11所示。

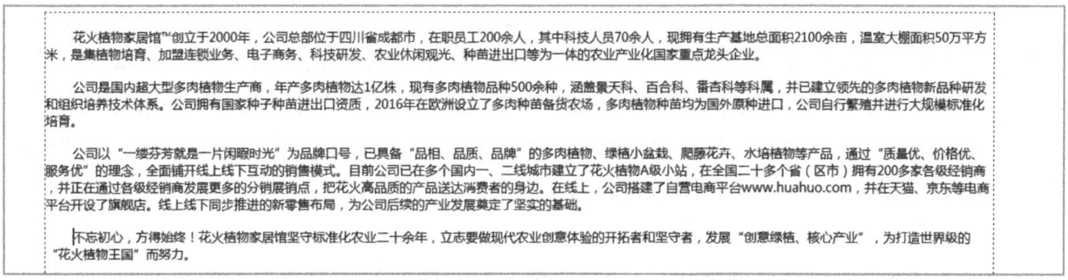

花火植物家居馆™创立于2000年，公司总部位于四川省成都市，在职员工200余人，其中科技人员70余人，现拥有生产基地总面积2100余亩，温室大棚面积50万平方米，是集植物培育、加盟连锁业务、电子商务、科技研发、农业休闲观光、种苗进出口等为一体的农业产业化国家重点龙头企业。
公司是国内超大型多肉植物生产商，年产多肉植物达1亿株，现有多肉植物品种500余种，涵盖景天科、百合科、番杏科等科属，并已建立领先的多肉植物新品种研发和组织培养技术体系。公司拥有国家种子种苗进出口资质，2016年在欧洲设立了多肉种苗备货农场，多肉植物种苗均为国外原种进口，公司自行繁殖并进行大规模标准化培育。
公司以“一缕芬芳就是一片闲暇时光”为品牌口号，已具备“品相、品质、品牌”的多肉植物、绿植小盆栽、爬藤花卉、水培植物等产品，通过“质量优、价格优、服务优”的理念，全面铺开线上线下互动的销售模式。目前公司已在多个国内一、二线城市建立了花火植物A级小站，在全国二十多个省（区市）拥有200多家各级经销商，并正在通过各级经销商发展更多的分销展销点，把花火高品质的产品送达消费者的身边。在线上，公司搭建了自营电商平台www.huahuo.com，并在天猫、京东等电商平台开设了旗舰店。线上线下同步推进的新零售布局，为公司后续的产业发展奠定了坚实的基础。
不忘初心，方得始终！花火植物家居馆坚守标准化农业二十余年，立志要做现代农业创意体验的开拓者和坚守者，发展“创意绿植、核心产业”，为打造世界级的“花火植物王国”而努力。

图3-11　插入空格进行缩进

3.1.2　输入文本

在Dreamweaver中输入文本主要有输入普通文本、文本换行与分段、不换行空格3种方式，下面具体进行介绍。

1. 输入普通文本

输入普通文本的方法很简单，主要包括两种，分别是直接输入文本和从其他文档复制文本。

- **直接输入文本**：在网页文档中，将鼠标光标定位在需插入文本的位置，切换到所需的输入法即可进行文本的输入，如图3-12所示。

Untitled-1*
代码
拆分
设计
实时视图
标题：无标题文档
中文本Dreamweaver基础培训教程

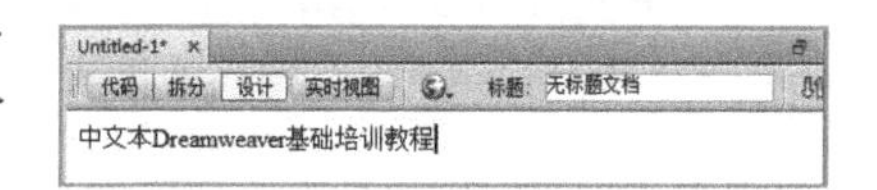

图3-12　直接输入文本

- **从其他文档中复制文本**：在其他文档中选择所需复制的文本，单击鼠标右键，在弹出的快捷菜单中选择“复制”命令。然后将光标定位到网页中需插入文本的位置，单击鼠标右键，在弹出的快捷菜单中选择“粘贴”命令即可完成文本的插入。

提示　同其他软件一样，选择文本后，也可按【Ctrl+C】组合键复制文本，然后在需要插入文本的位置按【Ctrl+V】组合键粘贴文本。

疑难解答　输入文本时为什么有时会出现乱码?

默认情况下新建的HTML页面的编码格式都是UTF-8，它是一种广泛应用的编码，把全球的语言纳入一个统一的编码，如果是简体中文页面，则可以选择简体中文选项或GB2312来解决该问题。其方法为：在“属性”面板中单击 页面属性... 按钮，打开“页面属性”对话框，在“分类”列表框中选择“标题/编码”选项，在右侧的“编码”下拉列表框中选择“简体中文（GB2312）”选项，单击 确定 按钮即可，如图3-13所示。

页面属性
分类
标题/编码
标题(T):无标题文档
文档类型(DTD):HTML5
编码(E):Unicode (UTF-8)
重新载入(R)
Unicode 标准化表单(F):
帮助(H)
应用(A)

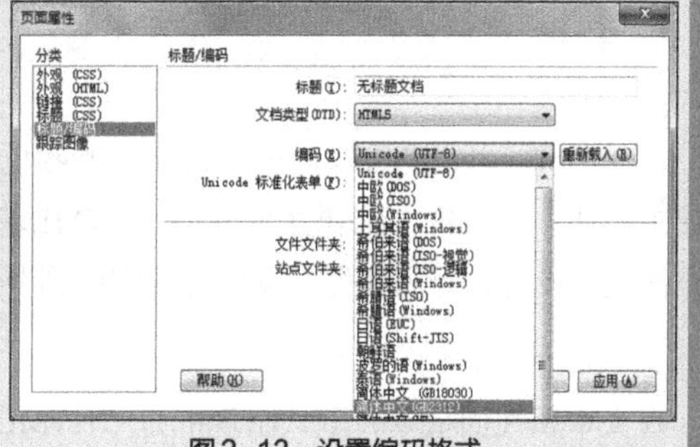

图3-13　设置编码格式

2. 文本换行与分段

在Dreamweaver中，换行与分段是两个相当重要的概念，前者可以将文本换行显示，换行后的文本与上一行的文本同属于一个段落，并只能应用相同的格式和样式；后者同样将文本换行显示，但换行后会增加一个空白行，且换行后的文本属于另一段落，可以应用其他的格式和样式。

对文本进行换行后，在“代码”视图中可看到换行标记
；对文本进行分段后，在“代码”视图中可看到段落标记<p></p>，如图3-14所示。

文本换行可通过以下几种方法进行。

- 将插入点定位到需要换行的位置，选择【插入】/【字符】/【换行符】命令。
- 将插入点定位到需要换行的位置，按【Shift+Enter】组合键。
- 切换到在“代码”视图中的文本后输入
。

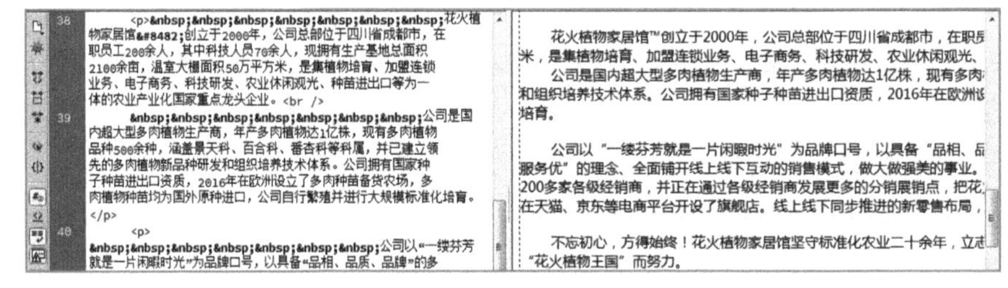

图3-14 直接输入文本

文本分段可直接在需要分段的文本位置按【Enter】键。

3. 不换行空格

在网页文档中插入空格，不能像在其他文字程序中那样按空格键来进行实现。并且在网页文档中要插入4个不换行空格符号，才能达到两个字符的位置。要在网页文档中添加连续的多个空格，主要有以下几种方法。

- 使用菜单命令添加空格：在当前网页文档中选择【插入】/【字符】/【不换行空格】命令，则可插入空格。
- 使用快捷键添加空格：按一次【Shift+Ctrl+Space】组合键可以插入一个空格，继续按相同的组合键可连续插入多个空格。
- 使用HTML标签添加空格：在当前网页文档中切换到“代码”或“设计”视图，在需要添加空格的位置输入4个 符号编码即可。

3.1.3 设置文本属性

在Dreamweaver中可以通过设置文本的颜色、大小、对齐方式和字体等属性，使浏览者阅读起来更加方便。而设置文本属性可以通过HTML基本属性和CSS扩展属性来进行设置，但不管使用哪种方法进行设置，都需要先将鼠标光标定位到要设置的文本中，在出现的属性面板中进行设置。

1. HTML 属性

在文本属性面板中，默认出现的是“HTML属性”面板，此时可在该属性面板中设置文本的颜色、大小、对齐方式和字体等属性，如图3-15所示。

图3-15 “HTML属性”面板

相关选项的含义介绍如下。

- “格式”下拉列表框：在该下拉列表框中包含了预定义的字体样式。将鼠标光标定位到需要设置格式的文本中，则该字体样式会应用到光标所在文本的所有段落中，如图3-16所示。

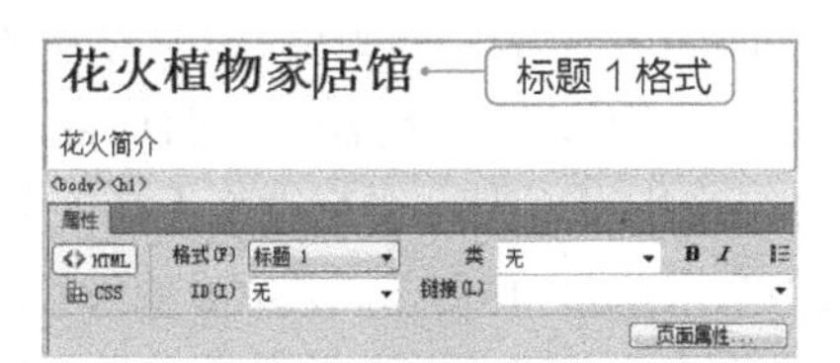

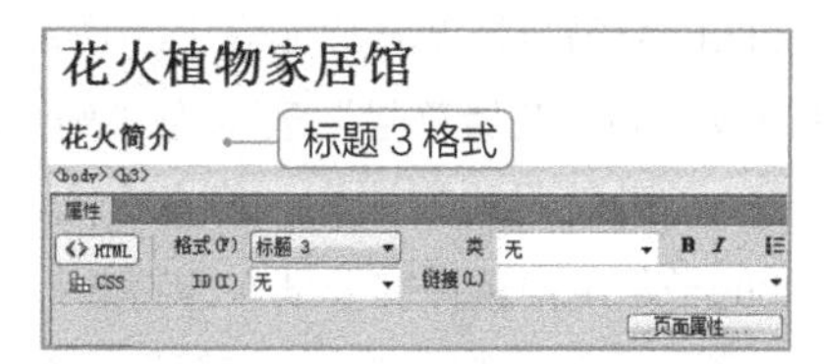

图3-16 设置字体格式

提示 “格式”下拉列表框中包括了“无”“段落”“标题1”~“标题6”和“预先格式化”几个选项。其中“无”表示不指定任何格式；“段落”表示将多行的文本内容设置为一个段落，即在应用段落格式后，在选择内容的前后部分分别产生一个空行；“标题1”~“标题6”表示提供网页文件中的标题格式，并且数字越大，其字号将会越小；“预先格式化”表示在文档窗口中输入的键盘空格等将如实显示在画面中。

- “类”下拉列表框：选择文档中使用的CSS样式，该样式是设置好的CSS样式，可直接在此引用（CSS样式将在第 3 章讲解）。
- B 按钮：选择文本后，单击该按钮，则会使所选择的文本加粗显示。
- I 按钮：选择文本后，单击该按钮，则会使所选择的文本倾斜显示。
- 和 按钮：这两个按钮分别是“项目列表”和“编号列表”按钮，是用来为文本创建无序列表和有序列表的。
- 和 按钮：这两个按钮分别是“删除内缩区块”和“内缩区块”按钮，是用来减少文本的右缩进和增加右缩进的。

2. CSS 扩展属性

在默认的文本“属性”面板中，单击 CSS 按钮，则可切换到“CSS属性”面板中进行设置，并且在“CSS属性”面板中大部分的属性设置都与HTML属性相同，如图3-17所示。

图3-17 “CSS属性”面板

相关选项的含义介绍如下。

- “字体”下拉列表框：用于设置文本的字体样式。在该下拉列表框中除了默认的字体外，还可以手动添加字体。
- “大小”下拉列表框：用于选择字体的大小。除了可以直接在“大小”下拉列表框中选择已有的字体大小外，还可以直接输入字体大小的具体值。其单位可以是像素，也可以是磅。

- “字体颜色”按钮：用于指定字体的颜色，可以利用颜色选择器、吸管选择颜色或直接输入颜色值。
- 、、和按钮：用于设置文本的左对齐、居中对齐、右对齐和两端对齐。

3.1.4 插入特殊符号

版权符号、注册商标符号等特殊字符是无法在编辑网页文本的过程中通过键盘进行输入的，它们在网页的HTML编码中是以名称或数字的形式表示的，由以“&”开头和“；”结尾的特定数字或英文字母组成，如“英镑符号”表示为“£”。此时，用户就需要通过Dreamweaver插入特殊符号。插入特殊符号的方法为：将光标插入点定位到所需位置，然后选择【插入】/【字符】命令，在打开的子菜单中选择需要插入的特殊符号即可，如图3-18所示。若需要输入其他的特殊字符，可在“字符”列表中选择“其他字符”命令，打开“插入其他字符”对话框，选择需要的字符后，单击确定按钮即可插入相应的字符，如图3-19所示。

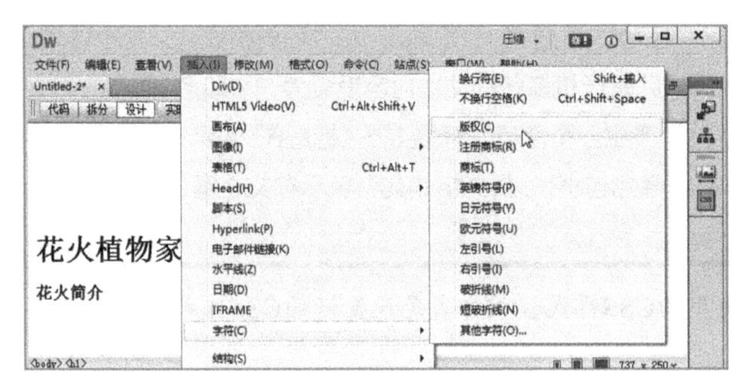

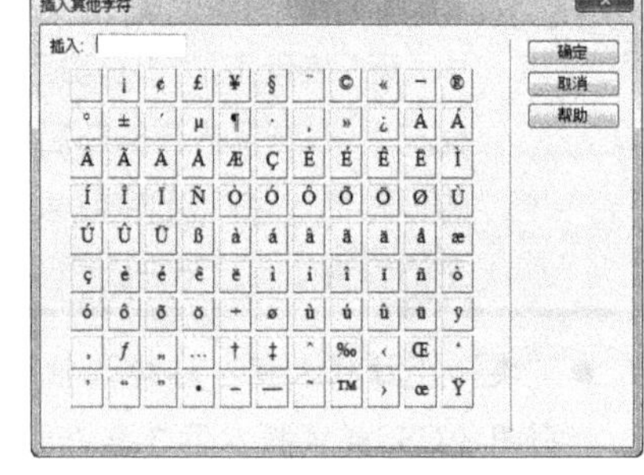

图3-18 选择特殊字符菜单命令

图3-19 “插入其他字符”对话框

3.1.5 插入日期

在Dreamweaver CC中插入日期的方法很简单，可以直接通过选择【插入】/【日期】命令或在“插入”面板中的“常用”分类中单击“日期”按钮，打开“插入日期”对话框，设置日期的格式，单击确定按钮即可，如图3-20所示。

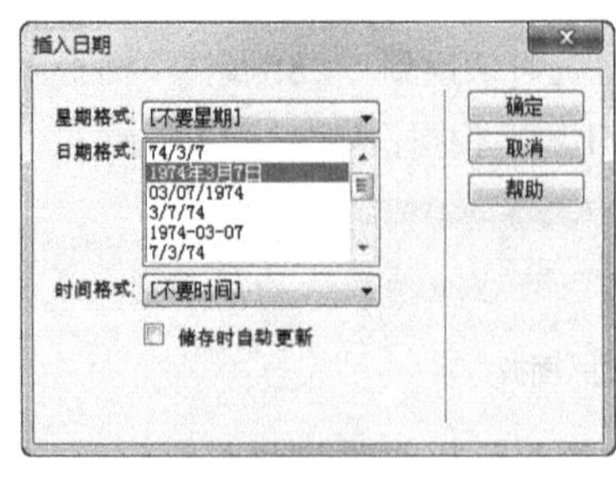

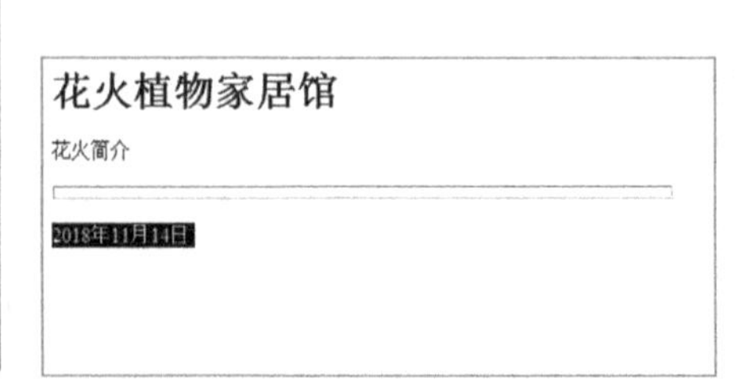

图3-20 插入日期

“插入日期”对话框相关选项的含义介绍如下。

- “星期格式”下拉列表框：在该下拉列表框中可选择星期格式，可以设置在网页文档中显示星期的方式，其中包括简写方式、星期的完整显示方式和不显示星期几的方式。

- “日期格式”下拉列表框：在该下拉列表框中可选择日期格式，可以设置显示日期格式的样式。
- “时间格式”下拉列表框：在该下拉列表框中可选择时间格式，如以12小时制的时间格式显示以24小时制的时间格式显示。
- “储存时自动更新”复选框：如果单击选中了该复选框，则在存储文档时，自动更新文档中插入的日期信息。如果不希望网页文档的时间随时进行更新，则无须选中该复选框。

3.1.6 插入水平线

在页面中插入水平线可以在不完全分割页面的情况下，以水平线为基准将页面分为上下区域。另外，还可对插入的水平线的属性进行设置。

1. 添加水平线

在Dreamweaver CC中插入水平线的方法与插入日期的方法基本相同，唯一不同的是，水平线可以使用HTML标签进行插入，下面分别进行介绍。

- 使用菜单和面板：在当前需要插入水平线的位置，选择【插入】/【水平线】命令或在“插入”浮动面板中的“常用”分类中单击“水平线”按钮即可。
- 使用HTML标记：在当前网页中，切换到“代码”或“拆分”视图中，将插入点定位到需要插入水平线的标记位置，输入<hr>标签，即可插入默认的水平线。

2. 设置水平线属性

对于插入的水平线，可以通过两种方法设置其属性值：一种是在“属性”面板中设置；另一种则是通过HTML标签中的属性值进行设置。下面将分别介绍这两种设置水平线属性的方法。

- 使用“属性”面板：在“设计”视图中选择需要设置的水平线，在“属性”面板中则会显示与水平线相关的属性，如水平线的宽、高、对齐方式和阴影等，如图3-21所示。

图3-21 “水平线属性”面板

- 使用HTML标记：在“代码”或“拆分”视图中找到需要设置的水平线标记，在其中输入相应的属性及属性值即可，如<hr align="left" width="500" size="10"" >表示设置水平线的对齐方式为左对齐；宽为500像素；大小为10像素；颜色为黑色，如图3-22所示。

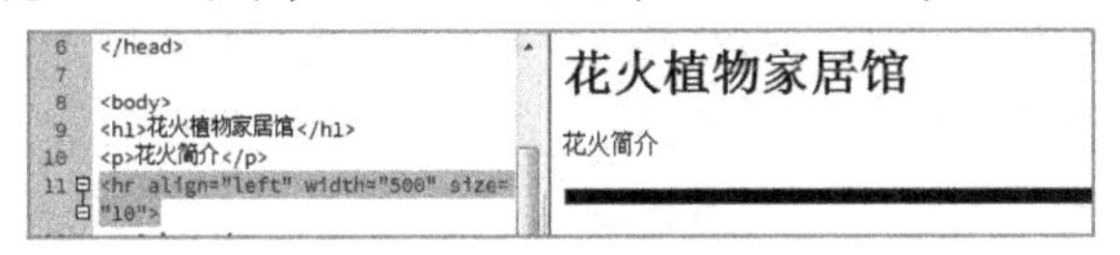

图3-22 设置水平线的属性

提示 在HTML标记中进行属性设置。其中，align表示水平线的对齐方式；color表示水平线的颜色；noshade表示水平线没有阴影；size表示水平线的高度；width表示水平线的宽度。

3.1.7 插入列表

在网页中列表分为两种：一种是有序列表；另一种则是无序列表。其中，有序列表表示赋予编号排列的方式；而无序列表则表示没有顺序的排列方式。图3-23所示为无序列表，图3-24所示为有序列表。

图3-23 无序列表

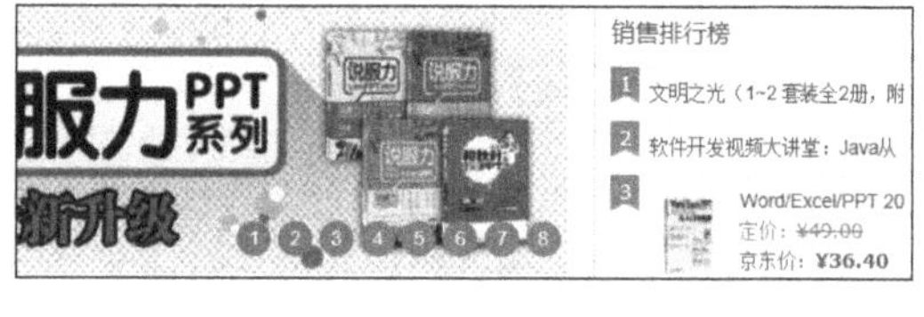

图3-24 有序列表

在Dreamweaver CC中插入列表的操作不仅方便，而且其方法也有多种，下面将分别进行介绍。

- 使用菜单命令：选择需要插入列表的位置或将插入点定位到需要添加列表的位置，选择【插入】/【结构】/【项目列表】或【编号列表】命令，则可插入无序列号或有序列号的列表。
- 使用“属性”面板：选择需要插入列表的位置或将插入点定位到需要添加列表的位置，在其“属性”面板中单击“项目列表”按钮或“编号列表”按钮，则可插入无序列号或有序列号的列表。
- 使用HTML标记：切换到“代码”或“拆分”视图中，将插入点定位到需要插入列表的位置中，输入<ol><li></li>……</ol>标记或<ul><li></li>……</ul>标记，即可添加有序列表和无序列表。其具体输入方法如图3-25所示。

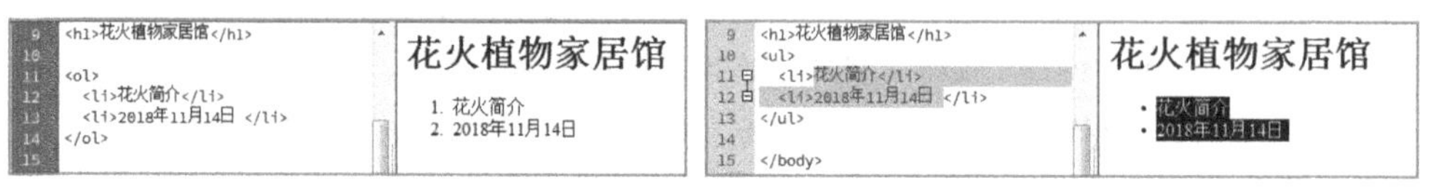

图3-25 有序和无序列表

若要设置插入的列表，可将插入点定位到插入了列表的文本中，在“属性”面板中单击列表项目...按钮，打开“列表属性”对话框，在其中可以对列表的属性进行设置，包括列表类型、样式、列表项目等，“列表属性”对话框中各选项的含义介绍如下。

- 列表类型：可选择列表的类型，包括“项目列表”“编号列表”“目录列表”“菜单列表”4个选项。
- 样式：可选择列表的编号样式。当选择“项目列表”类型时包括“默认”“项目符号”“方形”3个选项。当选择“编号列表”类型时，包括“默认”“数字”“小写罗马字母”“大写罗马字母”“小写字母”“大写字母”6个选项。
- 开始计数：选择“编号列表”类型时该选项可用，可在该选项后的文本框中输入一个数值，以指定编号列表从几开始。
- 新建样式：与“样式”下拉列表框中的选项相同，如果在该下拉列表框中选择一个列表样式，则在该页面中创建列表时，将自动应用该样式，而不会应用默认样式。
- 重设计数：与“开始计数”选项的使用方法相同，如果在该选项中设置一个数值，则在该页面中创建的编号列表中，将根据设置的数值有序地排列列表。

课堂练习——制作“招聘”网页

随着互联网的发展，网上招聘成为企业招聘人员的主要方式之一。这类“招聘”网页要展现出企业需要招聘的岗位、具体要求、相关事项等。本练习将在提供的“招聘”网页（素材 \ 第3章 \ 课堂练习 \ 招聘网页 \ zhaopin.html）中输入文本和其他文本对象，使网页的内容更加丰富、美观，涉及输入文本、设置文本属性等操作，参考效果如图3-26所示（效果 \ 第3章 \ 课堂练习 \ 招聘网页 \ zhaopin.html）。

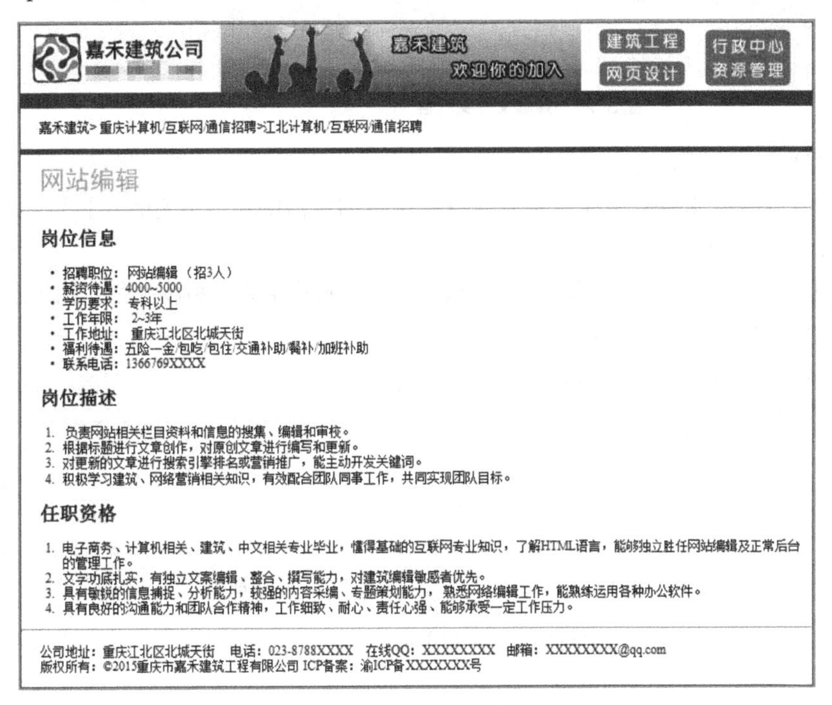

图3-26 “招聘”网页

3.2 设置网页头部内容

网页由head和body两部分组成，body是浏览器中看到的网页正文部分，而head则是一些网页的基本设置和附加信息，不会在浏览器中显示，但是对网页有着至关重要的作用。head（文件头）包括Meta、关键字、说明、视口4个部分，本节将详细讲解相关内容。

3.2.1 课堂案例——设置“Index.html”文件头

案例目标： 新建一个“Index.html”文件，然后为该网页设置关键字、说明、刷新等内容，完成后的参考效果如图 3-27 所示。

知识要点： 关键字；说明；刷新。

效果文件： 效果 \ 第 3 章 \ 课堂案例 \ index.html

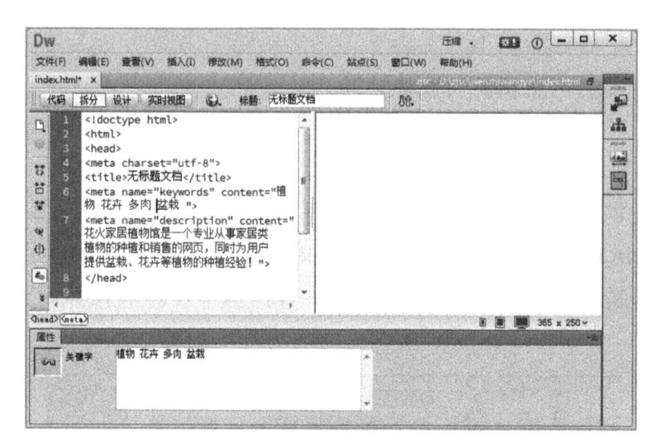

视频教学
设置“Index.html”文件头

图3-27 查看文件头内容

其具体操作步骤如下。

STEP 01 新建“index.html”网页，选择【插入】/【Head】/【关键字】命令，打开“关键字”对话框，如图3-28所示。

STEP 02 在“关键字”对话框的“关键字”文本框中输入“植物 花卉 多肉 盆栽”，单击 确定 按钮完成设置，如图3-29所示。

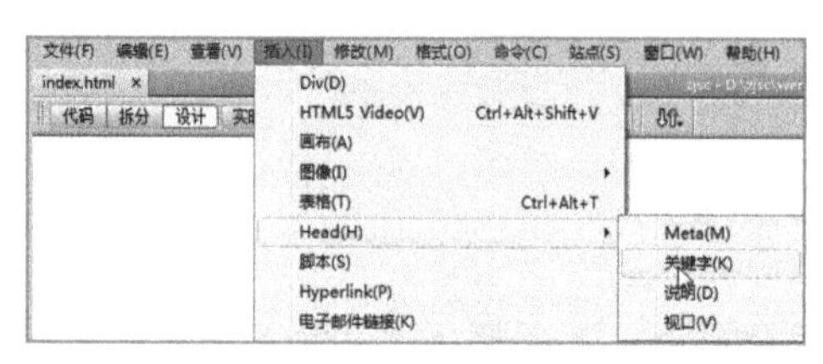

图3-28 选择命令

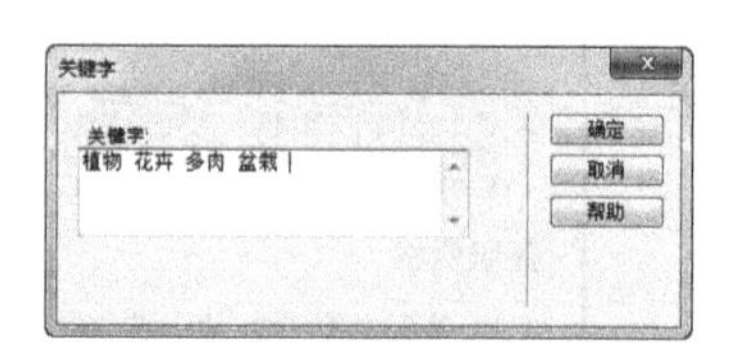

图3-29 “关键字”对话框

STEP 03 选择【插入】/【Head】/【说明】命令，打开“说明”对话框，在其中输入相关的文本，单击 确定 按钮，如图3-30所示。

STEP 04 切换到“拆分”视图，在左侧代码区域的<head>标记中可查看到对应的文件头内容，如图3-31所示。

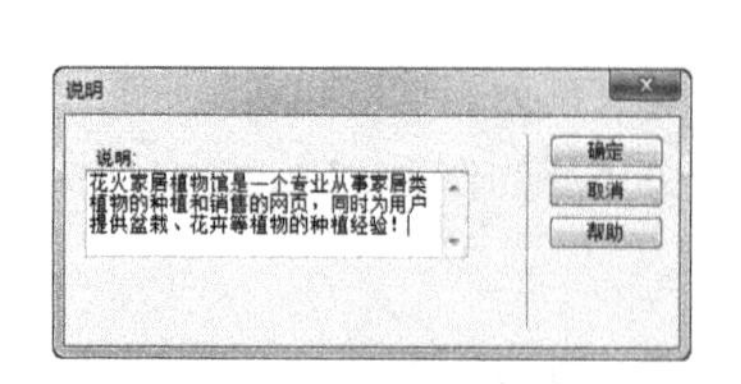

图3-30 “说明”对话框

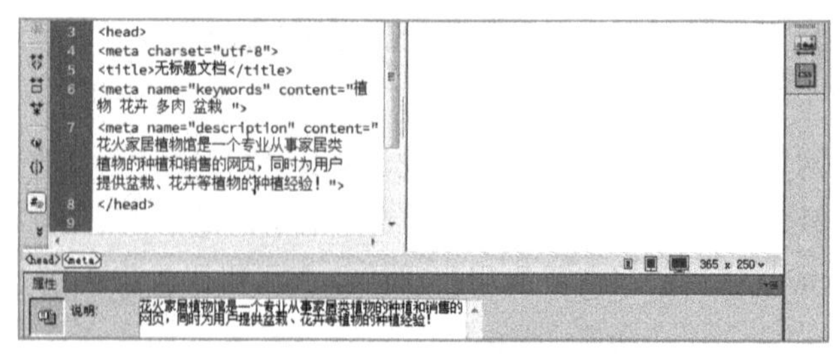

图3-31 查看说明文件头内容

技巧 若要对说明或关键字进行修改，可在“代码”窗口中单击定位插入点，可直接在其中进行修改，也可在“属性”面板的列表框中进行修改。

3.2.2 Meta

Meta标记是文件头中一个起辅助作用的标记，通常用来记录当前页面的相关信息，如为搜索引擎robots定义页面主题、定义用户浏览器上的cookie、鉴别作者、设定页面格式、标注关键字和内容提要等。选择【插入】/【Head】/【Meta】命令，可打开“META”对话框，如图3-32所示。该对话框中各选项的含义介绍如下。

- 属性：指定Meta 标记是否包含有关页面的描述信息 (name) 或 HTTP 标题信息 (http-equivalent)。
- 值：指定标记提供的信息类型。
- 内容：指定实际的信息。

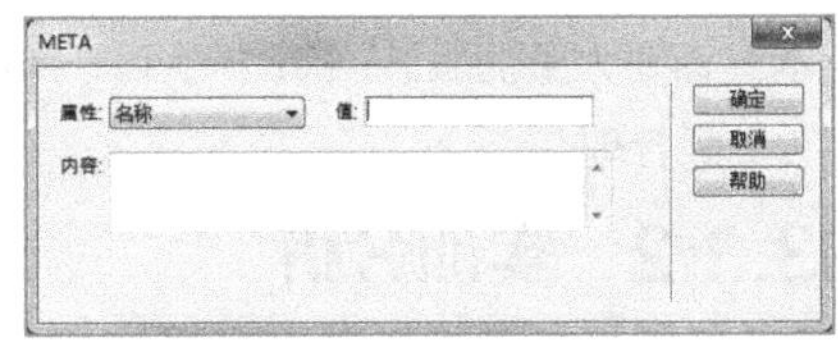

图3-32 “META”对话框

3.2.3 关键字

关键字（keywords）是不可见的页面元素，它不会在浏览器窗口的任何区域显示，也不会对页面的呈现产生任何影响。它只是针对搜索引擎（如百度、谷歌）而做的一种技术处理，因为很多搜索引擎装置（通过蜘蛛程序自动浏览Web页面为搜索引擎收集信息以编入索引的程序）都会读取关键字Meta标记中的内容，然后将读取到的关键字保存到其数据库中并进行索引处理。选择【插入】/【Head】/【关键字】命令，可打开“关键字”对话框，如图3-33所示。在其中输入关键字即可。

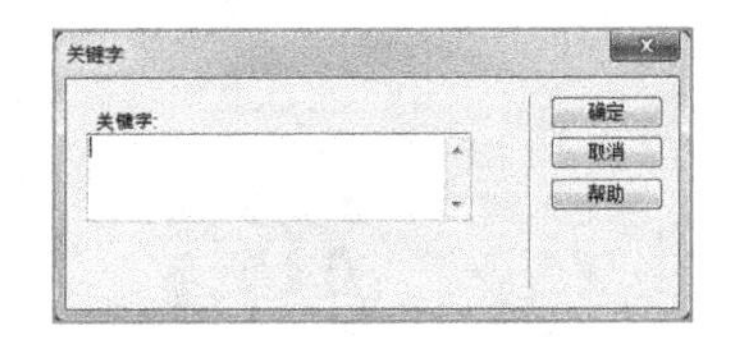

图3-33 “关键字”对话框

提示 关键字的设置会直接影响网页被搜索引擎收录的几率，设置一个合理的关键字可以使网页更容易被浏览者搜索到，从而使网站获得更高的页面点击率。

3.2.4 说明

说明（description）也是不可见的页面元素，主要是针对搜索引擎而做的一种技术处理，与关键字的作用非常类似，但大多数情况下，说明标记的内容比关键字标记的内容要复杂一些，它主要是对网页或站点的内容进行简单概括或对网站主题进行简要说明。选择【插入】/【Head】/【说明】命令，可打开“说明”对话框，如图3-34所示。

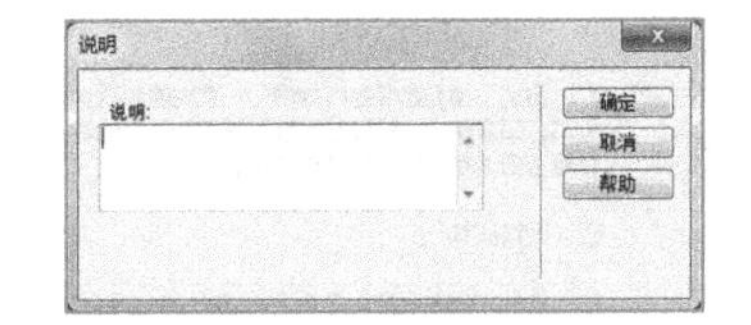

图3-34 “说明”对话框

3.2.5 视口

视口用来设置网页在浏览器中显示的方式，选择【插入】/【Head】/【视口】命令，即可在网页头部插入一个默认的视口方式，该命令不会打开对话框，切换到代码窗口即可看到新添加的代码<meta name="viewport" content="width=device-width, initial-scale=1">。

3.3 上机实训——制作“企业简介”网页

3.3.1 实训要求

本实训要为墨韵服装网制作一个“企业简介”网页，要求网页界面简洁、美观大方、内容表达清楚、排版合理。

3.3.2 实训分析

文字网页用户浏览起来容易乏味，缺乏浏览欲望，因此，纯文本网页很少被采用，通常会对文本进行美化排版、添加相关的图像等来提升网页的美观性，增加浏览量。

本例中提供了带有图像的素材网页文件，需要在其中输入相关的文本，然后设置文本的属性，并对其进行相应的排版，使页面的美观性得到提高。本实训的参考效果如图3-35所示。

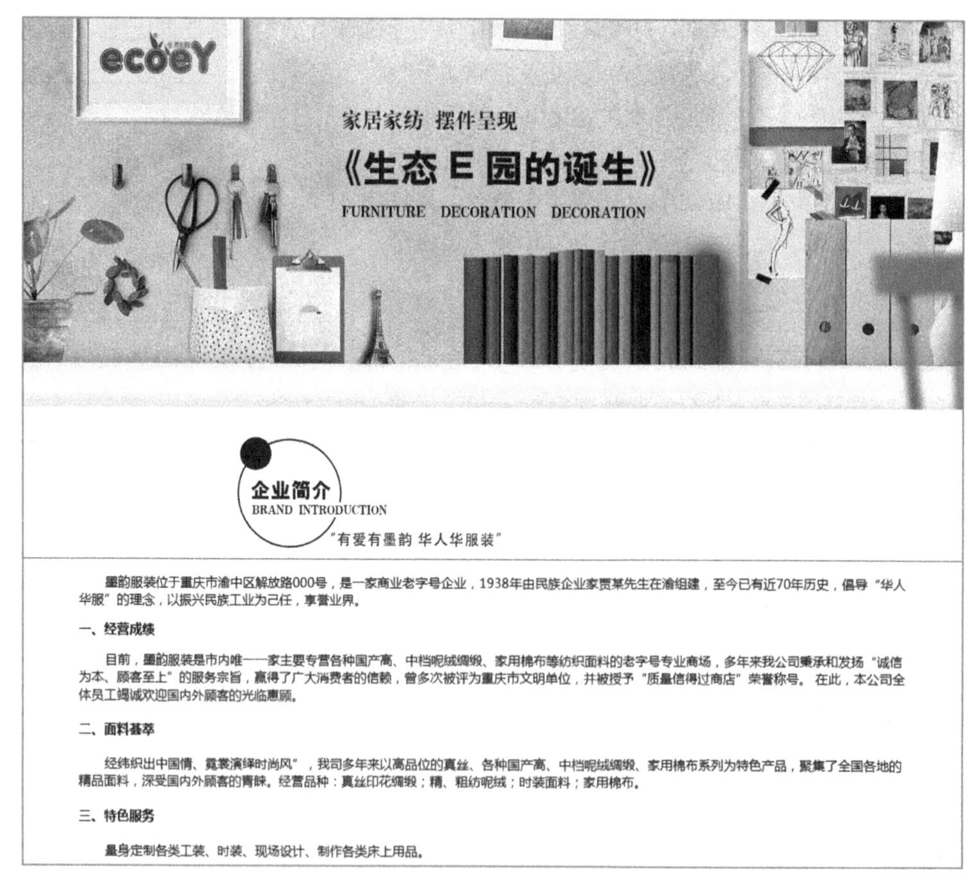

图3-35 “企业简介”网页

素材所在位置： 素材 \ 第3章 \ 上机实训 \ qyjj.html、企业简介.txt

效果所在位置： 效果 \ 第3章 \ 上机实训 \ qyjj.html

3.3.3 操作思路

完成本实训主要包括输入文本并设置格式、设置网页头部内容两大步操作，其操作思路如图3-36所示。涉及的知识点主要有文本的输入、字体和段落样式的设置、水平线的设置、文件头部内容的设置等。

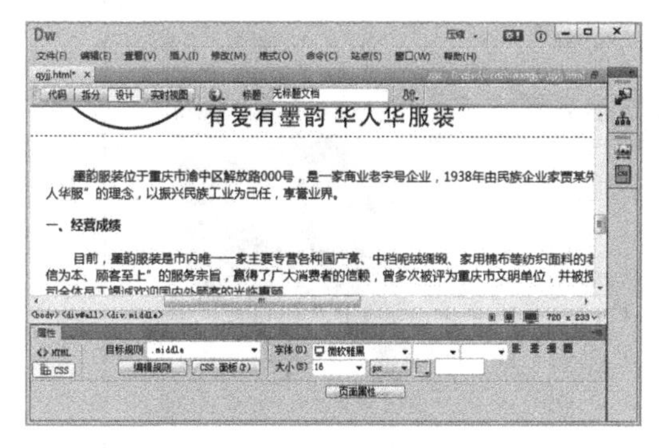

① 输入文本并设置格式

② 设置网页头部内容

图3-36 操作思路

【步骤提示】

视频教学
制作企业简介网页

STEP 01 打开“qyjj.html”网页文件，将插入点定位到网页中，然后打开“企业简介.txt”素材文件，将其中的文本复制到网页中。

STEP 02 将插入点定位到需要的位置，然后在其中通过【Enter】键设置段落。

STEP 03 选择所有文本，在“属性”面板中单击3次“内缩区块”按钮设置缩进。

STEP 04 在正文段落前按7次【Ctrl+Shift+Space】组合键添加空格，使其空两个字符。

STEP 05 选择带编号的文本，在“属性”面板中设置格式为“标题4”选项，并为其设置加粗显示。

STEP 06 选择所有文本，在“属性”面板中设置字体为“思源黑体 cn regular”，字号为“16”。

STEP 07 将插入点定位到文本开始处，选择【插入】/【水平线】命令，插入一个水平线。

STEP 08 选择【插入】/【Head】/【关键字】命令，在打开的“关键字”对话框中设置网页的关键字。然后选择【插入】/【Head】/【说明】命令，在打开的“说明”对话框中设置网页的相关说明，完成后保存网页即可。

3.4 课后练习

1. 练习 1——*制作“学校简介”网页*

打开“xxjj.html”网页文件，在其中输入文本并设置文本格式和段落格式、然后添加水平线，完成后的参考效果如图3-37所示。

提示：设置文本格式时需要注意，若Dreamweaver CC中没有需要的字体，可通过本章讲解的方法向软件中先添加字体，然后再进行设置。

素材所在位置： 素材 \ 第3章 \ 课后练习 \ xxjj.html、学校简介.txt

效果所在位置： 效果 \ 第3章 \ 课后练习 \ xxjj.html

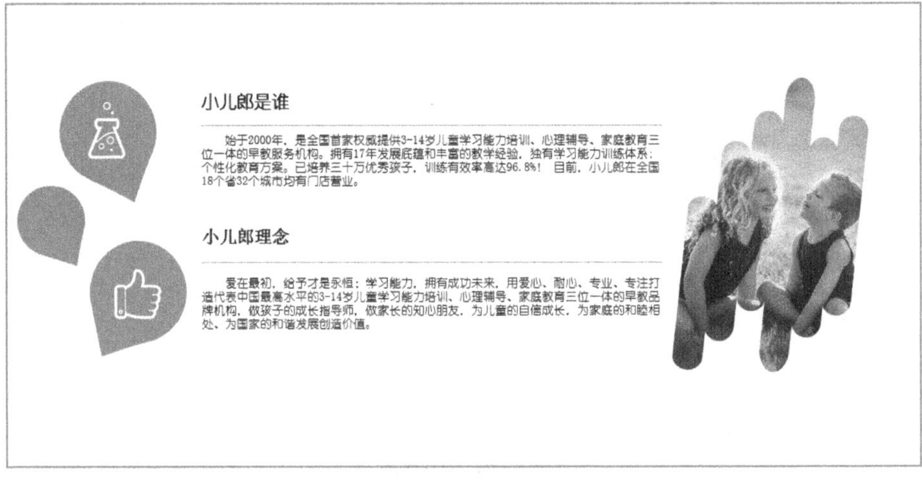

图3-37 “学校简介”网页

2. 练习2——*制作“代金券说明”网页*

新建“djqsm.html”网页文件，在其中设置网页说明和关键字，然后在网页中添加文本，并设置文本格式和段落格式，添加其他网页元素，完成后的参考效果如图3-38所示。

素材所在位置： 素材 \ 第3章 \ 课后练习 \ 代金券说明.txt、djqbj.png

效果所在位置： 效果 \ 第3章 \ 课后练习 \ djqsm.html

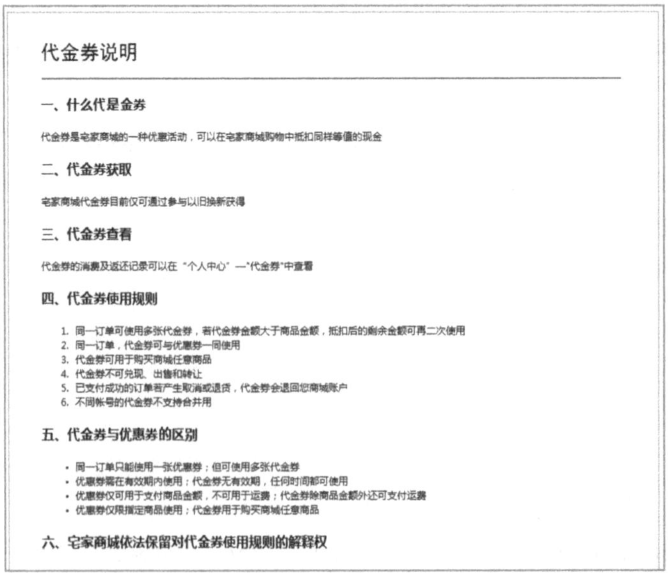

图3-38 “代金券说明”网页

CHAPTER 4

第4章 制作丰富的图像网页

图像在网页中的应用非常广泛，不仅可以修饰网页，还能够直观地表达和传递一些文字无法承载的信息。除此之外，还可以添加一些多媒体元素来丰富网页，如背景音乐、Flash动画、FLV视频等，使网页效果更加绚丽，吸引更多的浏览者进行浏览。通过本章的学习，可以在网页中添加丰富的对象来美化网页，提升网页的视觉冲击力。

课堂学习目标

- 掌握插入各种图像的方法
- 掌握设置图像属性的方法
- 掌握Flash动画和背景音乐的添加方法
- 掌握其他多媒体对象的插入和设置方法

课堂案例展示

制作“植物分类”网页

制作“花火团购”网页

4.1 插入与设置图像

适量地使用图像，不仅可以帮助设计者制作出华丽的网站页面，还可以提高网页的下载速度。在网页中，常用的图像格式为JPEG和GIF两种。图像过大会影响网页的下载速度。在网页中使用图像时，不在于多，而在于精，并且插入图像后，还可以根据相应的情况对其属性进行设置。

4.1.1 课堂案例——制作“植物分类”网页

案例目标： 网站通常由多个页面组成，每个网页都需要设计者精心制作，本案例需要为“花火植物”网站制作一个“植物分类”页面，它是“花火植物”网站中的二级页面，主要是便于用户快速查找到需要的产品类型，参考效果如图 4-1 所示。

知识要点： 插入图像；设置图像属性；插入图像占位符；插入鼠标经过图像。

素材文件： 素材 \ 第 4 章 \ 课堂案例 \ fenlei.html

效果文件： 效果 \ 第 4 章 \ 课堂案例 \ fenlei.html

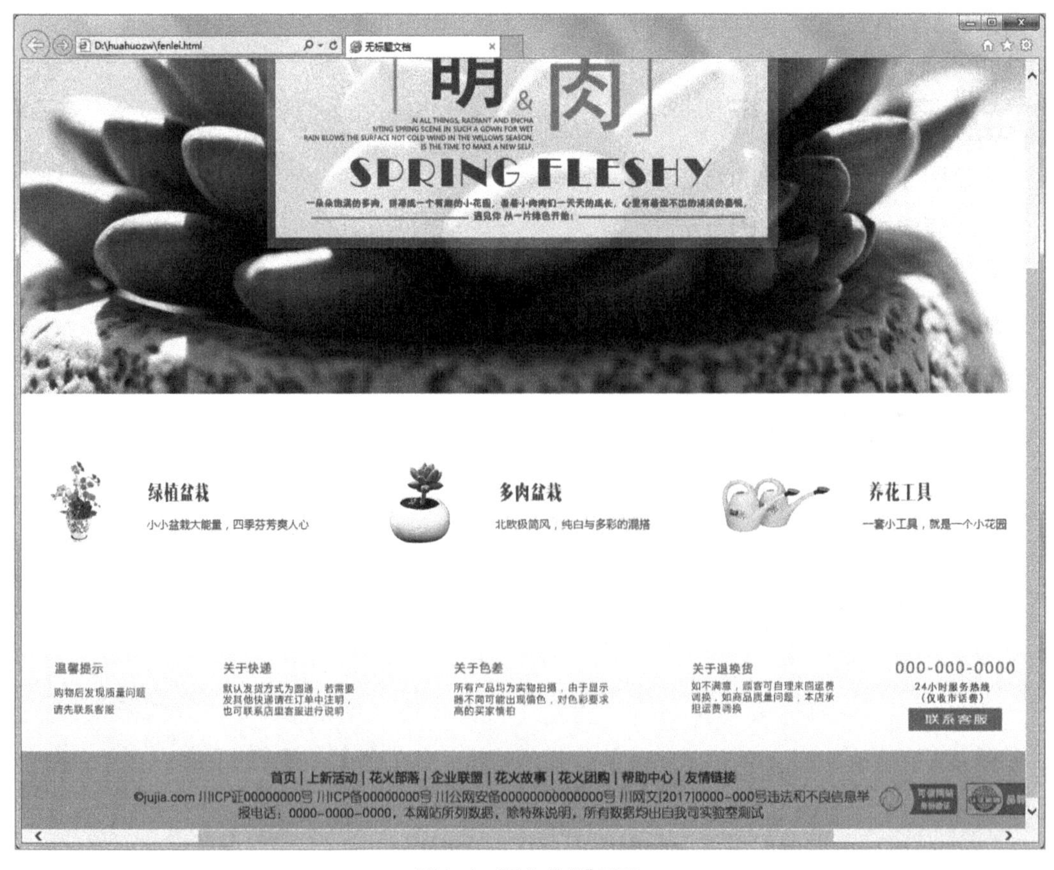

图 4-1 “植物分类”网页

其具体操作步骤如下。

STEP 01 启动Dreamweaver CC，打开“fenlei.html”网页，将插入点定位到第2个DIV标签中，选择【插入】/【图像】/【图像】命令，如图4-2所示。

STEP 02 打开“选择图像源文件”对话框，在该对话框中找到要插入的图像，这里选择“hhbzzx_02.png”选项，然后单击 确定 按钮，如图4-3所示。

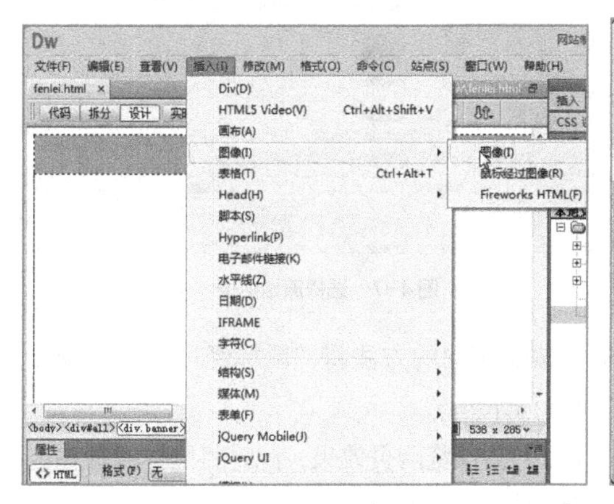

图4-2 选择命令

图4-3 选择图像

STEP 03 此时图像将被插入到鼠标指针所在的位置，效果如图4-4所示。

STEP 04 将插入点定位到名称为“bottion”的DIV标签中，使用相同的方法插入“hhbzzx_14.png”图像，如图4-5所示。

图4-4 插入的图像文件

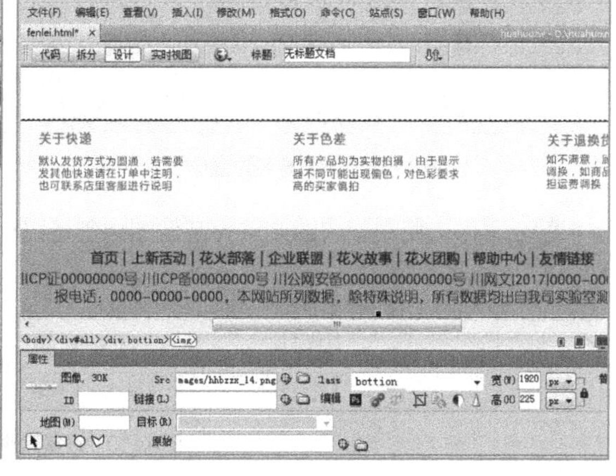

图4-5 插入其他图像文件

STEP 05 将插入点定位到网页下方的单元格中，选择【插入】/【图像】/【鼠标经过图像】命令。

STEP 06 打开“插入鼠标经过图像”对话框，单击“原始图像”文本框右侧的 浏览... 按钮，如图4-6所示。

STEP 07 打开“原始图像”对话框，选择素材中提供的“hhbzzx_05.png”图像，单击 确定 按钮，如图4-7所示。

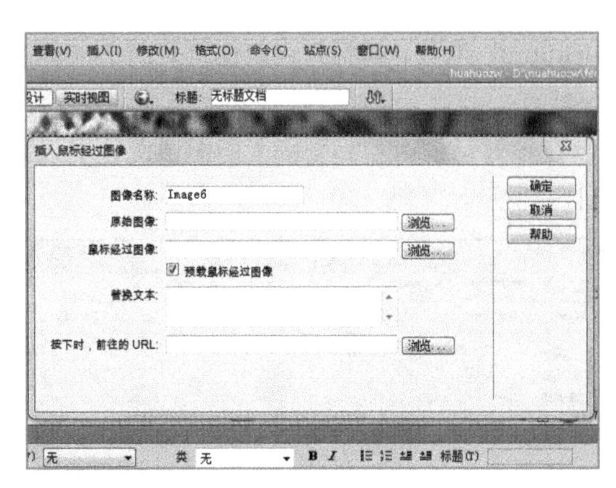

图4-6 浏览图像

图4-7 选择原始图像

STEP 08 返回“插入鼠标经过图像”对话框，按照相同的方法将“鼠标经过图像”设置为“hhbzzx_05_05.png”图像，单击[确定]按钮，如图4-8所示。

STEP 09 按【Ctrl+S】组合键保存网页，按【F12】键预览网页效果，此时将鼠标指针移至网页下方的图像上，该图像将自动更改为不带颜色的图像效果，如图4-9所示。

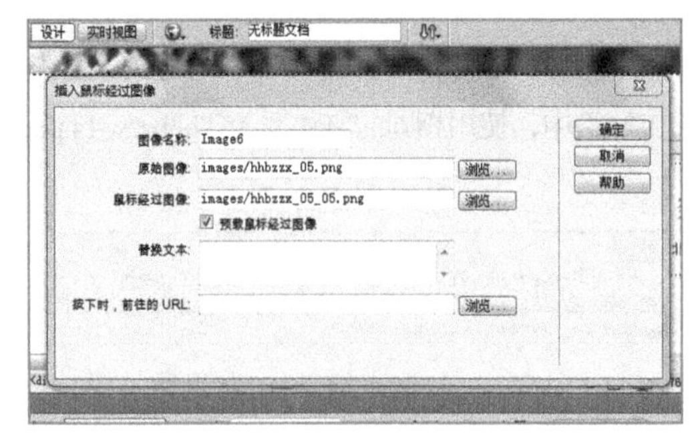

图4-8 设置鼠标经过图像

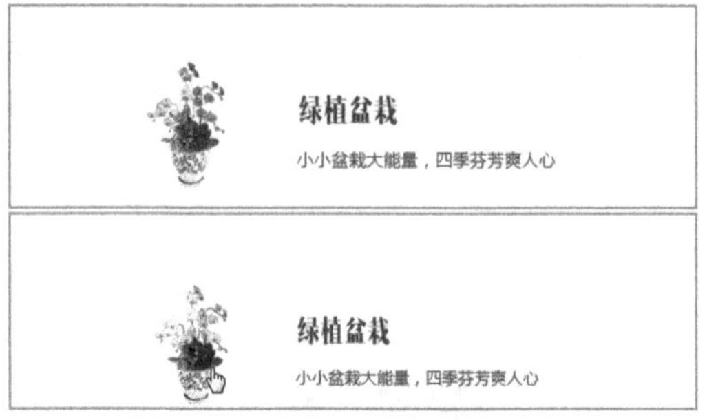

图4-9 鼠标经过图像的效果

STEP 10 使用相同的方法为其他图像创建鼠标经过图像，完成后的效果如图4-10所示。

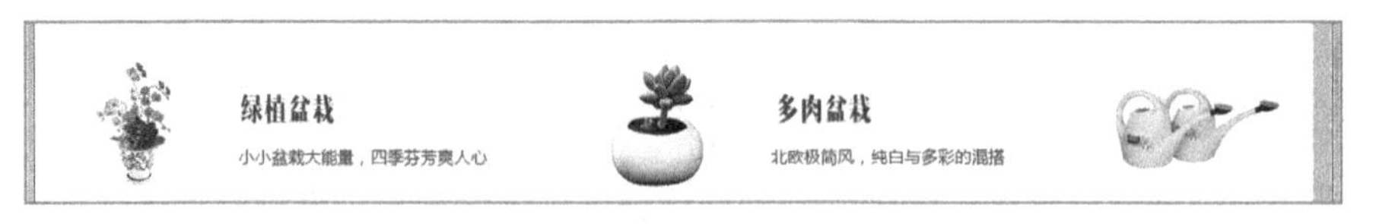

图4-10 设置其他鼠标经过图像

4.1.2 网页中常用的图像格式

在网页中插入图像时，一定要先考虑网页文件的传输速度、图像的大小和图像质量的高低。应在保证网页传输速度的情况下，压缩图像的大小。压缩时，一定要保证图像的质量。目前网页支持的图像格式主要有3种，分别为GIF、JPEG（JPG）、PNG。

- GIF格式：GIF（Graphics Interchange Format，图像交换格式）主要采用LZW无损压缩算法，与JPEG和PNG相比，GIF文件相对较小，最多只能显示256种颜色。GIF图像主要用在菜单或图标等简单的图像中，并且可保存为透明GIF和动画GIF两种格式，其中透明GIF格式是以背景颜色为透明的图像格式进行保存的，在网页文档中使用时，则会如实显示网页文档的背景样式；动画GIF格式则是连接了多个GIF图像得到的动画效果。

- JPEG格式：JPEG（Joint Photographic Experts Group，联合图像专家组）格式，即由联合图像专家组构建图像标准。该图像格式使用一种有损压缩算法，在压缩图像时，可能会引起图像失真。但与GIF格式相比，该格式可以使用更多的颜色，图像的色彩更加丰富，因此这种格式常用于结构比较复杂的图像，如数码相机拍摄的照片、扫描的图像或使用多种颜色制作的图像等。
- PNG格式：PNG（Portable Network Graphic，可移植网络图像）格式，比起前两种格式而言，该格式的图像在压缩后不会失真，并且还支持GIF格式的透明和不透明格式。该格式是Fireworks中固有的格式。

4.1.3 插入图像

在网页恰当的位置插入图像，不但可以为网页增彩增色，还可以使整个网页更有说服力，从而吸引更多浏览者。

除了选择【插入】/【图像】/【图像】命令插入图像外，还可以在“插入”面板的“常用”分类下，单击“图像”按钮右侧的下拉按钮，在打开的下拉列表中选择“图像”选项或按【Ctrl+Alt+I】组合键，打开“选择图像源文件”对话框，插入所需图像，如图4-11所示。

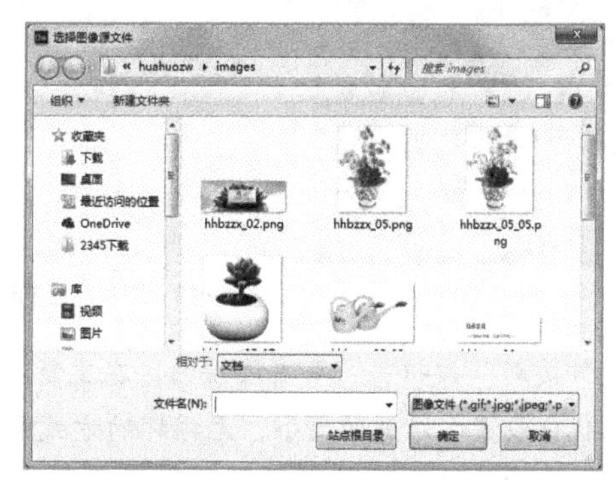

图4-11　插入图像

在网页中插入的图像最好将其存放在站点中，以便于后期网页调用。插入图像后，在图像上单击鼠标右键，在弹出的快捷菜单中选择“源文件”命令，可快速打开该图像保存位置对应的对话框，在其中可选择其他图像快速替换插入的图像。

4.1.4 设置图像属性

在插入图像后，还可以对插入的图像进行属性设置，使插入的图像更适合于网页，而通过其“属性”面板和HTML代码都可对图像的属性进行相关设置。

1. 通过“属性”面板设置

在网页中设置图像属性，只需选择需要设置的图像，即可在“属性”面板中设置其属性，其

“属性”面板如图4-12所示。

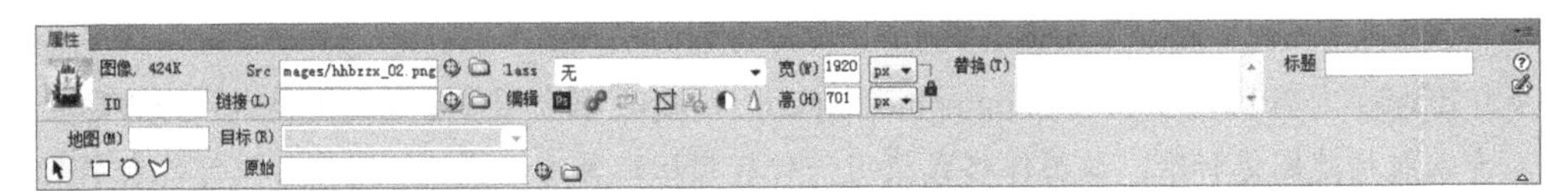

图4-12 “图像属性”面板

“图像属性”面板相关选项的含义如下。

- “ID”文本框：在该文本框中可定义图像的名称，主要为脚本语言（JavaScript或VBScript）引用图像。
- “Src”文本框：用于显示图像文件的路径。也可以手动更改其他图像文件，只需要在该文本框后单击“浏览文件”按钮或按住“指向文件”按钮拖动到目标图像即可。
- “链接”文本框：在该文本框中输入链接地址，单击链接时，可跳转到目标位置。
- “Class”下拉列表框：表示选择用户定义的类应用到图像中。
- “编辑”按钮：单击该按钮，将启动外部图像编辑软件对所选图像进行编辑操作。
- “编辑图像设置”按钮：单击该按钮，将打开“图像优化”对话框，拖动“品质”滑块，可调整图像的品质高低，如图4-13所示。

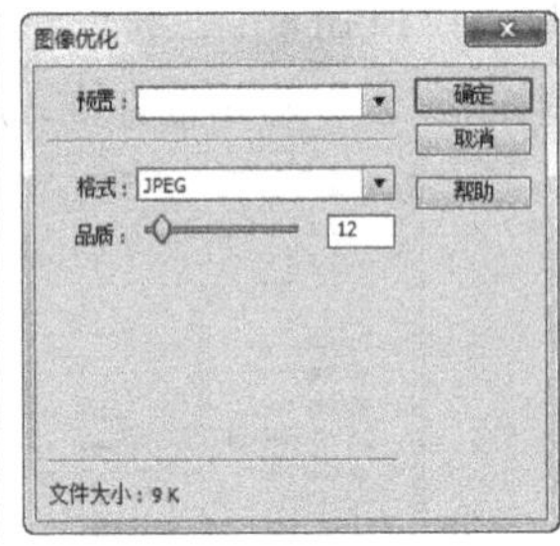
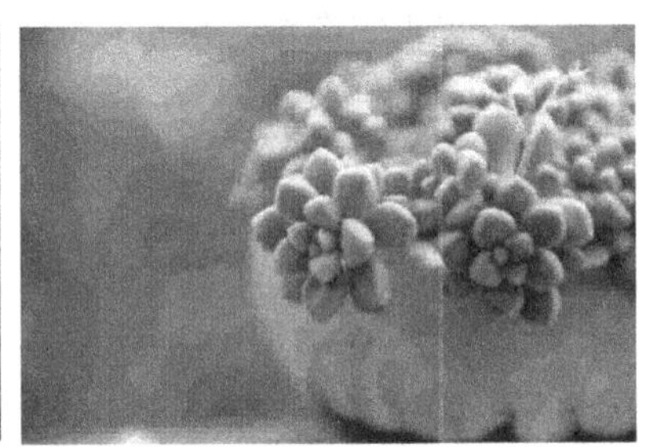

图4-13 图片品质的调整

- “从源文件更新”按钮：单击该按钮，在更新对象时，网页图像会根据原始文件的当前内容和原始优化设置，以新的大小、无损坏的方式重新显示图像。
- “裁剪”按钮：单击该按钮，图像上会出现带控制点的线条区域，拖动控制点，可裁剪图像的大小，然后按【Enter】键确认裁剪，如图4-14所示。

图4-14 裁剪图片

- “重新取样”按钮：在编辑图像后，单击该按钮，则会重新读取编辑图像的信息。
- “亮度和对比度”按钮：单击该按钮，则会打开“亮度/对比度”对话框，在“亮度”和“对比度”文本框中输入值，则会改变亮度和对比度，如图4-15所示。

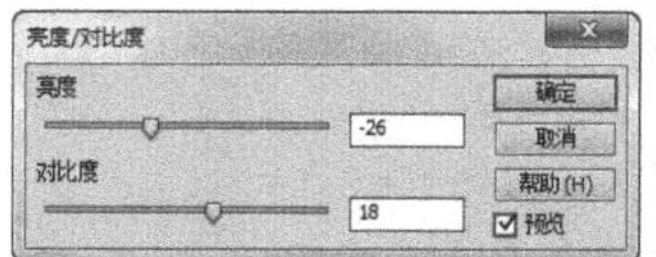

图4-15　调整图像的亮度和对比度

- “锐化”按钮: 单击该按钮，可以对所选图像的清晰度进行调整，如图4-16所示。

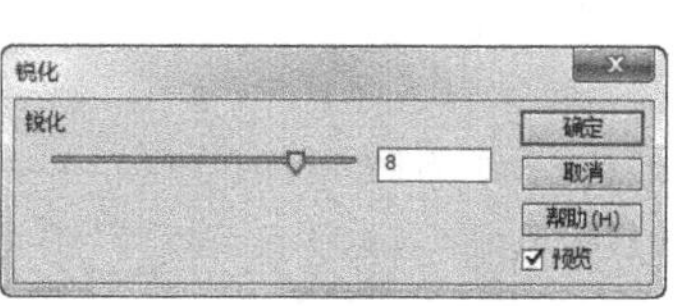

图4-16　锐化图像

- “宽”和“高”文本框：调整图像的宽和高，默认单位为像素（px），如果单击按钮，当其变为按钮时，在调整所选图像的宽和高时，则会等比例调整其大小。
- “替换”列表框：在该列表框中可输入文本，当所设置图像不能正常显示时，则会显示在“替换”列表框中输入的文本。
- 地图：用于制作映射图像，可包括3种形状的热点。
- 目标：在图像中应用链接时，指定链接文档显示的位置。
- 原始：当插入的图像过大时，读取时间则会变长，此时在全部读取原图像之前，临时指定显示在浏览器中的低分辨率的图像文件。

2. 通过HTML代码设置

在HTML代码中设置图像的属性，可以表现为以下几种。

- 设置宽度和高度：在HTML代码中，width和height表示设置图像的宽度和高度，如<img src="aa.jpg" width="200" height="200">表示图像的宽和高都为200像素。
- 替换文字：alt属性用于指定替代文本，相当于“属性”面板中“替换”列表框的功能，如<img src="aa.jpg" alt="人物照">。
- 边框：使用border属性和一个用像素标识的宽度值就可以去掉或加宽图像的边框，如<img src="img/aa.jpg" style="border:50px solid #F96"/>，表示边框宽度为50像素，实线，颜色值为#F96，图4-17所示为添加边框前后的效果。
- 对齐：align属性用于设置图像的对齐方式，如<img src="img/aa.jpg" align="left"/>，表示将图像左对齐。

图4-17 添加边框

- 垂直边距和水平边距：通过hspace和vspace属性进行设置，其单位默认为像素，如<img src="img/aa.jpg" hspace="10" vspace="10"/>表示指定图像左边和右边的对象与图像的间距为10像素；上面和下面的对象与图像的间距为10像素。

4.1.5 插入鼠标经过图像

鼠标经过图像效果，是指当鼠标经过图像时变化成另一张图像，是网页中较为常见的一种操作。

选择【插入】/【图像】/【鼠标经过图像】命令，打开“插入鼠标经过图像”对话框，如图4-18所示，在其中进行设置，单击 确定 按钮即可插入鼠标经过图像。

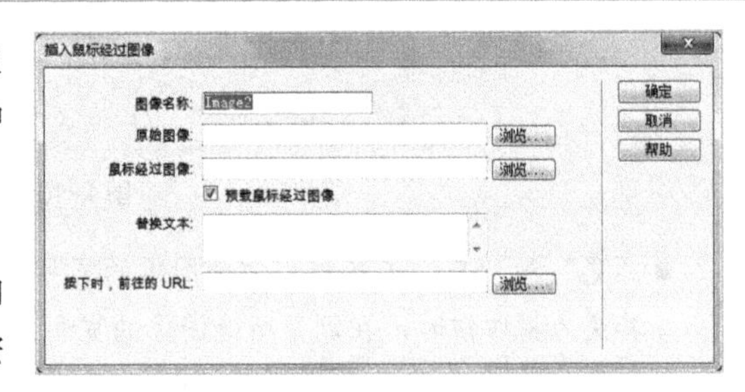

图4-18 “插入鼠标经过图像”对话框

相关选项的含义如下。

- 图像名称：用于设置图像的“名称”属性，也就是图像的ID。
- 原始图像：用于设置原始图像的URL，指向原始状态下的图像文件。
- 鼠标经过图像：用于设置鼠标经过时切换的图像URL，指向当鼠标经过该图像元素时，切换显示的图像文件。
- 预载鼠标经过图像：用于优化切换效果，预先将鼠标经过图像下载到本地，若取消选中“预载鼠标经过图像”复选框，则只在浏览器中用鼠标指针指向原始图像显示鼠标经过图像后，鼠标经过图像才会被浏览器存放到缓存中。当然如果被选中则会在浏览网页时，自动将鼠标经过图像下载到本地缓存中，以便在下次浏览该网页时提升网页加载的速度。
- 替换文本：用于设置alt信息。当图像无法显示时，将显示该信息。
- 按下时，前往的URL：用于设置目标URL地址，即图像的链接地址。

疑难解答 | 设置鼠标经过图像时，需要注意些什么？

设置鼠标经过图像时，一定要注意两点：原始图像和鼠标经过图像的尺寸应保持一致；原始图像和鼠标经过图像的内容要有一定的关联。一般可通过操作提示更改颜色和字体等方式，设置鼠标经过的前后图像效果。

4.1.6 插入 Fireworks HTML

学会插入图像和插入鼠标经过图像的操作方法后，要插入Fireworks HTML文档，则相当简单，可以通过两种方法插入，下面将分别进行介绍。

- 使用菜单命令：只需要将鼠标插入点定位到需要插入Fireworks HTML文档的位置，选择【插入】/【图像】/【Fireworks HTML】命令，打开“插入Fireworks HTML”对话框，在“Fireworks HTML文件”文本框中输入Fireworks HTML文件路径及名称，单击 确定 按钮，完成Fireworks HTML文件的插入，如图4-19所示。

图4-19 “插入Fireworks HTML”对话框

- 使用“插入”面板：将鼠标插入点定位到需要插入Fireworks HTML文档的位置，在“插入”面板的“常用”分类下单击“图像”按钮右侧的下拉按钮，在打开的下拉列表中选择“Fireworks HTML”选项，打开“插入Fireworks HTML”对话框，在“Fireworks HTML”文本框中输入Fireworks HTML文件路径及名称，单击 确定 按钮即可。

提示 如果在“插入Fireworks HTML文件”对话框中单击选中“插入后删除文件”复选框，则会在插入Fireworks HTML文件后删除原文件。

课堂练习——制作“家居”网页

本练习将在“family.html”（素材\第4章\课堂练习\family.html）网页文档中插入相关的图像，并对图像进行编辑，主要涉及将图像插入到网页中、插入鼠标经过图像、设置图像属性等知识点，完成后的参考效果如图4-20所示（效果\第4章\课堂练习\family.html）。

图4-20 “家居”网页效果

4.2 插入并设置多媒体元素

在网页中，还可以添加一些Edge Animate作品、Flash动画和视频等元素，使整个网页更有生命力，更加吸引浏览者。本节将介绍一些在Dreamweaver CC 中添加Edge Animate作品、Flash动画和视频等元素的操作方法。

4.2.1 课堂案例——制作“花火团购”网页

案例目标：网站中的每个页面都有不同的功能，根据功能不同，网页的内容也不相同。本案例要为花火植物家居馆制作“花火团购”网页，该网页主要用于团购或大客户购买渠道，因此，除了要保持网站的统一风格外，还需要重点向这些大客户介绍花火植物家居馆的相关产品搭配、实际使用场合及美图视频等，完成后的参考效果如图 4-21 所示。

视频教学
制作“花火团购”网页

知识要点：插入 Flash 动画；插入背景音乐；插入影片。

素材文件：素材 \ 第 4 章 \ 课堂案例 \ hhtuangou.html、img \

效果文件：效果 \ 第 4 章 \ 课堂案例 \ hhtuangou.html

图4-21 制作“花火团购”网页

其具体操作步骤如下。

STEP 01 打开“hhtuangou.html”网页，将插入点定位到“banner”DIV标签中，选择【插入】/【媒体】/【Flash SWF】命令，打开“选择 SWF”对话框，选择“drlb.swf”动画文件，单击确定按钮，如图4-22所示。

STEP 02 打开“对象标签辅助功能属性”对话框，单击确定按钮，如图4-23所示。

图4-22 选择SWF动画

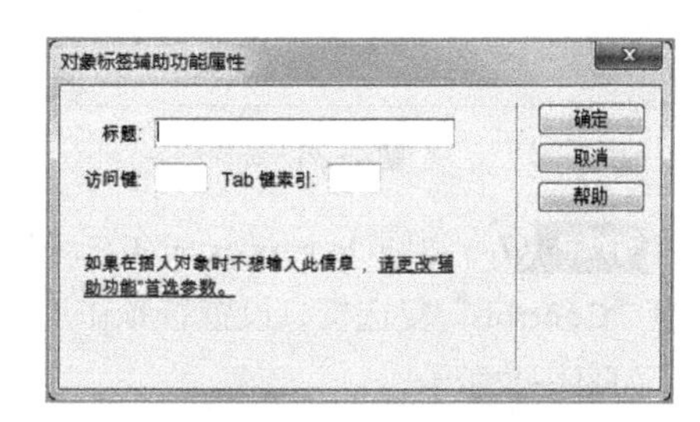

图4-23 设置对象标题

STEP 03 插入SWF动画后，在“属性”面板中单击选中“循环”复选框和“自动播放”复选框，在“Wmode”下拉列表中选择“透明”选项，如图4-24所示。

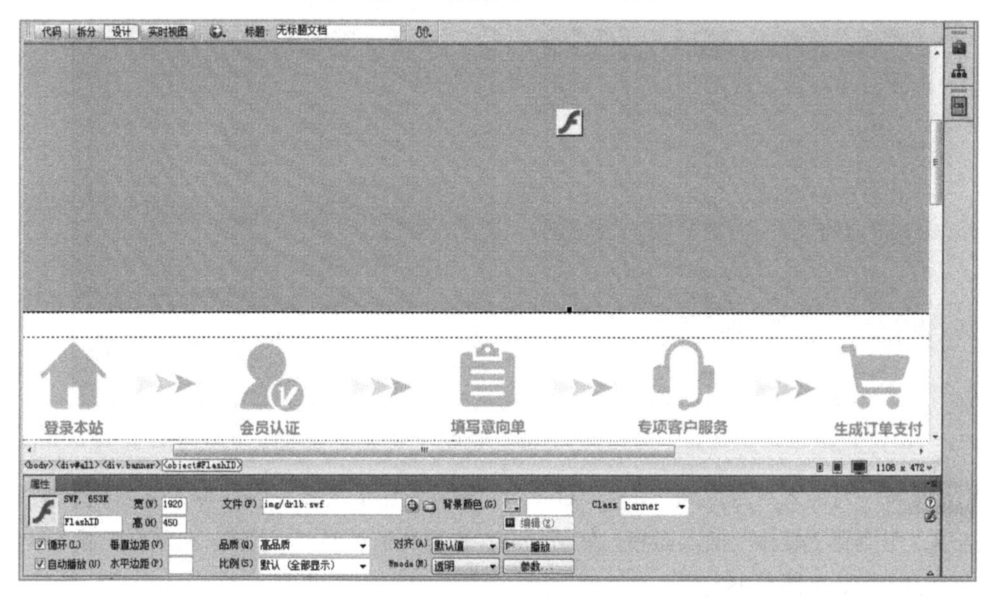

图4-24 设置SWF动画

STEP 04 保存并预览网页，此时将显示出插入的SWF动画效果。

STEP 05 将插入点定位到搜索框右侧，选择【插入】/【媒体】/【HTML5 Audio】命令，此时将在插入点的位置添加一个音频显示图标，如图4-25所示。

STEP 06 保持音频图标的选中状态，在“属性”面板的“源”文本框右侧单击“浏览”按钮，在打开的“选择音频”对话框中选择“bj.mp3”选项，然后单击 确定 按钮，如图4-26所示。

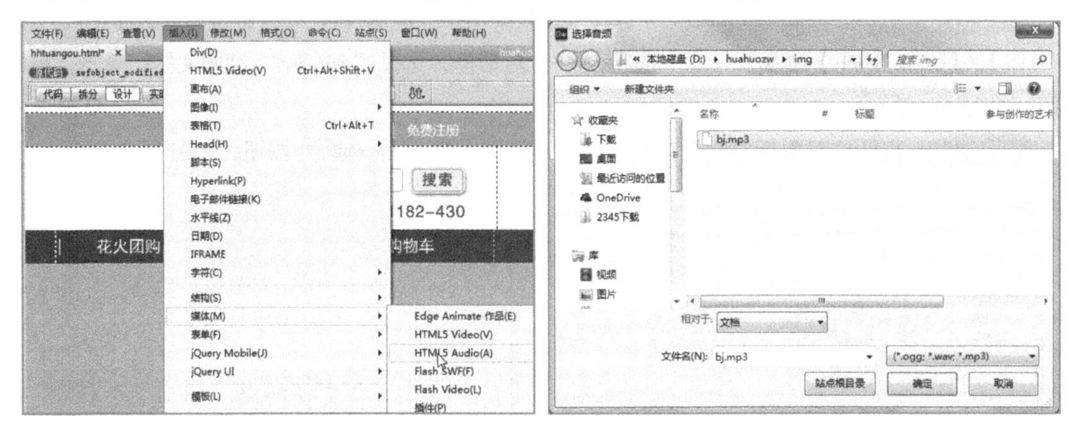

图4-25 选择命令　　　　图4-26 选择背景音乐文件

STEP 07 返回Dreamweaver CC，在“属性”面板中单击选中“AutoPlay”复选框，然后取消选中“Controls”复选框，设置音频在加载时自动播放，并且不在网页中显示，完成音频文件的设置，如图4-27所示。

图4-27 完成背景音乐的添加

STEP 08 将插入点定位到“spxc”DIV中，删除其中的文本，在“插入”面板中选择“媒体”选项，切换到“媒体”插入面板，然后选择“HTML5 Video”选项，在网页中插入HTML5 Video文件占位符，如图4-28所示。

STEP 09 选择插入的HTML5 Video文件占位符，在其“属性”面板中单击“源”文本框后的“浏览”按钮，打开“选择视频”对话框，在其中选择视频所存储的位置，并选择“hk.mp4”选项，然后单击 确定 按钮，如图4-29所示。

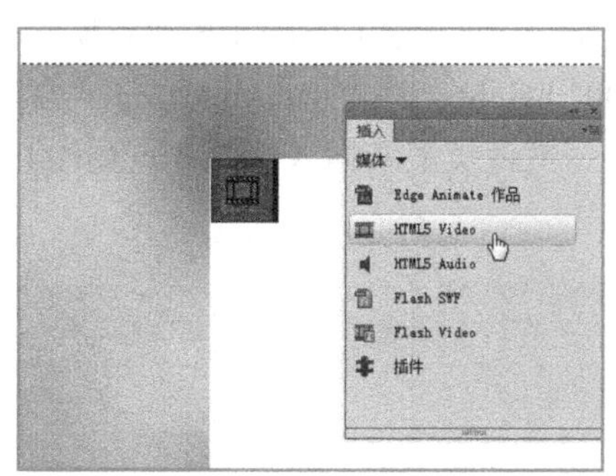
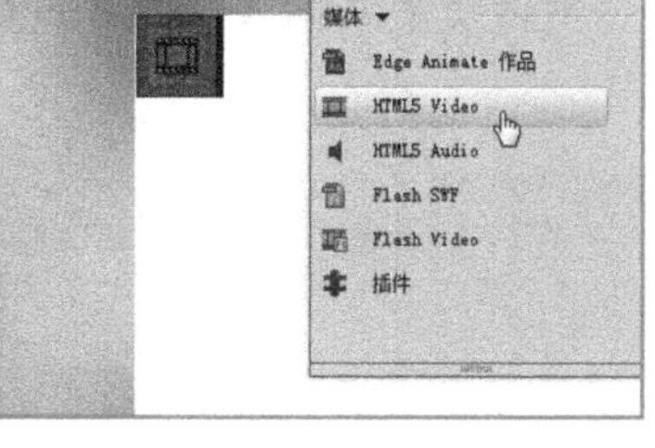

图4-28　添加媒体插件

图4-29　选择视频文件

STEP 10 返回到网页文档中，则可在其“属性”面板的“源”文本框中查看到添加的视频路径及名称，然后再单击选中“AutoPlay”复选框和“LOOP”复选框，设置在预览网页文件时自动播放，且重复播放。

STEP 11 在“W”和“H”文本框中分别输入视频文件的宽和高为“601”和“336”，在预览时视频文件则会以601像素×336像素显示视频，如图4-30所示。

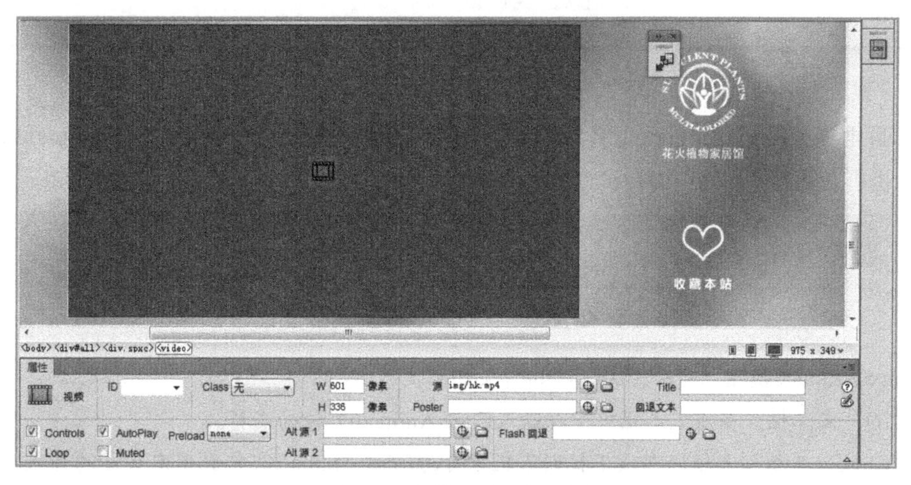

图4-30　设置视频文件的宽和高

STEP 12 按【Ctrl+S】组合键，保存网页文档，按【F12】键启动IE浏览器，然后单击 允许阻止的内容(A) 按钮预览效果。

4.2.2　使用 Edge Animate 动画

Dreamweaver CC增加了Edge Animate动画的应用，而使用Adobe Edge Animate软件制作的动画能够跨平台、跨浏览器进行浏览。

1. 插入 Edge Animate 文件

在网页中插入Edge Animate动画，可让网页更有活力。并且在Dreamweaver CC中插入该动画也比较方便，其方法为：选择【插入】/【媒体】/【Edge Animate作品】命令或按【Ctrl+Alt+Shift+E】组合键，打开“选择Edge Animate包”对话框，选择需要插入的Edge Animate文件即可，或者切换到“代码”视图，将插入点定位到<body></body>标记之间，按【Enter】键进行换行，输入代码<object id="EdgeID" type="text/html" width="600" height="270" data-dw-widget="Edge" data="text.html"></object>，设置Edge文件的大小、文件类型及插入的文件，如图4-31所示。

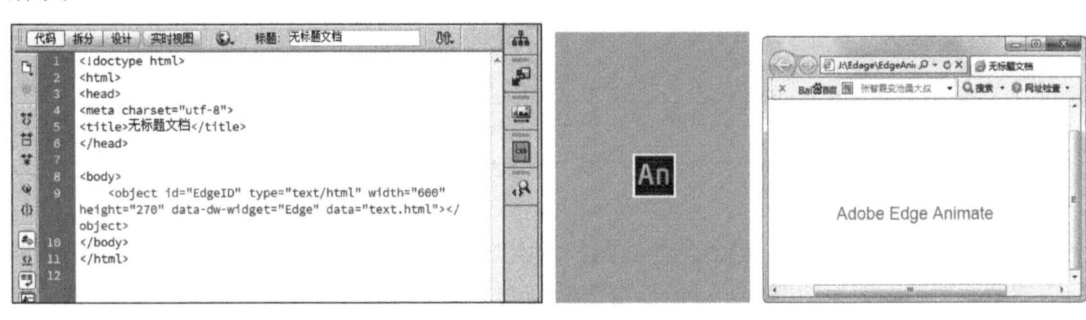

图4-31 插入Edge Animate文件

提示 代码中的type表示object中所接受的类型，data-dw-widget="Edge"表示路径包的名称，data="text.html"表示所链接的路径名。

2. 设置 Edge Animate 的属性

在网页中插入Edge Animate文件后，则会在“属性”面板中显示关于Edge Animate文件的属性，因此也可以通过“属性”面板设置Edge Animate文件的名称、宽和高等，如图4-32所示。

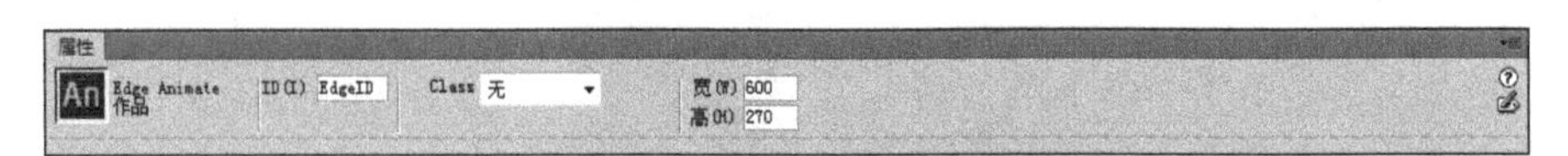

图4-32 Edge Animate文件的“属性”面板

“Edge Animate属性”面板相关选项的含义如下。

- “ID”文本框：在该文本框中可以输入Edge Animate文件的名称。
- “Class”下拉列表框：在该下拉列表框中可为Edge Animate文件引用定义好的样式。
- “宽”和“高”文本框：可以分别在“宽”和“高”文本框中输入Edge Animate文件的宽和高。

4.2.3 使用 HTML5 Video 文件

HTML5最重要的新特性就是对音频和视频的支持，如视频的在线编辑、音频的可视化构造等。而HTML5 Video元素是一种将视频和电影嵌入到网页中的标准样式。

知识链接
网页视频格式选择技巧

1. 插入 HTML5 Video

在Dreamweaver CC中插入HTML5 Video文件，可以通过菜单命令、“插入”面板和HTML代码来实现，下面分别进行介绍。

- 使用菜单命令：将插入点定位到需要插入HTML5 Video文件的位置，然后选择【插入】/【媒体】/【HTML5 Video】命令，即可插入HTML5 Video文件。

- 使用“插入”面板：将插入点定位到需要插入的HTML5 Video文件的位置，然后在“插入”面板的“媒体”分类下单击“媒体”按钮即可。
- 使用HTML代码：切换到“代码”或“拆分”视图中，将插入点定位到<body></body>标签内，且需要插入HTML5 Video文件的位置，输入<video controls></video>标签即可。
- 使用快捷键：按【Ctrl+Shift+Alt+V】组合键，快速插入HTML5 Video文件。

2. 设置 HTML5 Video 的属性

通过上述任意一种方法插入HTML5 Video文件，其实都只是该文件的一个占位符，没有具体内容，此时可通过“属性”面板进行设置，如添加源文件的路径和其他属性值，如图4-33所示。

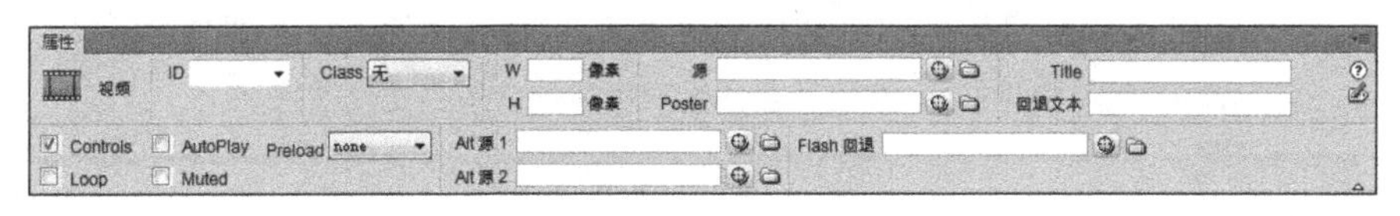

图4-33 “HTML5 Video属性”面板

“HTML5 Video属性”面板中相关选项的含义如下。

- “ID”下拉列表框：可以在该下拉列表框中输入HTML5 Video文件的名称，方便在使用脚本语言时进行引用。
- “Class”下拉列表框：可以为HTML5 Video选择已经定义好的CSS样式。
- “W”和“H”文本框：在该文本框中输入值，则可设置HTML5 Video视频文件的宽和高，默认单位为像素。
- “源”“Alt源1”和“Alt源2”文本框：在“源”文本框后单击“浏览”按钮，在打开的对话框中选择需要插入的HTML5 Video视频或拖动“指向文件”按钮至视频目标位置，同样可以设置HTML5 Video视频文件。而“Alt源1”和“Alt源2”文本框也是用于设置HTML5 Video视频文件的，当“源”中所指定的视频文件不一定被浏览器所支持时，则会使用“Alt源1”或“Alt源2”文本框中所指定的视频文件。
- “Poster”文本框：用于输入要在视频文件完成下载后或在单击“播放”后显示的图像位置，当插入图像后，其宽度和高度会根据图像的宽和高进行填充。
- “Title”文本框：用于为视频文件指定标题。
- “回退文本”文本框：设置插入视频文件在浏览器不支持时所显示的文本。
- “Controls”复选框：默认该复选框为选中状态，设置是否要在HTML页面中显示视频控件，如播放、暂停和静音设置。
- “AutoPlay”复选框：设置是否在加载网页后，自动播放插入的视频文件。
- “Loop”复选框：设置插入的视频文件在加载网页后连续播放，直到用户停止播放视频文件为止。
- “Muted”复选框：设置插入的视频文件是否为静音。
- “Preload”下拉列表框：主要用于指定在加载网页时，如何加载视频文件，共包含3种方式，分别为：none表示使用默认的方式加载；auto表示在下载整个网页时加载视频文件；metadata表示在页面下载完成后仅下载视频的源数据。

- "Flash回退"文本框：对于不支持HTML5的浏览器选择SWF文件。

4.2.4 使用 HTML5 Audio 音频文件

HTML5 Audio是HTML5 音频元素提供的一种将音频内容嵌入网页中的标准方式。同样，HTML5音频文件在插入时，只是以一个占位符的形式进行显示。

技巧 WAV：用于保存Windows平台的音频信息资源，支持多种音频位数、采样频率和声道，是计算机中较为常用的音频文件格式；MP3：是指MPEG标准中的音频部分，MPEG音频文件的压缩是一种有损压缩，原理是丢失音频中12kHz～16kHz高音频部分的质量来压缩文件大小；MIDI格式：是数字音乐接口的英文缩写，MIDI传送的是音符、控制参数等指令，本身不包含波形数据，文件较小，是最适合作为网页背景音乐的文件格式。

1. 插入 HTML5 Audio 音频文件

在Dreamweaver CC中插入HTML5音频文件与插入HTML5视频文件的方法相同，都可以通过菜单命令、"插入"面板和HTML代码来实现，下面分别介绍其具体方法。

- 使用菜单命令：将插入点定位到需要插入HTML5音频文件的位置，然后选择【插入】/【媒体】/【HTML5 Audio】命令即可。
- 使用"插入"面板：将插入点定位到需要插入HTML5音频文件的位置，然后在"插入"面板的"媒体"分类下，单击"HTML5 Audio"按钮即可。
- 使用HTML5代码：切换到"代码"或"拆分"视图中，在<body></body>标记中输入<audio controls></audio>代码即可。

知识链接
插入背景音频

2. 设置 HTML5 Audio 音频文件的属性

HTML5 音频文件与HTML5视频文件的属性及属性值基本相同，这里不再介绍，可参考HTML5 Video视频文件的属性作用及设置方法。

4.2.5 使用 Flash SWF 动画文件

动态元素是一种重要的网页元素，其中，Flash是使用最多的动态元素之一。Flash元素表现力丰富，可以给人以极强的视听感受。而且它的体积较小，可以被绝大多数浏览器支持，因此，被广泛应用于网页中。

1. 认识 Flash 文件

在Dreamweaver CC中，除了插入HTML5音频和视频文件外，还可以插入Flash文件，而Flash文件主要有fla、swf、swt和flv等几种格式，网页中最常用的是swf格式。下面将分别介绍各种格式文件的特点。

- fla：Flash的源文件，可以使用Flash软件进行编辑。在Flash软件中将Flash源文件导出为swf格式的文件，即可在网页中进行插入操作。

- swf：Flash电影文件，是一种压缩的Flash文件，通常说的Flash动画就是指该格式的文件。使用Flash软件可以将fla源文件导出为swf格式的文件。另外，还有许多软件可以生成swf格式的文件，如Swish和3D Flash Animator等。
- swt：Flash库文件，相当于模板，用户通过设置该模板的某些参数即可创建swt文件。如Dreamweaver中提供的Flash按钮、Flash文本就是swt格式的文件。
- flv：这是一种视频文件，包含经过编码的音频和视频数据，可通过Flash播放器传送。如果有Quick Time或Windows Media视频文件，可以使用编码器将视频文件转换为flv格式的文件。

2. 插入并设置 Flash 文件的属性

在Dreamweaver CC中插入Flash文件也相当方便，与HTML5视频和音频文件的插入方法相同，并且在插入Flash文件后，也可以进行相应的属性设置。插入Flash文件的方法为：选择【插入】/【媒体】/【Flash SWF】命令，或按【Ctrl+Alt+F】组合键快速打开“选择SWF”对话框，进行Flash文件的插入。插入Flash文件后将打开“Flash属性”面板，如图4-34所示。

图4-34 “Flash属性”面板

“Flash属性”面板相关选项的含义如下。

- “FlashID”文本框：用于输入Flash文件的名称。
- “宽”和“高”文本框：用于设置插入Flash文件的宽和高。默认情况下在插入Flash文件时，会自动以插入的Flash文件的宽和高为基准。
- “文件”文本框：用于显示Flash文件的路径。如果单击“浏览”按钮，可重新添加Flash文件。
- “背景颜色”按钮：用于设置Flash文件的背景色，一般情况下Flash文件的背景色应与网页背景颜色相同。
- 编辑(E)按钮：单击该按钮，可启动Flash软件来编辑当前插入的Flash文件。
- “Class”下拉列表框：可为当前Flash文件引用定义好的CSS样式。
- “循环”复选框：选中该复选框，可重复播放Flash文件。
- “自动播放”复选框：选中该复选框，在加载网页后，会自动播放插入的Flash文件。
- “垂直边距”和“水平边距”文本框：用于设置Flash文件在网页中上、下、左和右的间距。
- “品质”下拉列表框：用于设置插入的Flash文件在播放时是以哪种品质进行播放的，包括低品质、自动低品质、自动高品质和高品质。
- “比例”下拉列表框：用于设置Flash文件在网页区域中显示的比例方式。
- “对齐”下拉列表框：选择Flash文件的放置位置。
- “Wmode”下拉列表框：设置Flash文件的背景是否透明，是Flash文件常用的属性之一。
- 播放按钮：单击该按钮可播放Flash文件。
- 参数...按钮：单击该按钮，可添加Flash文件的属性和相关参数。

4.2.6 使用 Flash Video 视频文件

Flash视频即扩展名为flv的Flash文件，在网页中插入Flash视频与插入Flash动画的方法类似，插入Flash视频后还可通过设置的控制按钮来控制视频的播放。插入Flash Video的方法为：选择【插入】/【媒体】/【FLV】命令，打开“插入FLV”对话框，设置后单击 确定 按钮即可，如图4-35所示。

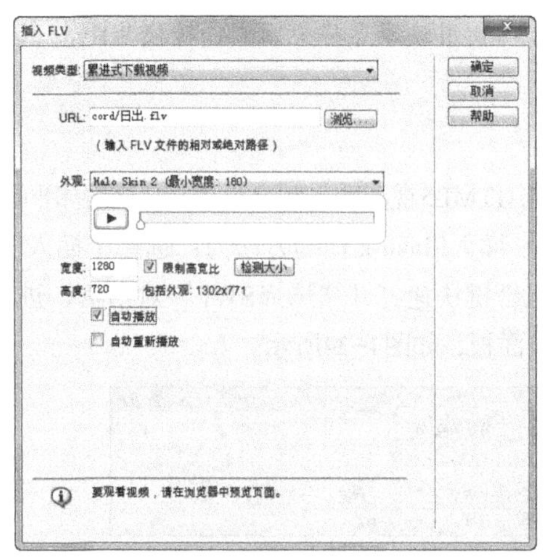

图4-35 插入Flash Video

“插入FlV”对话框中相关选项的含义如下。

- 视频类型：在该下拉列表框中可选择视频的类型，包括“累进式下载视频”选项和“流视频”选项。
- URL：用于输入flv文件地址，单击 浏览... 按钮可达到相同的效果。
- 外观：用于设置显示flv文件的外观播放样式。
- 宽度、高度：用于设置Flash视频文件的大小。
- “自动播放”复选框：设置网页加载时，是否自动播放Flash视频文件。
- “自动重新播放”复选框：选中该复选框后，在浏览器上运行Flash视频文件后自动重新播放。

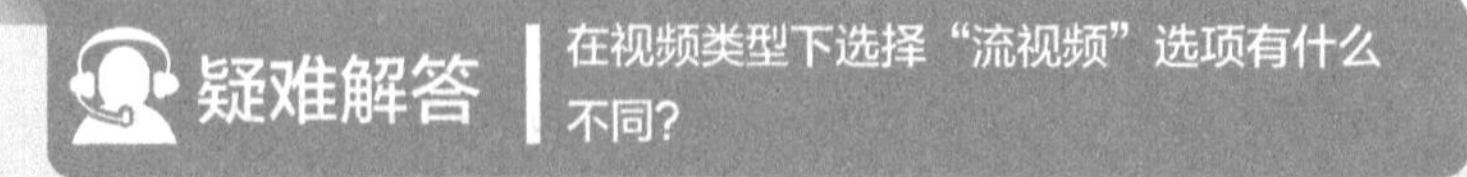

如果选择“流视频”选项，则会进入流媒体设置界面。并且视频文件是一种流媒体格式，可以使用 HTTP 服务器或专业的 Flash Communication Server 流服务器进行流式传送。

4.2.7 使用插件

在网页中，插件是浏览器应用程序接口中的部分动态编程模块，而且浏览器通过插件允许第三方开发者的产品完全并入网页页面中，较为常用的插件包括Real Player和Quick Time。

1. 插入插件

在Dreamweaver CC中插入插件，只需将一般的音频或视频文件嵌入到网页中，并设置插件的宽度和高度即可。

插入插件的方法与其他音频或视频文件的方法基本相同，都可以选择【插入】/【媒体】/【插件】命令或在“插入”面板的“媒体”分类下单击“插件”按钮，打开“选择文件”对话框，选择需要插入的音频或视频文件，单击确定按钮，该插件即可在网页中以插件占位符的形式显示，如图4-36所示。

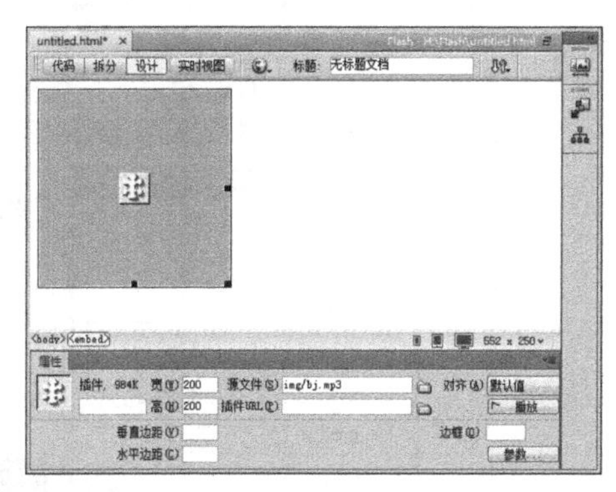

图4-36 “选择文件”对话框及插件占位符

2. 插件属性设置

在Dreamweaver CC中插入插件后，同样可以对其进行相应的属性设置。选择插入的插件占位符后，则可在“插件属性”面板中显示设置插件的相关属性，如图4-37所示。

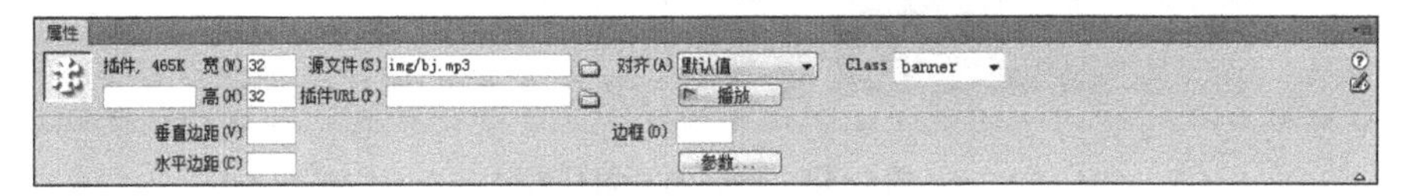

图4-37 “插件属性”面板

“插件属性”面板中相关选项的含义如下。

- 插件：在该文本框中可以输入播放媒体对象的插件名称，以方便在脚本语言中进行引用。
- 宽、高：用于设置对象的宽度和高度，默认单位为像素，但也可以采用其他单位，如Pc、Pt、in、mm、cm或%。
- 源文件：用于设置插件内容的URL地址，既可以直接在其文本框中输入URL地址，也可以单击“浏览”按钮，在打开的对话框中进行选择。
- 插件URL：用于输入插件所在的路径，在浏览网页时，如果浏览器中没有安装该插件，则可通过输入的插件路径进行下载。
- 对齐：用于设置插件在浏览窗口中水平方向的对齐方式。
- 播放按钮：用于控制插件中对象播放或暂停。
- Class：可对插入的插件引用已经定义好的CSS样式。
- 垂直边距、水平边距：用于设置插件在文档窗口中与上、下、左和右边的间距。
- 边框：用于设置对象边框的宽度，其单位是像素。
- 参数...按钮：单击该按钮，则会提示用户输入“插件属性”面板中没有出现的属性。

课堂练习——美化“酒店预订”网页

本练习要求使用Dreamweaver CS6美化“酒店预订”网页（素材\第4章\课堂练习\jdyd\jdyd.html），主要操作包括：为网页添加图像、设置鼠标经过图像、添加动画、添加背景声音等，完成后的参考效果如图4-38所示（效果\第4章\课堂练习\jdyd\jdyd.html）。

图4-38　美化“酒店预订”网页

4.3 上机实训——美化“帮助中心”网页

4.3.1 实训要求

本实训将对“帮助中心”网页进行美化，主要进行添加图像、添加音乐、添加视频插件等操作，让网页内容更丰富、更具有视觉冲击力。

4.3.2 实训分析

“帮助中心”网页是网站中用于售后或物流指导的网页，在制作时既要保持网站的统一风格，又要包含网站需要的相关功能，完成后的参考效果如图4-39所示。

视频教学
美化“帮助中心”网页

素材所在位置：素材\第4章\上机实训\bzzx.html、image\

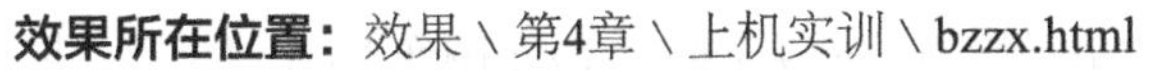
效果所在位置： 效果 \ 第4章 \ 上机实训 \ bzzx.html

图4-39　美化“帮助中心”网页

4.3.3　操作思路

完成本实训需要先插入图片，并进行编辑，然后插入鼠标经过图像，最后再插入Flash动画，其操作思路如图4-40所示。

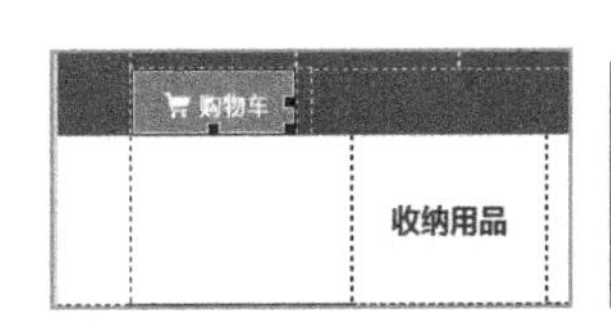

① 插入并编辑图片

② 插入鼠标经过图像

③ 插入Flash动画

图4-40　操作思路

【步骤提示】

STEP 01 打开“bzzx.html”网页，将插入点定位到右侧第一个DIV标签中，选择【插入】/【图像】/【图像】命令，插入【bz_02.png】图像。

STEP 02 在“属性”面板的“宽”和“高”文本框右侧单击🔒按钮，使其处于🔓状态，然后在“宽”和“高”文本框中分别输入“100”和“40”，单击右侧的✔按钮确认修改。

STEP 03 继续插入“bz_05.png”图像，并裁剪其大小，调整亮度和对比度。

STEP 04 将插入点定位到网页下方的单元格中，选择【插入】/【图像】/【鼠标经过图像】命令，打开“插入鼠标经过图像”对话框，在其中设置鼠标经过图像。

STEP 05 将插入点定位在名称为“banner”的DIV标签中，选择【插入】/【媒体】/【Flash SWF】命令，打开“选择 SWF”对话框，选择“lb.swf”动画文件，单击 确定 按钮。

STEP 06 选择【插入】/【媒体】/【HTML5 Audio】命令，插入“bj.mp3”文件，完成后保存网页，按【F12】键预览网页。

4.4 课后练习

1. 练习 1——*制作“订餐”网页*

本练习要求制作一个“订餐”网页的部分页面，主要操作包括：在网页中插入图像、设置图像的属性和输入文本，完成后的参考效果如图4-41所示。

素材所在位置： 素材 \ 第4章 \ 课后练习 \ img \ dchan.html

效果所在位置： 效果 \ 第4章 \ 课后练习 \ food \ food.html

图4-41 制作“订餐”网页

2. 练习 2——*制作“家居”网页*

本练习要求在“家居”网页中插入SWF动画和背景音乐，最后再插入图像并输入文字，使制作的网页效果更加美观，完成后的参考效果如图4-42所示。

素材所在位置： 素材 \ 第4章 \ 课后练习 \ img \ jiaju.html

效果所在位置： 效果 \ 第4章 \ 课后练习 \ jiaju.html

图4-42 制作“家居”网页

CHAPTER 5

第5章 为网页添加超链接

一个完整的网站是由多个网页组成的整体，每个网页之间通过超链接进行跳转；同一个页面中也可设置超链接来跳转到不同的位置。可以说，超链接就是网页内容之间相互关联的桥梁。在Dreamweaver CC中提供了多种链接，如文本链接、图像链接、多媒体链接和下载文件链接等；还可以对图像创建热点，即为图像创建局部链接。本章将介绍链接路径及各链接的应用。

课堂学习目标

- 了解超链接的定义和路径
- 了解超链接的类型
- 掌握创建不同类型超链接的方法
- 掌握管理超链接的方法

课堂案例展示

为植物网站设计跳转

5.1 认识超链接

超链接可以将网站中的每个网页关联起来，是制作网站必不可少的元素。为了更好地认识和使用超链接，下面将对超链接的相关知识进行介绍。

5.1.1 超链接的定义

超链接与其他网页元素不同的是，它更强调一种相互关系，即从一个页面指向一个目标对象的连接关系，这个目标对象可以是一个页面或相同页面中的不同位置，还可以是图像、E-mail地址、文件等。当在网页中设置了超链接后，将鼠标指针移动到超链接上，鼠标呈显示；单击鼠标左键时则可跳转到链接的页面。超链接主要由源端点和目标端点两部分组成，有超链接的一端称为超链接的源端点（当鼠标指针停留在上面时会变为形状，如图5-1所示），单击超链接源端点后跳转到的页面所在的地址称为目标端点，即“URL”。

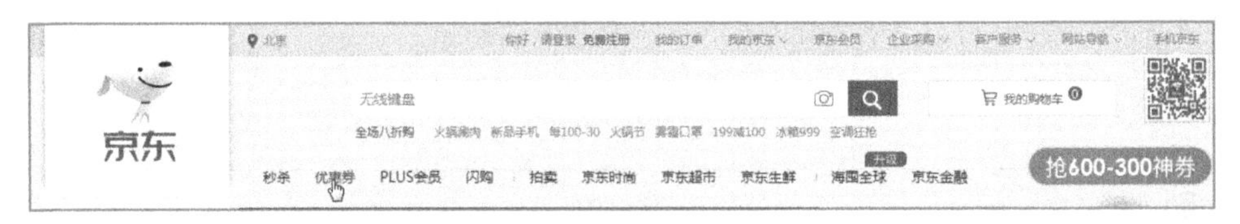

图5-1 超链接

“URL”是英文“Uniform Resource Locator”的缩写，表示“统一资源定位符”，它定义了一种统一的网络资源的寻找方法，所有网络上的资源，如网页、音频、视频、Flash、压缩文件等，均可通过这种方法来访问。

“URL”的基本格式为“访问方案://服务器:端口/路径/文件#锚记”，如“http://baike.baidu.com:80/view/10021486.htm#2”，下面分别介绍各个组成部分。

- 访问方案：用于访问资源的URL方案，这是在客户端程序和服务器之间进行通信的协议。访问方案有多种，如引用Web服务器的方案是超文本协议（Hyper Text Transfer Protocol，HTTP），除此以外，还有文件传输协议（File Transfer Protocol，FTP）和简单邮件传输协议（Simple Mail Transfer Protocol，SMTP）等。
- 服务器：提供资源的主机地址，可以是IP或域名，如上例中的“baike.baidu.com”。
- 端口：服务器提供该资源服务的端口，一般使用默认端口，HTTP服务的默认端口是“80”，通常可以省略。当服务器提供该资源服务的端口不是默认端口时，必须要加上端口才能访问。
- 路径：资源在服务器上的位置，如上例中的“view”，说明地址访问的资源在该服务器根目录的“view”文件夹中。
- 文件：就是具体访问的资源名称，如上例中访问的是网页文件“10021486.htm”。
- 锚记：HTML文档中的命名锚记，主要用于对网页的不同位置进行标记，是可选内容，当网页打开时，窗口将直接呈现锚记所在位置的内容。

5.1.2 超链接的类型

超链接的类型主要有以下几种。

- 相对链接：这是最常见的一种超链接类型，只能链接网站内部的页面或资源，也称内部链接。如“ok.html”链接表示页面“ok.html”和链接所在的页面处于同一个文件夹中；又如“pic/banner.jpg”表明图像“banner.jpg”在创建链接的页面所处文件夹的“pic”文件夹中。一般来讲，网页的导航区域基本上都是相对链接。
- 绝对链接：与相对链接对应的是绝对链接。绝对链接是一种严格的寻址标准，包含了通信方案、服务器地址、服务端口等，如“http://baike.baidu.com/img/banner.jpg”，通过它就可以访问“http://baike.baidu.com”网站内部“img”文件夹中的“banner.jpg”图像，因此绝对链接也称为外部链接。网页中涉及的“友情链接”和“合作伙伴”等区域就是绝对链接。
- 文件链接：当浏览器访问的资源是不可识别的文件格式时，就会打开下载窗口提供该文件的下载服务，这就是文件链接的原理。运用这一原理，网页设计人员可以在页面中创建文件链接，链接到将要提供给访问者下载的文件，访问者单击该链接就可以实现文件的下载。
- 空链接：空链接并不具有跳转页面的功能，而是提供调用脚本的按钮。在页面中为了实现一些自定义的功能或效果，常常在网页中添加脚本，如JavaScript和VBScript，而其中许多功能是与访问者互动的，比较常见的是“设为首页”和“收藏本站”等，它们都需要通过空链接来实现，空链接的地址统一用“#”表示。
- 电子邮件链接：电子邮件链接提供给浏览者快速创建电子邮件的功能。单击此类链接后即可进入电子邮件的创建向导，其最大的特点是预先设置好收件人的邮件地址。
- 锚点链接：用于跳转到指定的页面位置，适用于当网页内容超出窗口高度，需使用滚动条辅助浏览的情况。使用命名锚记需插入命名锚记并链接命名锚点。

5.1.3 链接路径

在创建各种超链接时，链接路径的设置至关重要，如果设置不正确，则不会成功地跳转到链接到的目标位置。网页中的路径包括绝对路径、相对路径和根路径3种，下面将分别进行介绍。

- 相对路径：相对路径是本地站点链接中最常用的链接形式。使用相对路径无需给出完整的URL地址，可省去URL地址的协议，只保留不同的部分。相对链接的文件之间相互关系并没有发生变化，当移动整个文件夹时不会出现链接错误的情况，也就不用更新链接或重新设置链接，因此使用相对路径创建的链接在上传网站时非常方便。
- 绝对路径：绝对路径是指包括服务器在内的完全路径，通过http://来表示，并且绝对路径同链接的源端无关，只要网址不变，不管站点的位置如何变化，都会准确无误地跳转到目标位置，常用于链接到其他站点上的内容。
- 根路径：根路径适合于创建内部链接，与绝对路径非常相似，只是省去了绝对路径中带有协议的地址部分，且以“\”开始，然后是目录下的目录名。根路径具有绝对路径的源端点位置无关性，可用于本地站点中进行测试，而不用链接到Internet。

5.2 创建超链接

链接就是一个网站的灵魂，在网站的各个网页中不仅要知道如何创建链接，更需要了解链接路径的真正意义。在Dreamweaver CC中有各种类型的超链接，下面将分别对文本、图像、图像热点、电子邮件、锚点、文件链接的插入方法进行介绍。

5.2.1 课堂案例——为植物网站设计跳转

案例目标：网页跳转设计是一个网站的经络所在，学会了制作单个网页后，还需要学会使用超链接将单个网页链接起来，组成完整的网站。本案例需要为花火植物网站的“花火团购”网页进行跳转设计，使用户能够方便地在网站中进行跳转，参考效果如图 5-2 所示。

视频教学
为植物网站设计跳转

知识要点：文本链接；图像链接；热点链接；电子邮件链接；脚本链接；空链接。

素材文件：素材 \ 第 5 章 \ 课堂案例 \ hhtuangou.html、bgslz.html、index.html

效果文件：效果 \ 第 5 章 \ 课堂案例 \ hhtuangou.html

图5-2　为植物网站设计跳转

其具体操作步骤如下。

STEP 01 打开“hhtuangou.html”网页，选择“首页”文本，单击“属性”面板中的 <> HTML 按钮，然后单击“链接”文本框右侧的“浏览文件”按钮，如图5-3所示。

STEP 02 打开“选择文件”对话框，选择“index.html”网页文件，单击 确定 按钮，如图5-4所示。

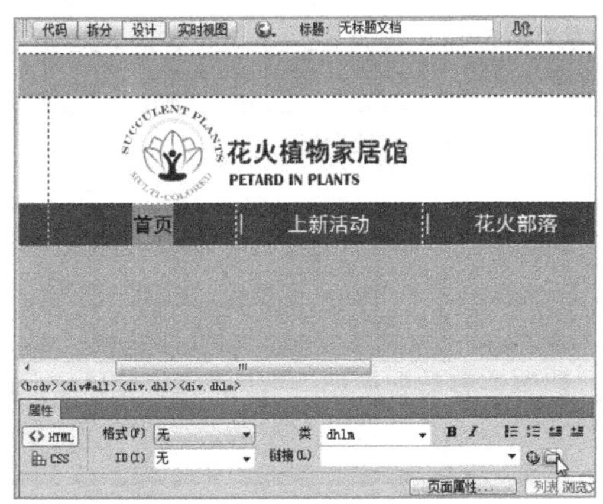

图5-3 选择文本并单击“浏览文件”按钮

图5-4 选择链接文件

STEP 03 完成文本超链接的创建，此时“首页”文本的格式将呈现超链接文本独有的格式，即“蓝色+下划线”格式，如图5-5所示。

STEP 04 观察发现，默认超链接的下划线样式不符合网站风格，因此需要修改超链接的样式。在“属性”面板中单击 页面属性... 按钮，打开“页面属性”对话框，在左侧列表中选择“链接（CSS）”选项，在“下划线样式”下拉列表中选择“始终无下划线”选项，然后按照图5-6所示设置相应的超链接颜色。

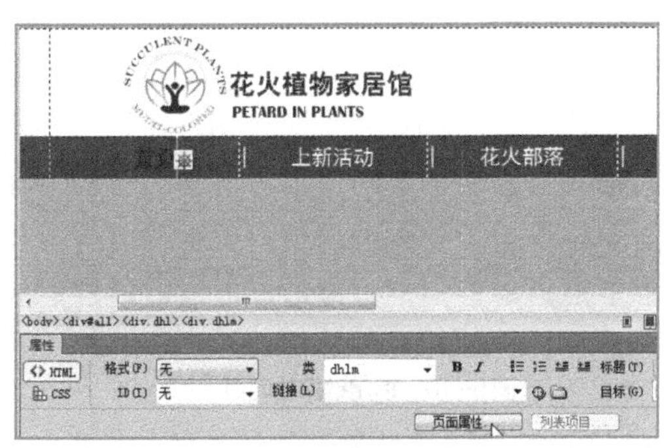

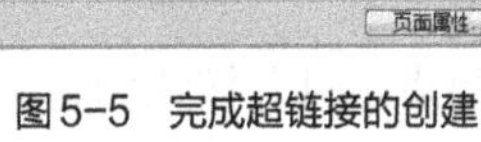

图5-5 完成超链接的创建

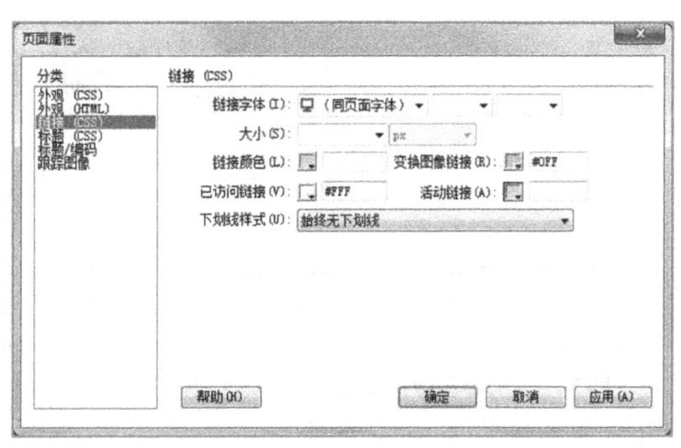

图5-6 修改超链接样式

STEP 05 观察发现，超链接文本的颜色与网站文本的主色调不匹配，单击 拆分 按钮，在代码区找到“a:link {text-decoration: none;}”代码，将其修改为“.dhlm a:link {color:#FFF; text-decoration: none;}”，效果如图5-7所示。

STEP 06 选择网页上方的“花火团购”文本，在“属性”面板的“链接”文本框中输入“#”，按【Enter】键创建空链接，如图5-8所示。

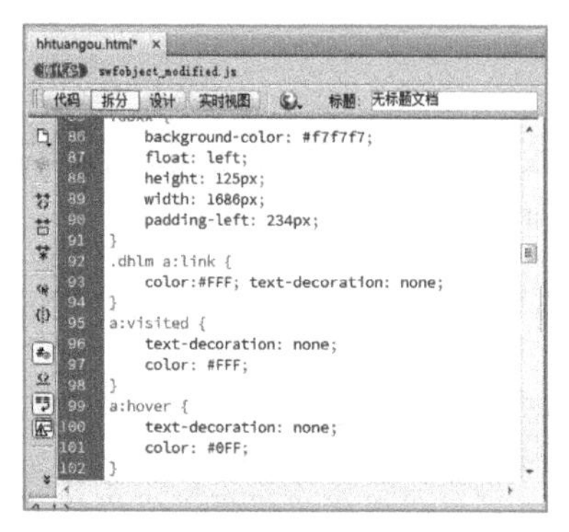

图5-7 修改超链接文本颜色

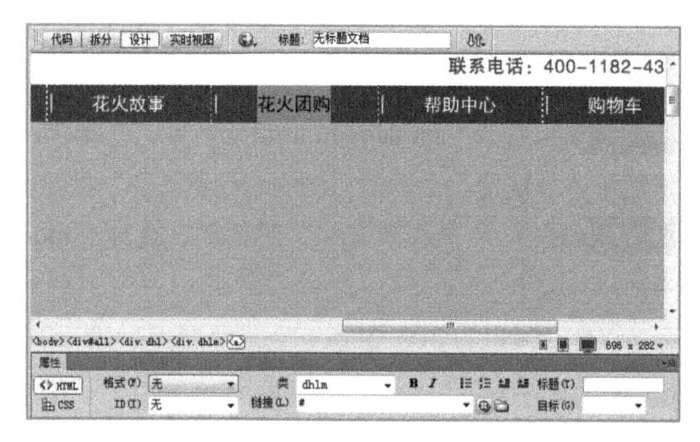

图5-8 创建空链接

提示 通过修改CSS代码的方式来更改超链接文本颜色，可以单独针对某个或某种超链接进行颜色设置，如“.dh1 a:link {color:#FFF; text-decoration: none;}”就只对应用了ID为dh1的html内容有效。若要统一修改网页中超链接文本的颜色，可在“页面属性”对话框“链接”选项卡中的“链接颜色”文本框中进行设置，单击需要设置颜色的色块，选择需要的颜色即可。

STEP 07 单击选中“办公室绿植”图像，单击“属性”面板中“链接”文本框右侧的“浏览文件”按钮，如图5-9所示。

STEP 08 打开“选择文件”对话框，选择“bgslz.html”网页文件，单击确定按钮，如图5-10所示。

图5-9 选择图像并单击“浏览文件”按钮

图5-10 指定链接的网页

STEP 09 选择标志图像，单击“属性”面板中的“矩形热点工具”按钮，在图像的标志区域位置拖曳鼠标绘制热点区域，释放鼠标后单击“属性”面板中“链接”文本框右侧的“浏览文件”按钮，如图5-11所示。

STEP 10 打开“选择文件”对话框，选择“hhtuangou.html”网页文件，单击确定按钮，如图5-12所示。

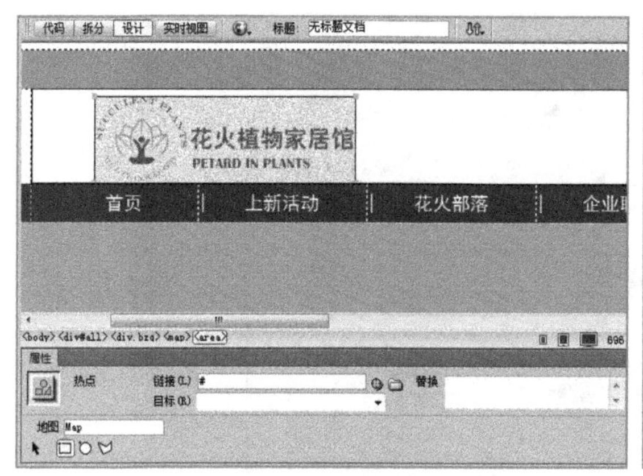

图5-11 创建超链接

图5-12 选择网页文件

STEP 11 选择网页下方的“友情链接”文本，然后在“属性”面板的“链接”文本框中直接输入“http://www.sina.com.cn/”地址，如图5-13所示。

STEP 12 完成外部超链接的创建，此时所选文本的格式同样会发生变化，如图5-14所示。

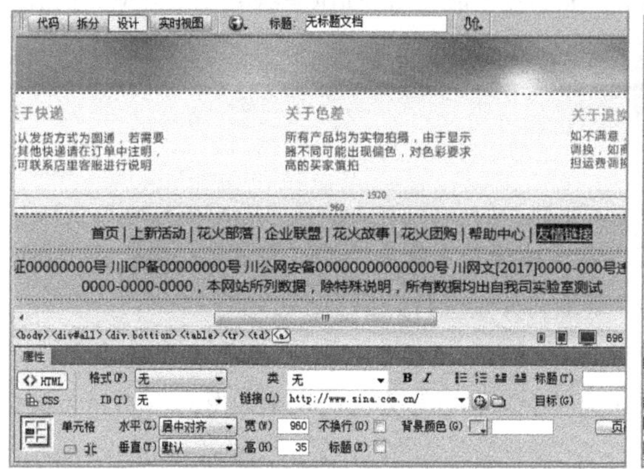

图5-13 选择文本并输入地址

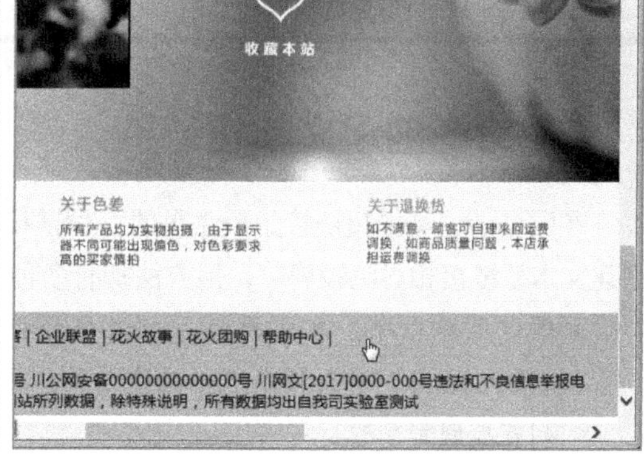

图5-14 查看效果

提示 创建外部超链接时，若输错一个字符，便无法完成超链接的创建。操作时可先访问需要链接的网页，在地址栏中复制其地址，粘贴到Dreamweaver“属性”面板的“链接”文本框中，即可有效地完成外部超链接的创建。

STEP 13 继续拖动网页至网页下方，选择“收藏本站”图像，单击“属性”面板中的“矩形热点工具”按钮□，拖曳鼠标绘制热点区域，释放鼠标后在“属性”面板的“链接”文本框中输入“javascript:window.external.addFavorite('http://www.index.net','花火植物家居馆')”，其前半部分的内容是固定的，后半部分小括号中的前一个对象是需收藏网页的地址，后一个对象是该网页在收藏夹中显示的名称，如图5-15所示。

STEP 14 按【Enter】键创建脚本链接。保存网页设置并预览网页，单击创建的图像热点区域超链接即可打开“添加到收藏夹”对话框，保存网页设置并预览效果。

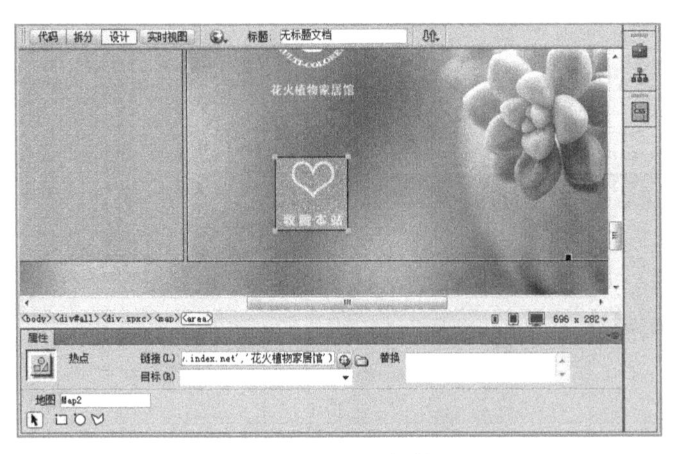

图5-15　设置脚本链接

技巧　将网页设置为浏览器首页的方法是找到“设为首页”文本左侧的空链接代码“"#"”，在该代码右侧单击鼠标左键定位插入点，然后输入空格，输入“设为首页”的脚本代码“onClick="this.style.behavior='url(#default#homepage)';this.setHomePage('http://www.jnw.net/')"”。

5.2.2　创建文本超链接

在网页中，文本超链接是最常见的一种链接，它通过让文本作为源端点来创建链接。在网页中创建文本超链接相对比较简单，但方法却有多种，下面将分别进行介绍。

- 通过菜单命令：在需要插入超链接的位置选择【插入】/【Hyperlink】命令，在打开的“Hyperlink”对话框中进行链接文本、链接文件和目标打开方式的设置。图5-16所示为链接到百度网页。
- 通过“属性”面板：在网页中选择要创建超链接的文本，在“属性”面板的“链接”下拉列表框中直接输入链接的URL地址或完整的路径和文件名即可。图5-17所示为在“属性”面板中链接百度网页。

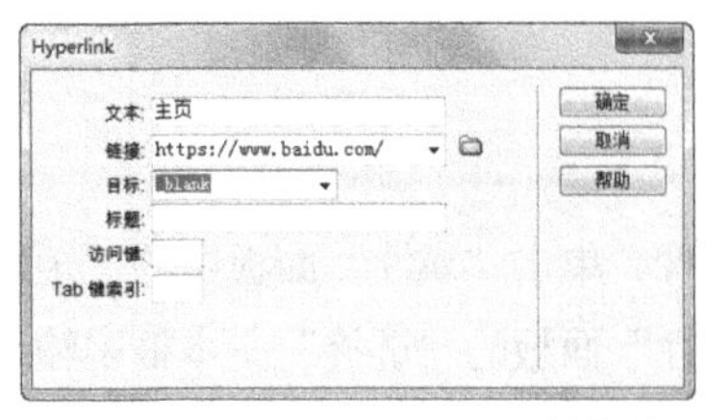

图5-16　链接到百度网页

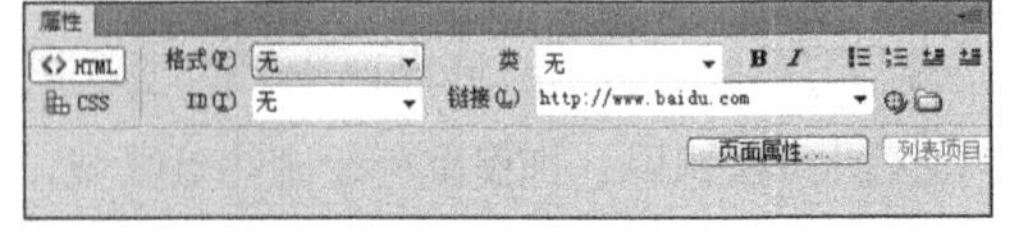

图5-17　在“链接”下拉列表框中输入链接

- 通过“浏览文件”按钮：单击“链接”下拉列表框后的“浏览文件”按钮，在打开的“选择文件”对话框中选择需要链接的文件，单击确定按钮即可链接，或按住“链接”下拉列表框后的“指向文件”按钮，拖动到右侧的“文件”面板，并指向需要链接的文件即可。

- HTML代码：切换到“代码”或“拆分”视图中，直接在<body></body>标签间输入<a href="链接路径及名称">链接内容</a>，如<a href="http://www.baidu.com">百度</a>表示单击“百度”文本，链接到百度网页。

“Hyperlink”对话框中的“目标”下拉列表用于设置在单击超链接后，跳转到目标对象时，在浏览器中以哪种目标方式浏览目标对象。一共可以设置4种打开浏览器的目标方式，其中各选项的含义如下。

- _parent：在上一级浏览窗口中打开。这种方式常用于框架页面。
- _blank：以新窗口的方式打开浏览器。
- _self：链接内容出现在应用链接的窗口或框架中，也是默认选项。
- _top：在浏览器中的整个窗口中打开，会忽略任何一个框架页面。

5.2.3 创建图像超链接和热点链接

图像超链接与热点链接非常相似，但图像超链接是以图像作为源端点，并且图像还可以做图像映射；热点链接则是在同一张图像中创建多个超链接。下面将分别介绍创建图像超链接和热点链接的方法。

1. 图像超链接

在网页中创建图像超链接与创建文本超链接的操作方法基本相同，都是先选择需要创建超链接的对象，然后在“属性”面板中设置图像链接的路径及名称，如图5-18所示。

2. 热点链接

热点链接的原理是利用HTML语言在图像上定义不同形状的区域，然后再给这些区域添加链接，这些区域就被称之为热点。

在创建热点链接时，需要选择需要创建热点的图像，再在“属性”面板中选择不同的热点形状，在图像中绘制热点区域后，在其“属性”面板的“链接”文本框中输入链接路径或名称即可，如图5-19所示。

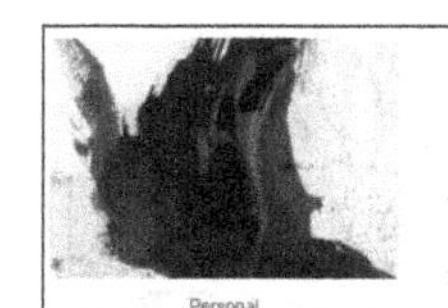

图5-18 图像超链接

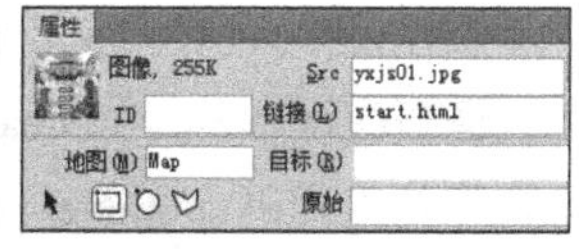

图5-19 热点链接

选择图像后，“属性”面板中不同的热点工具作用也不相同，下面具体进行介绍。

- 指针热点工具：用于对热点进行操作，如选择、移动和调整图像热点区域范围等。
- 矩形热点工具：用于创建规则的矩形或正方形热点区域。选择该工具后，将鼠标指针移动到选中图像上要创建矩形热点区域的左上角位置，按住鼠标左键不放，向右下角拖动覆盖整个需要的热点区域范围后释放鼠标，即可完成矩形热点区域的创建。
- 圆形热点工具：用于绘制圆形热点区域，其使用方法与矩形热点工具的使用方法相同。
- 多边形热点工具：用于绘制不规则的热点区域。选择该工具后，将鼠标指针定位到选择图像上要绘制的热点区域的某一位置单击鼠标左键，然后将鼠标指针定位到另一位置后再单击鼠标左键，重复确定热点区域的各关键点，最后回到第一个关键点上单击鼠标左键，以形成一个封闭的区域，完成多边形热点区域的绘制。

5.2.4 创建电子邮件超链接

电子邮件链接可让浏览者启动电子邮件客户端，向指定邮箱发送邮件。在网页中创建电子邮件超链接，可以是文本，也可以是图像。下面将分别介绍创建电子邮件超链接的方法。

- 通过菜单命令：将插入点定位到需要创建电子邮件超链接的位置，选择【插入】/【电子邮件链接】命令，打开“电子邮件链接”对话框，在该对话框中输入链接文本和邮件地址，单击 确定 按钮即可。同样，也可以在“属性”面板中进行属性设置，如图5-20所示。

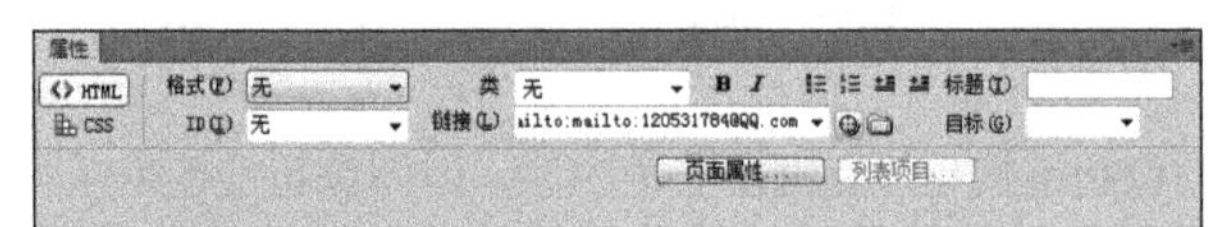

图5-20 设置电子邮件超链接

- 通过“插入”面板：在“插入”面板的“常用”分类下单击“电子邮件链接”按钮，打开“电子邮件链接”对话框，在该对话框中输入链接文本和邮件地址，单击 确定 按钮即可。
- 通过HTML代码：切换到“代码”或“拆分”视图中，在<body></body>标记中输入<a href="mailto:链接地址">链接内容</a>，如<a href="mailto:120531784@QQ.com">有意见联系我们哦!</a>，表示单击文本后启动电子邮件程序，自动填写收件人地址120531784@QQ.com。

5.2.5 创建锚点超链接

锚点超链接的功能是单击超链接对象后可跳转到本页或其他页面的指定位置，即锚记处。锚点超链接的创建分为命名锚记和链接锚记两部分。

1. 命名锚记

在Dreamweaver CC中创建锚记的方法不同于在旧版本中创建锚记，可以使用菜单命令或“插入”面板进行命名。在Dreamweaver CC中只能切换到“代码”或“拆分”视图中，在需要命名锚记的位置输入代码<a name="center"></a>，表示命名一个名为center的锚记。在“设计”视图中以锚记图标的形式显示，如图5-21所示。

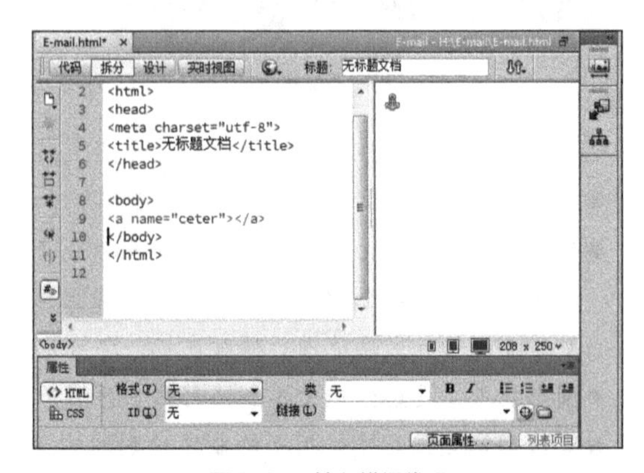

图5-21 输入锚记代码

2. 链接锚记

链接锚记的符号为“#”，引用锚记时，可以在“属性”面板中进行设置或使用HTML代码进行链接，下面分别进行介绍。

- 在“属性”面板中链接：选择需要引

用锚点的文本或其他对象，在“属性”面板的“链接”文本框中输入“#center”，则表示引用名为“center”的锚记，如图5-22所示。

- 使用HTML代码进行链接：切换到“代码”或“拆分”视图中，输入代码<a href="#center">链接内容</a>。

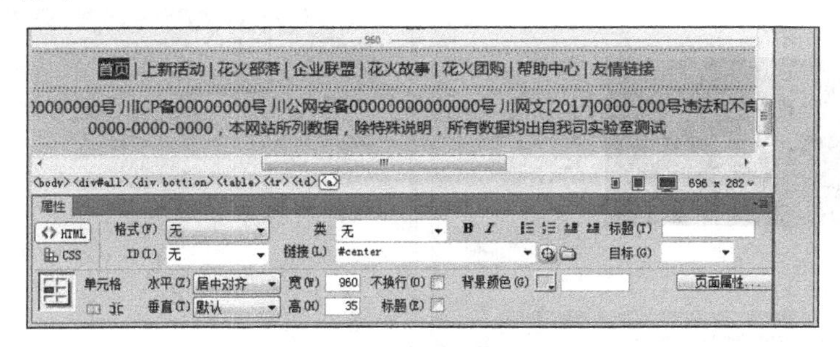

图5-22　在“属性”面板中引用锚记

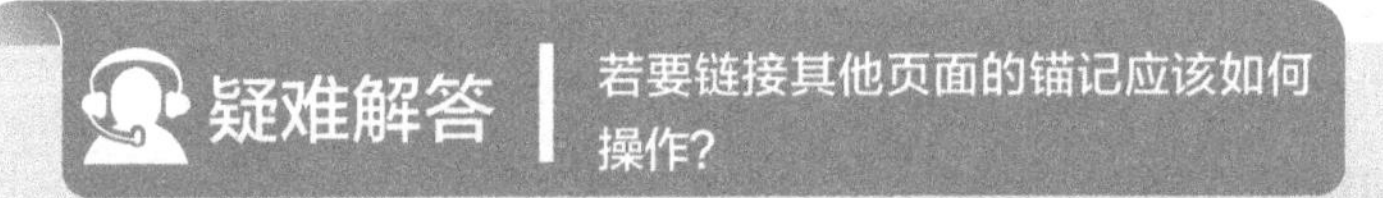

如果链接指向的是其他页面的锚记，就需要在引用锚记时，添加锚记所在的网页名称或路径，如<a href="index.html#center"></a>，表示引用名为“index”的网页上的锚记center。

5.2.6　创建其他超链接

除了上述介绍的超链接外，在网页中还可以创建其他类型的超链接，如空链接、下载超链接和音频、视频超链接。

1. 空链接

空链接是未指定目标端点的链接。创建空链接时，需先在编辑窗口中选择要创建空链接的文本或图像，然后在“属性”面板的“链接”文本框中直接输入“#”符号即可。空链接常用于从同一网页中底部跳转到顶部。

2. 下载超链接

在网页中，下载超链接并没有采用特殊的链接方式，与其他的超链接相同，只是链接的对象不是网页而是一些单独的文件。

在单击浏览器中无法显示的链接文件时，会自动打开“文件下载”对话框。一般扩展名为gif或jpg的图像文件或文本文件（txt）都可以在浏览器中直接显示，但一些压缩文件（zip、rar等）或可执行文件（exe）不可以显示在浏览器中，因此，会打开“文件下载”对话框进行下载，如图5-23所示。

3. 音频、视频超链接

很多网站都会提供听音乐或观看视频的服务，因此，在网页中使用超链接链接到音乐或视频文件，单击音频视频超链接时会自动启动播放软件，从而播放相关音乐或视频。图5-24所示为播放音乐文件的效果。

图5-23　下载链接

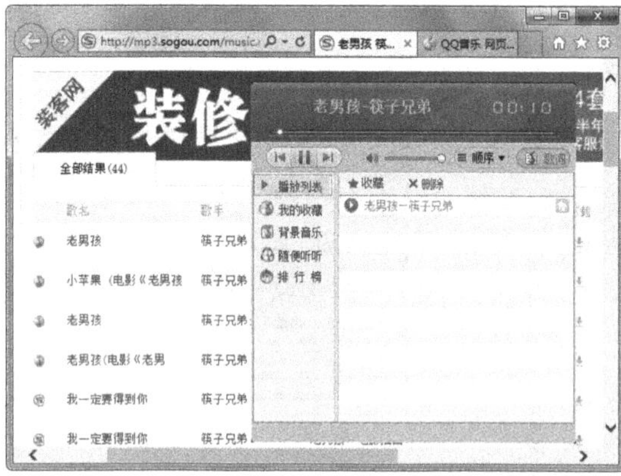

图5-24　音频链接

课堂练习——网页跳转设计

本练习将在“bzzxtz.html”（素材\第5章\课堂练习\bzzxtz.html、images\）网页中为相关内容设计超链接进行跳转，主要涉及文本超链接、图像超链接、热点超链接、脚本超链接等，完成后的参考效果如图5-25所示（效果\第5章\课堂练习\bzzxtz.html）。

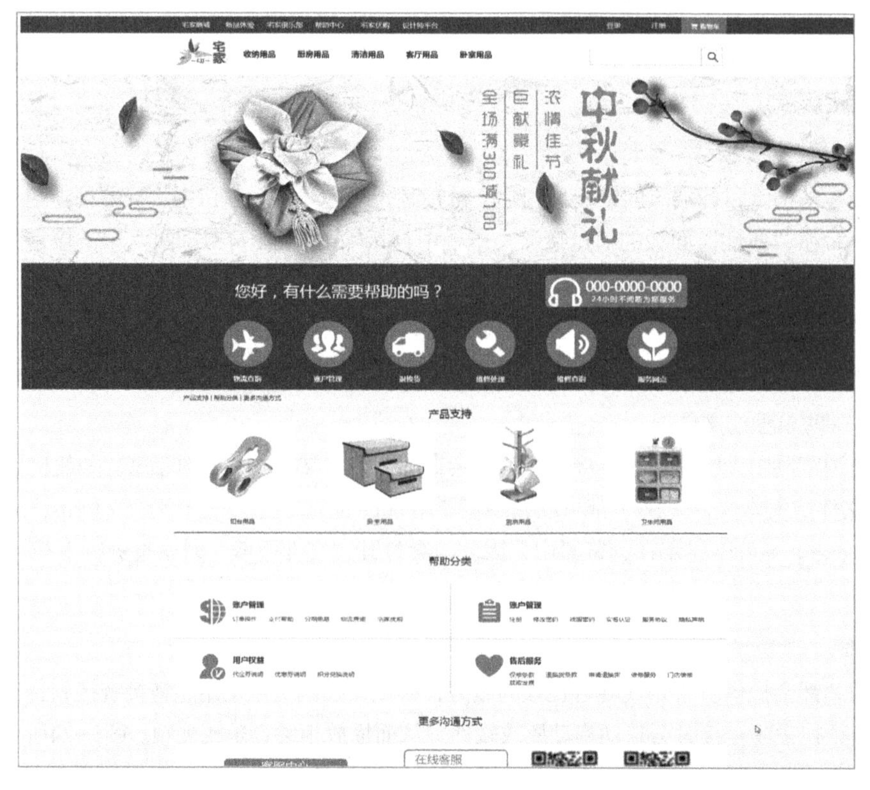

图5-25　网页跳转设计

5.3 管理超链接

一个网页中通常包含多个超链接。超链接指引的网页位置不同，作用也不相同，为了实现网站的相关功能，还需要对这些超链接进行管理，如检查超链接、在站点范围内更改超链接、自动更新超链接等。

5.3.1 检查超链接

一个站点中通常包括多个页面，且每个页面中包含许多超链接，当页面中的超链接很多时，可通过检查超链接的方法来检查页面链接是否存在问题。其方法为：选择【站点】/【检查站点范围的链接】命令，Dreamweaver将自动打开“链接检查器”面板，并检查页面中存在问题的超链接，如图5-26所示。

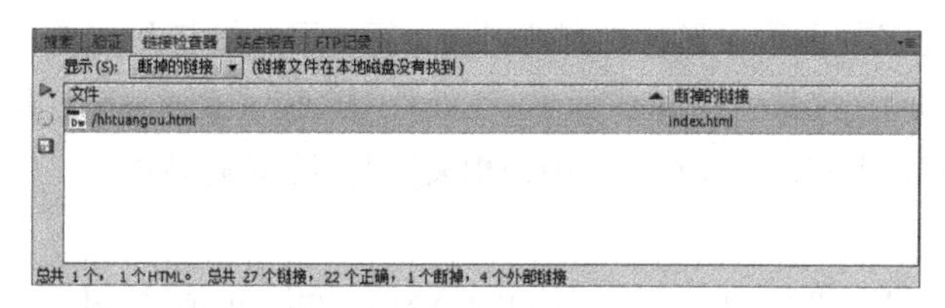

图5-26 检查超链接

5.3.2 在站点范围内更改超链接

当需要对包含超链接的页面进行修改（如移动、重命名等）时，可手动更改所有链接（包括电子邮件链接、FTP 链接、空链接、脚本链接），以指向其他位置。其方法是：在“文件”面板中选择需要进行更改的网页，选择【站点】/【改变站点范围的链接】命令，打开“更改整个站点链接”对话框，在“变成新链接”文本框中输入需要更改的链接，单击确定(O)按钮即可，如图5-27所示。

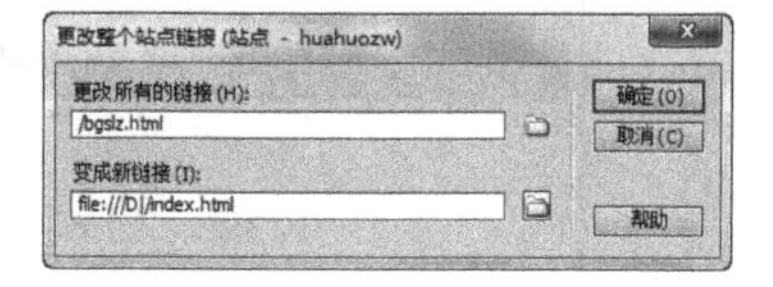

图5-27 在站点范围内更改链接

5.3.3 自动更新超链接

用户也可设置网页自动更新超链接，当页面进行变动时，提示用户进行更新。其方法是：选择【编辑】/【首选参数】命令，打开“首选项”对话框，选择“常规”选项卡，在右侧的“移动文件时更新链接”下拉列表框中选择“提示”选项，如图5-28所示。“移动文件时更新链接”下拉列表框中各个选项的含义如下。

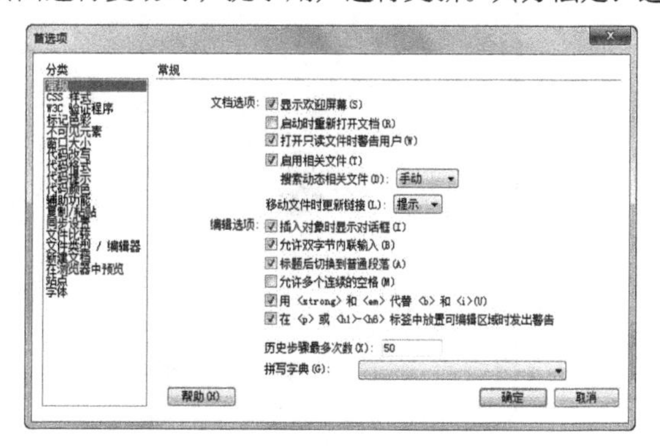

图5-28 自动更新超链接

- **总是**：指每当移动或重命名选定文件时，自动更新指向该文件的所有链接。

● 从不：指在移动或重命名选定文件时，不自动更新起自和指向该文件的所有链接。
● 提示：指显示一个对话框，列出此更改影响到的所有文件。单击 更新(U) 按钮可更新这些文件中的链接，而单击 不更新(D) 按钮将保留原文件不变。

5.4 上机实训——设计“详情页”网页的跳转

5.4.1 实训要求

本实训要求为“墨韵婚纱旗舰店”的“详情页”网页设计跳转，让网页页面灵活起来。

5.4.2 实训分析

跳转设计是网页必备的元素，通过设置超链接，网页可以被打开和跳转到其他网页。当然，不同的超链接其作用也不相同。在设计网页超链接时，一定要遵循浏览者操作方便的原则。本实训需要在网页中为相关的内容创建超链接，完成后的参考效果如图5-29所示。

视频教学
设计“详情页”网页的跳转

素材所在位置：素材 \ 第5章 \ 上机实训 \ img \ xqy.html、index.html

效果所在位置：效果 \ 第5章 \ 上机实训 \ img \ xqy.html

图5-29 设计“详情页”网页的跳转

5.4.3 操作思路

完成本实训首先需要选择文本，设置文本超链接和空链接，然后创建锚点链接，最后还需要添加电子邮件超链接，其操作思路如图5-30所示。

① 设置文本和空链接　② 设置锚点链接　③ 设置电子邮件链接

图5-30　设计"详情页"网页的跳转操作思路

【步骤提示】

STEP 01 打开"xqy.html"网页，设置"首页"文本的链接为"index.html"，设置"所有分类""高级定制""品牌故事""店铺动态"文本的链接为"#"。

STEP 02 选择banner区的图像，设置链接文件为"zy.html"网页文件。

STEP 03 选择网页上方的图像，单击"属性"面板中的"矩形热点工具"按钮，绘制一个矩形热点选区，链接为"index.html"网页文件。

STEP 04 将插入点定位到"设计理念"位置，切换到"代码"窗口，在其中输入<a name="sjln" id="sjln"></a>文本。选择网页右侧的"设计理念"文本，在"属性"面板的"链接"文本框中输入"#sjln"。

STEP 05 选择网页下方的"联系我们"文本，在"属性"面板的"链接"文本框中输入"mailto:jnw.vip@sina.com"，按【Enter】键，保存并预览网页。

STEP 06 选择网页上的"分享"文本，在"属性"面板的"链接"文本框中直接输入"http://www.sina.com.cn/"，完成外部超链接的创建，此时所选文本的格式同样会发生变化。

STEP 07 选择网页最上方的图像，单击"属性"面板中的"矩形热点工具"按钮，在图像上的标志区域位置拖曳鼠标绘制热点区域，释放鼠标后在"属性"面板的"链接"文本框中输入"javascript:window.external.addFavorite('http://www.index.net','墨韵')"。

STEP 08 按【Enter】键创建脚本链接，保存网页设置并预览。

5.5 课后练习

1. 练习1——为“企业新闻”网页创建超链接

本练习要求在“企业新闻”网页中创建文本、图像热点、电子邮件和空链接，并对超链接属性进行设置，完成后的参考效果如图5-31所示。

素材所在位置： 素材\第5章\课后练习\xinxi.html

效果所在位置： 效果\第5章\课后练习\xinxi.html

企业新闻 News >>更多

建筑保温材料迎来绿色契机	2019-5-14	家具陶瓷产品的保养	2019-5-14
油漆整合户吸引最大的市场	2019-5-12	天然木皮贴面家具的选购技巧	2019-5-12
成功研制的多功能高效设备石棉瓦设备	2019-5-11	定制实木家具的美式涂装材料	2019-5-11
涂料企业如何在建材市场引领乡村潮流	2019-5-11	木门行业高端市场火热而低端	2019-5-11
木塑地板在地板市场发展前景一片大好	2019-5-10	购买抛光抛光砖需要的注意事项	2019-5-10
优质建材保证住房平安	2019-5-09	市场反应机制迎来考验	2019-5-09
环保建材的选择和判断	2019-5-08	购买小家电的技巧策略分析	2019-5-08
手绘墙纸的种类以及风格	2019-5-07	门窗市场机遇和挑战并存	2019-5-07

信息反馈 Feedback　在线订单 Online order　销售网络 Network　联系方式 Contact us

Copyright(c)2019 Mei Yu Building Maaterials All Rights Reserved

厂址：成都市高新西区西源大道xxx-xxx号 | 电话：028-8567XXXX | 传真：028-8567XXXX | 邮箱：28mybm@163.com

图5-31 为“企业新闻”网页创建超链接

2. 练习2——为“帮助”网页创建超链接

本练习要求为“帮助”网页创建超链接，主要包括文本超链接、电子邮件超链接、空链接、锚点链接的创建，完成后的参考效果如图5-32所示。

素材所在位置： 素材\第5章\课后练习\help\help.html

效果所在位置： 效果\第5章\课后练习\help\help.html

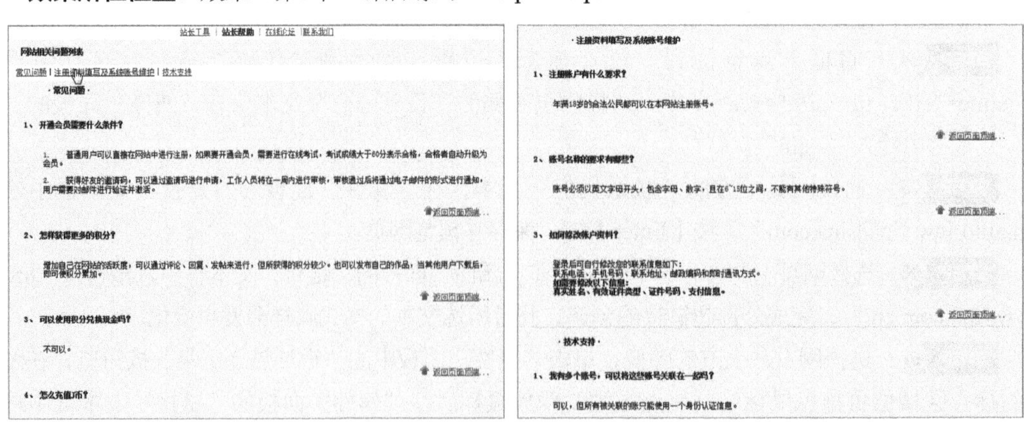

图5-32 为“帮助”网页创建超链接

CHAPTER 6

第6章 网页布局设计

好的网页都需要有一个合理的布局，常用的布局方式主要有表格和DIV+CSS。表格可以显示数据，也可以用于布局网页，是最基础的网页布局方式；而一个标准的网页设计，需要实现结构、表现和行为三者的分离。而通过利用DIV+CSS布局页面，则可方便、快速地达到结构、表现和行为三者分离的目的。本章将分别介绍使用表格和DIV+CSS来进行布局。

课堂学习目标

- 掌握在网页中插入和编辑表格的方法
- 掌握在网页中创建CSS样式的方法
- 掌握使用CSS+DIV进行布局的操作方法

课堂案例展示

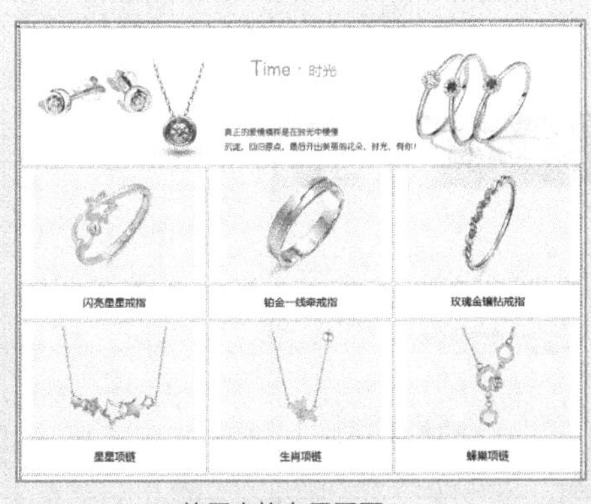

使用表格布局网页

制作花火植物家居馆首页

6.1 使用表格布局网页

表格是页面排版的强大工具，熟练地使用表格技术，可在网页设计中减少许多麻烦。对于HTML本身而言，并没有提供太多的排版工具，因此，较为精细的地方往往会借助表格来进行排版、布局，本节将对表格的创建、基本操作及样式进行介绍。

6.1.1 课堂案例——制作“上新活动”网页

案例目标：表格是网页中用于显示数据和布局的重要元素，用户可以通过表格的创建和嵌套等操作来确定网页的框架和制作思路。本案例需要设计珠宝网站的“上新活动”网页，参考效果如图 6-1 所示。

视频教学
制作“上新活动”网页

知识要点：插入表格；在表格中添加内容；调整表格结构；设置表格属性。

素材文件：素材 \ 第 6 章 \ 课堂案例 \ images

效果文件：效果 \ 第 6 章 \ 课堂案例 \ index（2）.html

图6-1 制作“上新活动”网页

其具体操作步骤如下。

STEP 01 打开“index.html”网页，将插入点定位到“tp1”DIV标签中，然后选择【插入】/【表格】命令，打开“表格”对话框，在其中按照图6-2所示进行设置。

STEP 02 单击 确定 按钮，即可在插入点处添加一个表格，如图6-3所示。

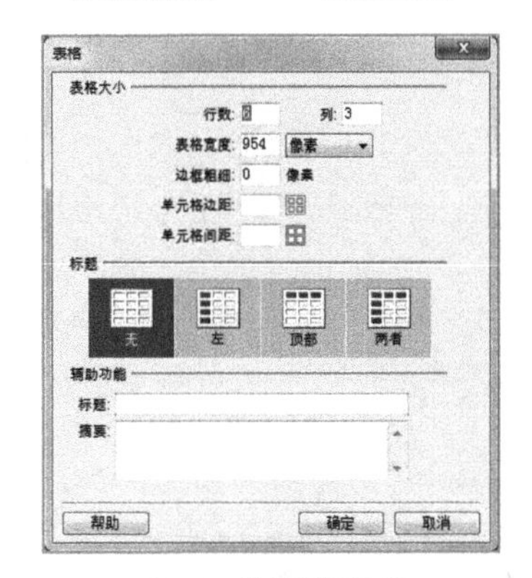

图6-2 “表格”对话框

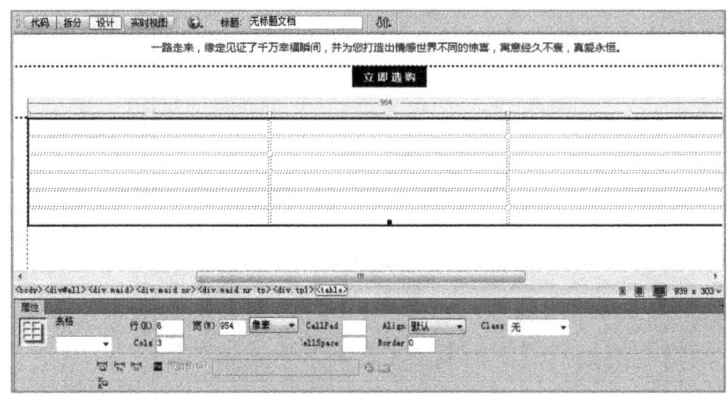

图6-3 创建的表格

STEP 03 选择第1行的单元格，在“属性”面板中单击“合并单元格”按钮，合并单元格，然后选择第4行的单元格，再单击“合并单元格”按钮合并单元格，如图6-4所示。

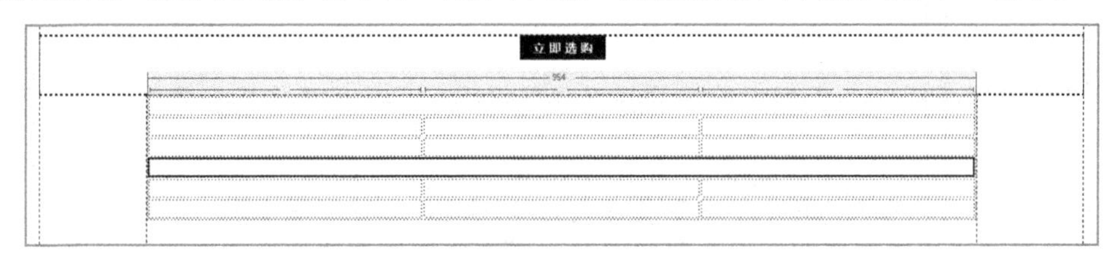

图6-4 合并单元格

STEP 04 选择第1行的单元格，在“属性”面板的“高”文本框中输入“227”，如图6-5所示。

STEP 05 选择第2行第1列的单元格，在“属性”面板中单击“拆分单元格”按钮，在打开的“拆分单元格”对话框中单击选中“行”单选项，在“行数”数值框中输入“2”，单击 确定 按钮，如图6-6所示。

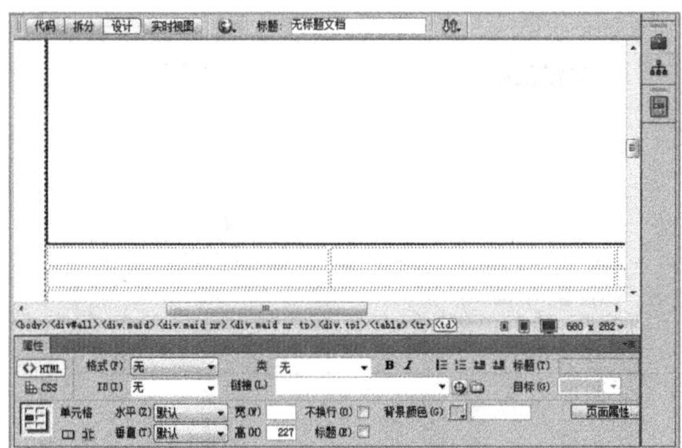

图6-5 设置单元格的大小

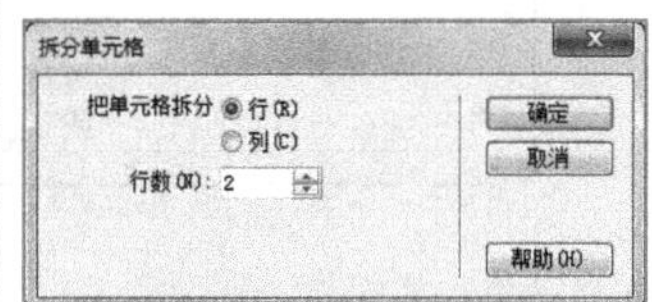

图6-6 “拆分单元格”对话框

STEP 06 选择拆分后的第1个单元格，在“属性”面板的“高”文本框中输入“190”，然后选择第2个单元格，在“属性”面板的“高”文本框中输入“58”，如图6-7所示。

STEP 07 使用相同的方法继续拆分第2行的其他单元格，及第3行、第5行和第6行的单元格，并设置单元格的大小，如图6-8所示。

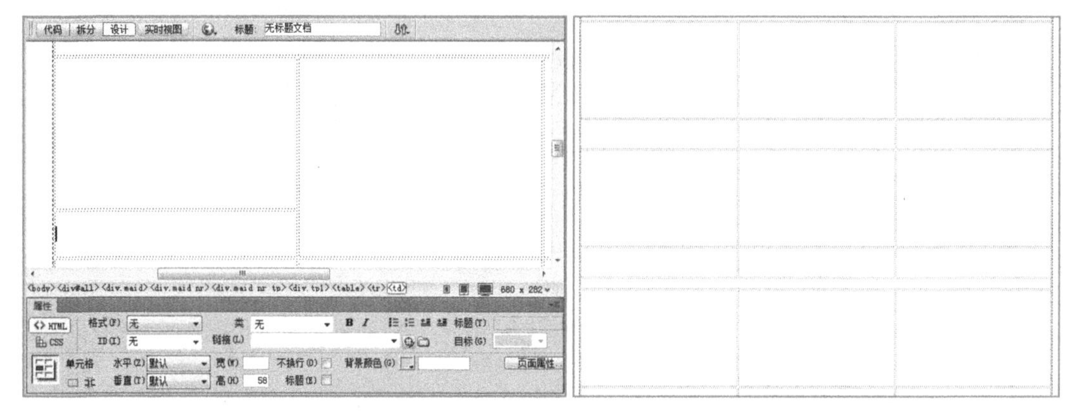

图6-7　调整单元格的大小　　图6-8　设置其他单元格

STEP 08 选择第4行的单元格，设置单元格的高为“525”，效果如图6-9所示。

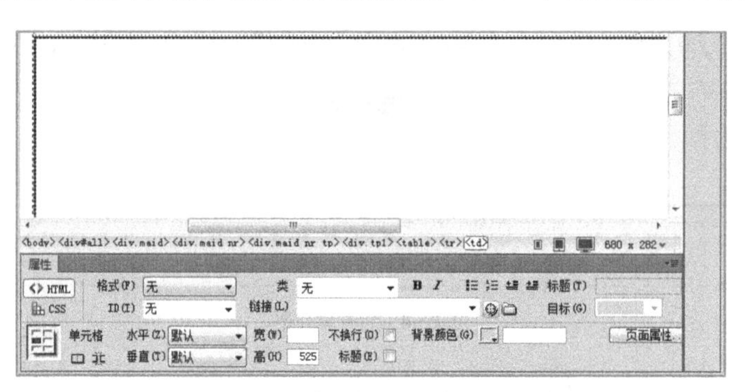

图6-9　调整单元格的大小

STEP 09 将插入点定位到第1行的单元格中，在“插入”面板的“常用”栏中选择“图像”选项，在打开的对话框中选择“ss_03.png”，单击[确定]按钮，此时该图像即可插入到表格中，效果如图6-10所示。

图6-10　插入图像

STEP 10 将插入点定位到第2行的第1个单元格中，然后插入“ss_05.png”图像，在“属性”面板的“水平”下拉列表中选择“居中对齐”选项，如图6-11所示。

STEP 11 将插入点定位到需要输入文本的单元格中，在其中输入相关文本，然后在“属性”面板中单击[CSS]按钮，在“字体”下拉列表框中选择“思源黑体 cn regular”选项，在“大小”下拉列表中选择“18”选项，在“水平”下拉列表中选择“居中对齐”选项，完成后的效果如图6-12所示。

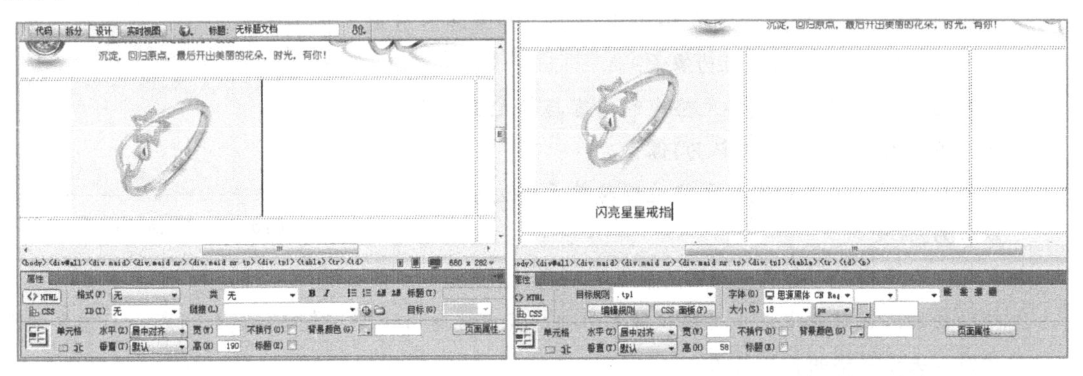

图6-11 在表格中插入图像　　　　图6-12 输入并设置文本

STEP 12 使用相同的方法为其他表格添加相应的图像和文本，并设置相应的字符格式，效果如图6-13所示。

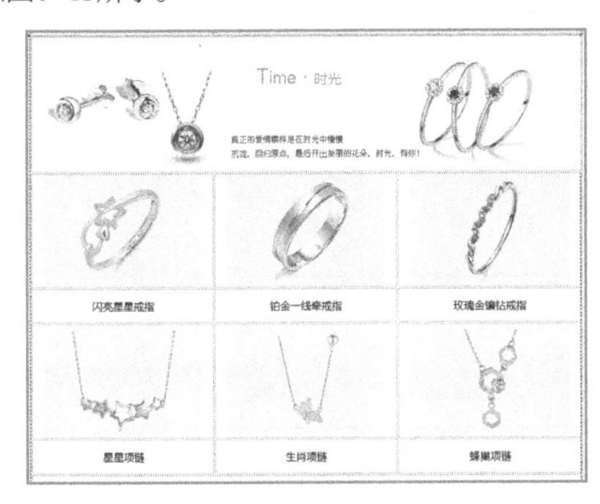

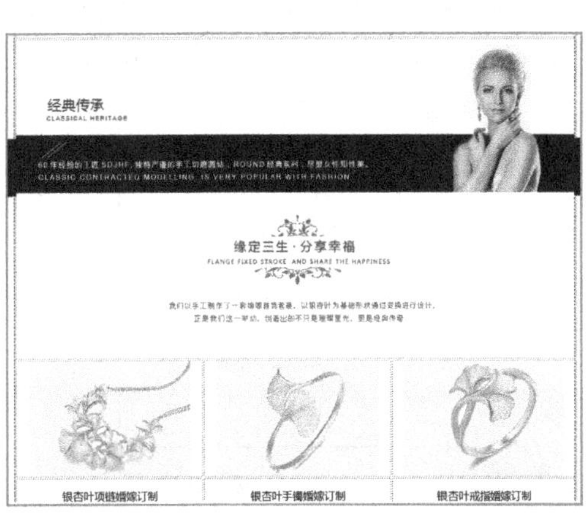

图6-13 设置文本格式

STEP 13 完成文本设置后，按【Ctrl+S】组合键保存网页，然后按【F12】键预览。

知识链接
版式设计

6.1.2 插入表格

表格不仅可以进行网页的宏观布局，还可以使页面中的文本、图像等元素更有条理。Dreamweaver CC的表格功能强大，用户可以快速、方便地创建出各种规格的表格。

1. 通过对话框插入表格

在Dreamweaver中，可在可视化界面中直接插入表格。其方法为：将鼠标指针置于要插入表格的位置，选择【插入】/【表格】命令，或按【Ctrl+Alt+T】组合键，或在“插入”面板的“常用”分类下单击“表格”按钮▦，打开“表格”对话框，在其中设置相应的参数即可，如图6-14所示。

“表格”对话框中相关选项的含义如下。

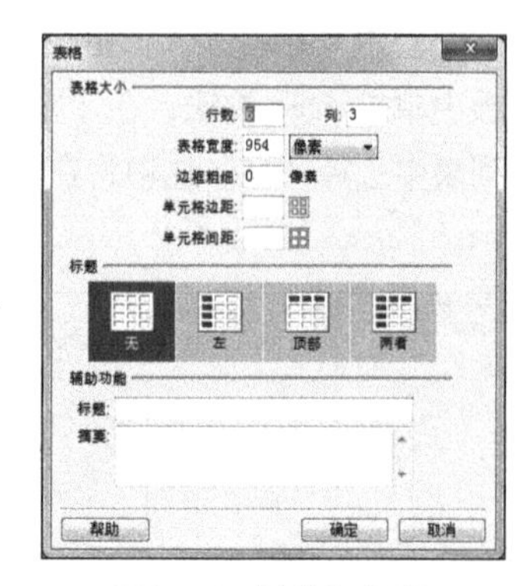

图6-14 “表格”对话框

- 行数、列：用于指定表格行和列的数目。
- 表格宽度：用于指定表格宽度，其常用单位为像素和百分比。
- 边框粗细：主要用于指定表格边框厚度，如果不显示边框，可以输入0。常用单位为像素。
- 单元格边距：用于指定单元格中的内容与单元格边框的间距。不设置具体值时，默认为1像素。
- 单元格间距：用于指定单元格边框与单元格边框的间距，默认为2像素。
- 标题：表示指定一行或一列做为表头时所需的样式。
- 辅助功能：在该栏中包括标题和摘要两项，其中标题用于输入表格标题的内容，而摘要则用于输入关于表格的相关说明。

2. 通过代码插入表格

除了在可视界面中插入表格外，熟悉代码的用户也可以使用HTML代码插入表格，只需切换到“代码”或“拆分”视图中，将插入点定位到需要插入表格的位置，直接输入图6-15所示的代码，则可快速插入3行2列的表格，如图6-16所示。

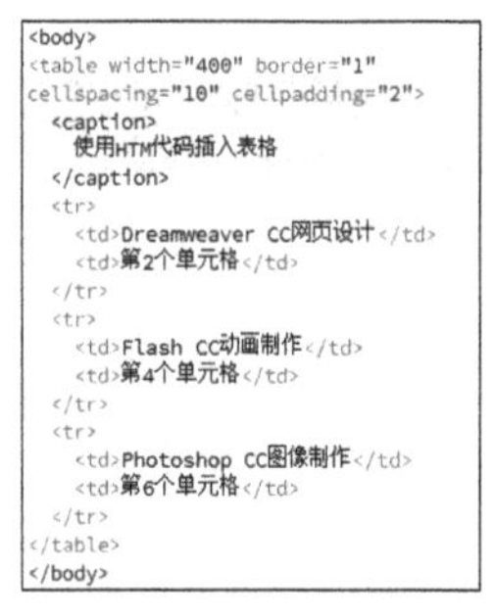

```
<body>
<table width="400" border="1"
cellspacing="10" cellpadding="2">
  <caption>
    使用HTML代码插入表格
  </caption>
  <tr>
    <td>Dreamweaver CC网页设计</td>
    <td>第2个单元格</td>
  </tr>
  <tr>
    <td>Flash CC动画制作</td>
    <td>第4个单元格</td>
  </tr>
  <tr>
    <td>Photoshop CC图像制作</td>
    <td>第6个单元格</td>
  </tr>
</table>
</body>
```

图6-15 表格代码

图6-16 表格效果

3. 嵌套表格

嵌套表格是指在表格的某个单元格中所插入的表格，它可以使网页的结构更为细化，方便用户进行操作。其方法为：将光标插入点定位到要进行操作的单元格中，选择【插入】/【表格】命令或按【Ctrl+Alt+T】组合键，在打开的“表格”对话框中进行设置即可，图6-17所示即为在第3行的第1列中插入一个4行2列的表格。

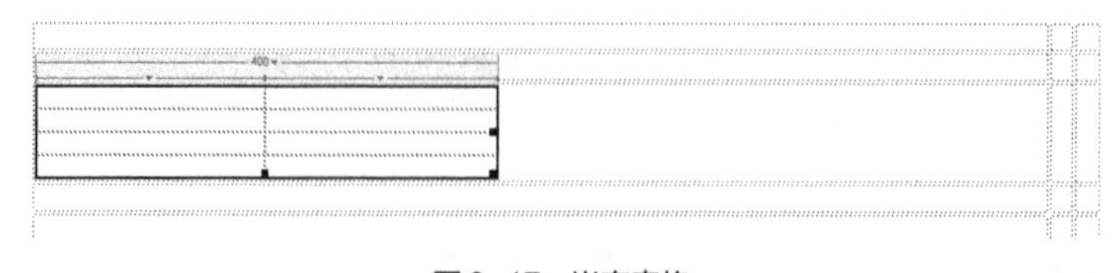
图6-17 嵌套表格

6.1.3 选择表格和单元格

对表格进行任何操作前，都必须选择要操作的表格或单元格，下面将对表格及单元格的选择方法进行介绍。

1. 选择整个表格

在Dreamweaver中选择表格相当简单，但方法却有多种，用户可任选一种方法进行操作，下面将分别介绍选择表格的各种方法。

- 右键菜单：只需将鼠标指针移到需要选择的表格上，单击鼠标右键，在弹出的快捷菜单中选择【表格】/【选择表格】命令即可。
- 使用按钮：直接将插入点定位到单元格中，单击显示宽度的按钮400▾，在打开的下拉列表中选择“选择表格”选项即可，如图6-18所示。

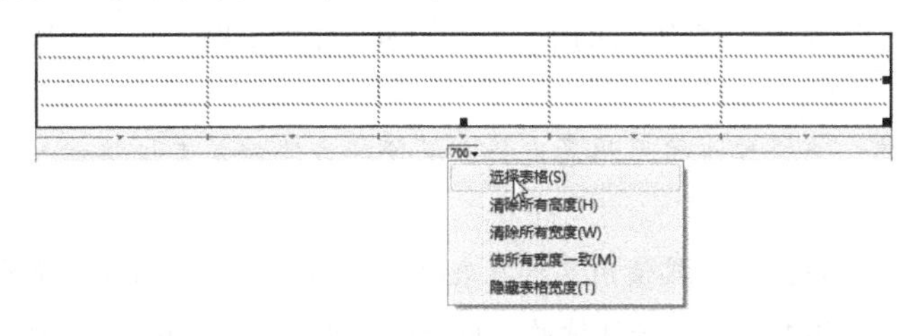

图6-18　通过列表选择表格

- 直接选择：将鼠标指针移动到表格中，当鼠标指针变为、或形状后，直接单击鼠标左键即可，如图6-19所示。

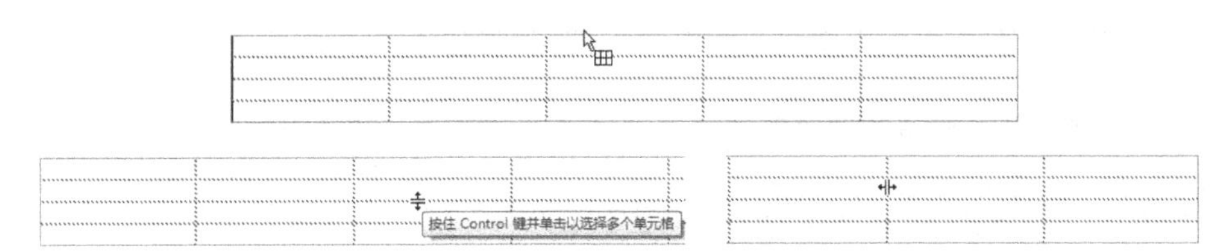

图6-19　单击表格外框线选择表格

- 使用菜单命令：将光标插入点定位到单元格中，然后选择【修改】/【表格】/【选择表格】命令即可。
- 在状态栏中选择：在状态栏中直接选择<table>标记即可。

2. 选择行和列

选择行和列表格的方法如下。

- 将鼠标指针移到所需行的左侧，当指针变为➔形状且该行的边框线变为红色时单击鼠标左键即可选择该行，如图6-20所示。

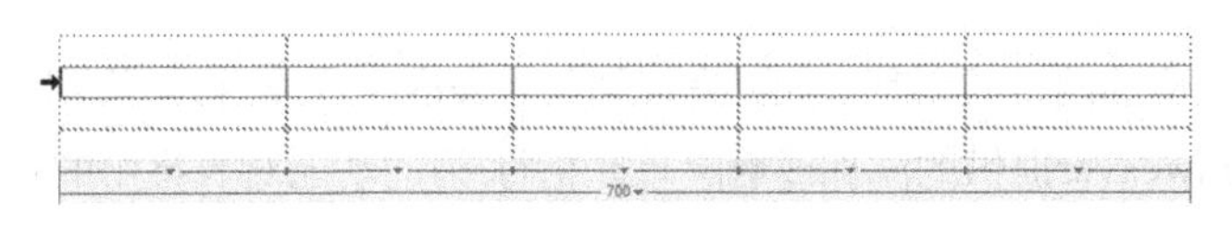

图6-20　选择行

- 将鼠标指针移到所需列的上端，当指针变为↓形状且该列的边框线变为红色时单击鼠标左键即可选择该列，如图6-21所示。

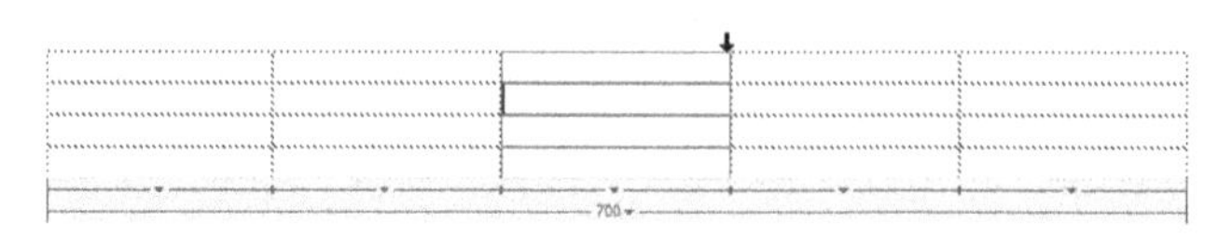

图6-21　选择列

技巧　将鼠标指针插入点定位到表格中任意一个单元格中，单击需选择的列上端的绿线中的▾按钮，在打开的下拉列表中选择"选择列"选项也可选择整列。

3. 选择单元格

同选择表格一样，选择单元格的方法较多，可分为选择单个单元格、选择多个连续单元格和多个不连续单元格几种，下面分别进行介绍。

- 选择单个单元格：选择单个单元格最直接、简便的方法就是直接将插入点定位到需要选择的单元格中。
- 选择多个连续单元格：可直接使用鼠标在表格中拖动选择连续的多个单元格，或选择一个单元格后，按住【Shift】键，单击连续的最后一个单元格，如图6-22所示。
- 选择多个不连续单元格：按住【Ctrl】键的同时，使用鼠标单击需要选择的单元格即可，如图6-23所示。

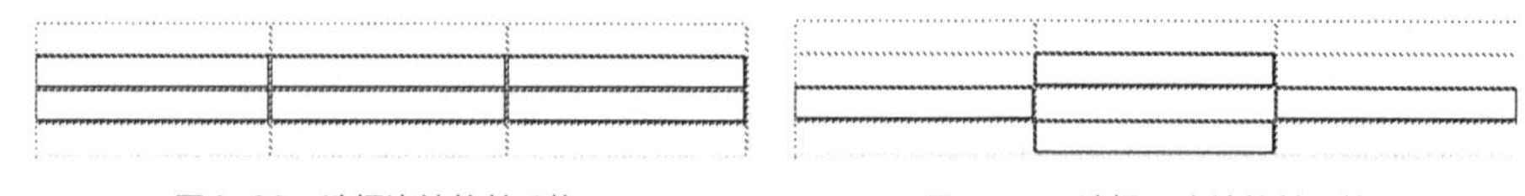

图6-22　选择连续的单元格　　图6-23　选择不连续的单元格

6.1.4　调整表格或单元格的大小

选择需要调整大小的表格，将指针移动至表格右侧，当鼠标指针变为⇔或⇕形状时，拖动鼠标即可改变表格的大小，如图6-24所示。将指针定位在单元格中，移动鼠标指针，当其移动到行或列的相交处时，鼠标光标将变为÷或⫲形状时，拖动鼠标可调整单元格的大小，如图6-25所示。

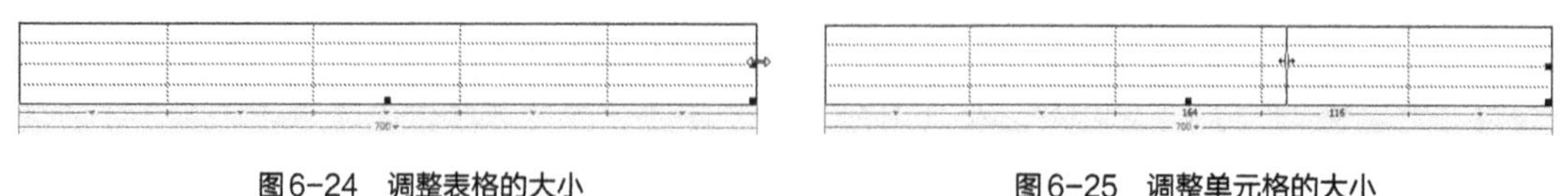

图6-24　调整表格的大小　　图6-25　调整单元格的大小

6.1.5　增加和删除表格的行或列

在表格中添加相应的网页元素时，如果发现插入的表格行数或列数不够用，或插入了多余的行或列，可使用Dreamweaver提供的添加或删除单元格行/列的功能对表格中的行/列进行添加或删除操作。

1. 添加单元格的行或列

要进行单行或单列的添加，有以下几种方法。

- 使用菜单命令：将鼠标指针定位到相应的单元格中，选择【修改】/【表格】/【插入行】或【插入列】命令可在当前选择的单元格的上面或左边添加一行或一列。
- 使用右键菜单：将鼠标指针定位到相应的单元格中，单击鼠标右键，在弹出的快捷菜单中选择【表格】/【插入行】或【插入列】命令，可实现单行或单列的插入。
- 使用对话框：将鼠标指针定位到相应的单元格中，单击鼠标右键，在弹出的快捷菜单中选择【表格】/【插入行或列】命令，打开“插入行或列”对话框，单击选中“行”或“列”单选项，再设置插入的行数或列数及位置，如图6-26所示。

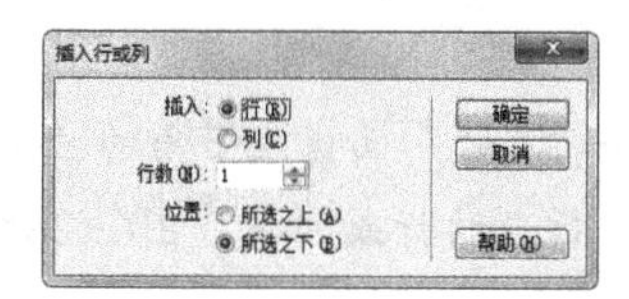
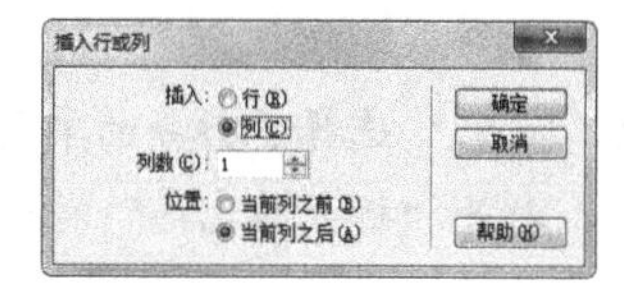

图6-26 “插入行或列”对话框

2. 删除单元格的行或列

表格中不能删除单独的单元格，但可以进行整行或整列的删除，删除表格中行或列的方法主要有以下几种。

- 使用菜单命令：将鼠标指针定位到要删除的行或列所在的单元格，选择【修改】/【表格】/【删除行】或【删除列】命令。
- 使用右键菜单：将鼠标指针定位到要删除的行或列所在的单元格中，单击鼠标右键，在弹出的快捷菜单中选择【表格】/【删除行】或【删除列】命令。
- 使用快捷键：使用鼠标选择要删除的行或列，然后按【Delete】键。

6.1.6 合并与拆分单元格

为了在表格中更好地显示网页数据，有时需要对表格中的某些单元格进行合并或拆分操作。

1. 合并单元格

合并单元格是指将连续的多个单元格合并为一个单元格的操作。合并单元格的方法有以下几种。

- 使用菜单命令：选择要合并的单元格区域，选择【修改】/【表格】/【合并单元格】命令即可合并单元格，效果如图6-27所示。

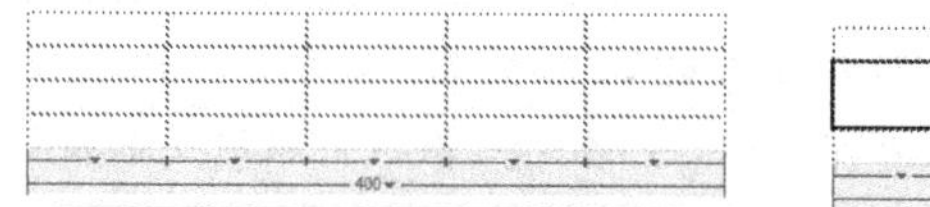
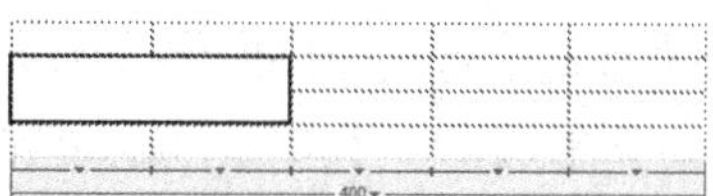

图6-27 合并单元格

- 使用右键菜单：选择要合并的单元格区域并单击鼠标右键，在弹出的快捷菜单中选择【表格】/【合并单元格】命令即可。

- 使用属性面板：选择要合并的单元格区域，单击“属性”面板左下角的“合并所选单元格”按钮▣即可。

2. 拆分单元格

拆分单元格是将一个单元格拆分为多个单元格的操作。拆分单元格的方法同合并单元格相似，只是在选择“拆分单元格”命令后，会打开“拆分单元格”对话框，用户需要在其中进行拆分设置。打开“拆分单元格”对话框的方法有以下几种。

- 使用菜单命令：选择要拆分的单元格，选择菜单栏中的【修改】/【表格】/【拆分单元格】命令即可。
- 使用右键菜单：选择要拆分的单元格并单击鼠标右键，在弹出的快捷菜单中选择【表格】/【拆分单元格】命令即可。
- 使用“属性”面板：选择要拆分的单元格，单击“属性”面板左下角的“拆分单元格为行或列”按钮▣，打开“拆分单元格”对话框，设置拆分的行或列数。图6-28所示为拆分为2行单元格。

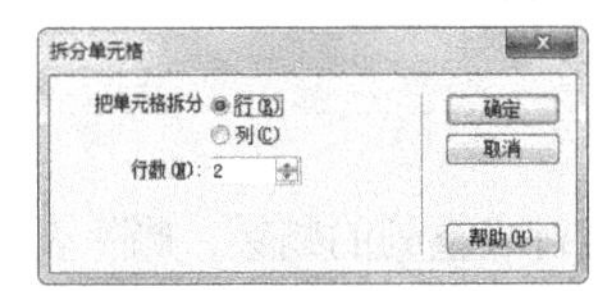

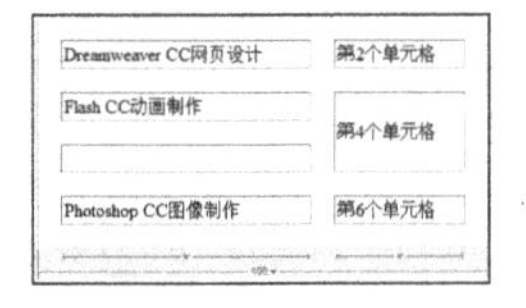

图6-28 拆分单元格

6.1.7 设置表格和单元格的属性

在Dreamweaver中插入表格后，可以使用“属性”面板方便、快速地设置表格和单元格的属性。

1. 设置表格属性

如果不能熟练地使用HTML设置表格属性，可通过选择【窗口】/【属性】命令，打开“属性”面板进行可视化设置。并且“表格属性”面板中的各参数设置与“表格”对话框中的参数基本相同。而在插入表格后，再使用“表格属性”面板，则起到对插入的表格进行相应更改的作用，如图6-29所示。

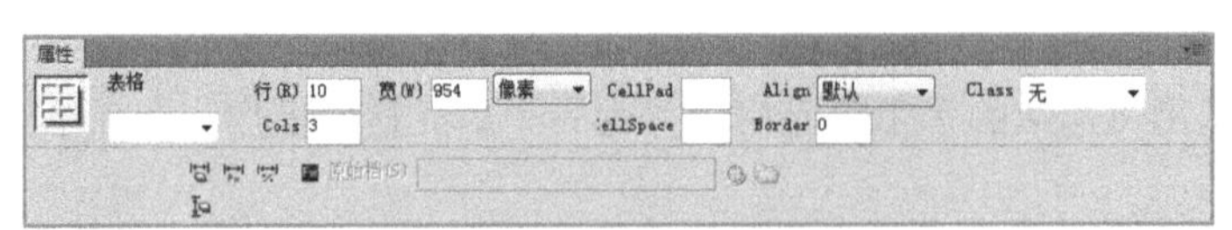

图6-29 “表格属性”面板

“表格属性”面板中相关选项的含义如下。

- 表格：为表格进行命名，可用于脚本的引用或定义CSS样式。
- 行、Cols：设置表格的行数和列数。在这里输入行数和列数也可以达到添加和删除行或列的目的，但是不能指定具体添加或需要删除的行或列。
- 宽：设置表格的宽度，在其后的下拉列表框中可选择度量单位，如像素或百分比。
- CellPad：设置单元格边界和单元格内容的间距，与“表格”对话框中的“单元格边距”文本框的作用相同。

- CellSpace：设置相邻单元格的间距，与“表格”对话框中的“单元格间距”文本框的作用相同。
- Align：设置表格与文本或图像等网页元素之间的对齐方式，只限于和表格同段落的元素。
- Border：设置边框的粗细，通常设置为“0”，将不在预览网页中显示表格边框。如果需要边框，通常通过定义CSS样式来实现。
- Class：设置表格的类、重命名和样式表的引用。
- “清除列宽”按钮：单击该按钮，可删除表格多余的列宽值。
- “将表格宽度转换成像素”按钮：单击该按钮可将表格宽度度量单位从百分比转换为像素。
- “将表格宽度转换成百分比”按钮：单击该按钮可将表格宽度度量单位从像素转换为百分比。
- “清除行高”按钮：单击该按钮，可删除表格多余的行高值。
- 原始档：用于设置原始表格设计图像的Fireworks源文件路径。

2. 设置单元格属性

除了可以设置整个表格的属性外，还可以对表格的单元格、行或列的属性进行设置。只需在选择单元格后，显示“单元格属性”面板，但该“单元格属性”面板分为上下两部分，其中，上半部分与选择文本时的“属性”面板相同，主要用于设置单元格中文本的属性；下半部分主要用于设置单元格的属性，如图6-30所示。

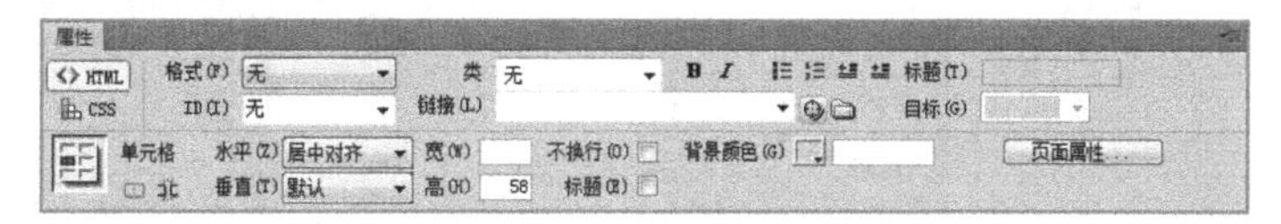

图6-30 “单元格属性”面板

“单元格属性”面板中相关选项的含义如下。

- “合并所选单元格，使用跨度”按钮：选择两个或两个以上的单元格，然后单击该按钮，可合并所选单元格。
- “拆分单元格为行或列”按钮：单击该按钮，在打开的对话框中设置拆分的行或列的单元格个数，即可完成单元格的拆分操作。
- 水平：用于设置单元格中的内容在水平方向上的对齐方式，包括默认、左对齐、居中对齐和右对齐4个选项。
- 垂直：用于设置单元格中的内容在垂直方向上的对齐方式，包括默认、顶端、居中、底部和基线5个选项。
- 宽、高：设置单元格的宽度和高度，如果直接输入数字，则默认度量单位为“像素”，如果要以百分比作为度量单位，则应在输入数字的同时输入“%”符号，如“90%”。
- “不换行”复选框：单击选中该复选框，可以防止换行，从而使选择单元格中的所有文本都在一行上。
- “标题”复选框：单击选中该复选框，可为表格添加标题，并且默认情况下，表格标题单元格的内容显示为居中对齐。

- 背景颜色：用于设置表格的背景颜色。可单击■色块，用吸管吸取颜色，也可直接在后面的文本框中输入颜色值。

6.1.8 表格的高级操作

除了通过表格来进行页面布局外，还可像办公软件一样，将表格作为数据处理的工具。本节将介绍在Dreamweaver中对表格中的数据进行导入/导出、排序等操作。

1. 导入/导出表格数据

通过导入/导出数据的方法可以更方便地进行数据的操作，下面分别进行讲解。

（1）导入数据

表格不仅仅限于网页文件中的布局，还可以用于整理资料。Dreamweaver提供了表格导入功能，可以直接导入其他程序中的数据来创建表格文件，如Excel表格文件。当然，能导入数据，也能导出HTML文档中的表格供其他程序使用。

在Dreamweaver CC中导入数据的方法很简单，只需选择【文件】/【导入】/【表格式数据】命令，打开“导入表格式数据”对话框，如图6-31所示，在该表格中设置数据文件、表格的宽度等，单击 确定 按钮即可。

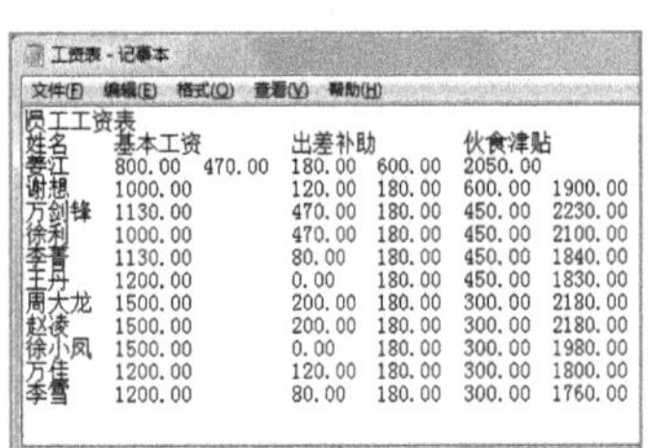

员工工资表					
姓名	基本工资	出差补助	伙食津贴	效绩奖金	总金额
娄江	800.00	470.00	180.00	600.00	2050.00
谢想	1000.00	120.00	180.00	600.00	1900.00
万剑锋	1130.00	470.00	180.00	450.00	2230.00
徐利	1000.00	470.00	180.00	450.00	2100.00
李菁	1130.00	80.00	180.00	450.00	1840.00
王丹	1200.00	0.00	180.00	450.00	1830.00
周大龙	1500.00	200.00	180.00	300.00	2180.00
赵凌	1500.00	200.00	180.00	300.00	2180.00
徐小凤	1500.00	0.00	180.00	300.00	1980.00
万佳	1200.00	120.00	180.00	300.00	1800.00
李雪	1200.00	80.00	180.00	300.00	1760.00

图6-31 导入数据

“导入表格式数据”对话框中的“数据文件”不能是Excel或其他表格程序中的数据，如果要导入如Excel程序中的表格数据，则需选择【文件】/【导入】/【Excel文档】命令。

（2）导出数据

若要将网页中的表格数据应用到其他地方，可进行数据的导出操作。其方法为：将鼠标指针插入点定位到需导出表格的任一单元格中，选择【文件】/【导出】/【表格】命令，打开“导出表格”对话框，如图6-32所示，再根据提示选择导出文档并保存导出的文档即可。

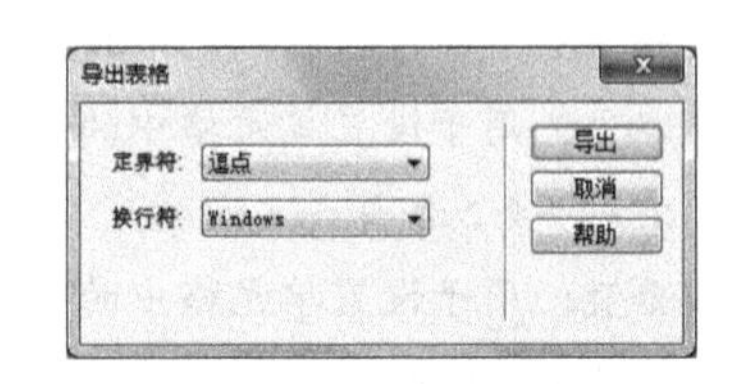

图6-32 导入表格数据

2. 排序表格

当需要按照某一个标准来查看表格中的数据时，可对表格进行排序，其方法为：将鼠标指针定位在表格中的任一单元格中，选择【命令】/【排序表格】命令，打开“排序表格”对话框，在其中对表格的数据排序条件进行设置，完成后单击 确定 按钮，返回网页中即可看到排序后的效果，如图6-33所示。

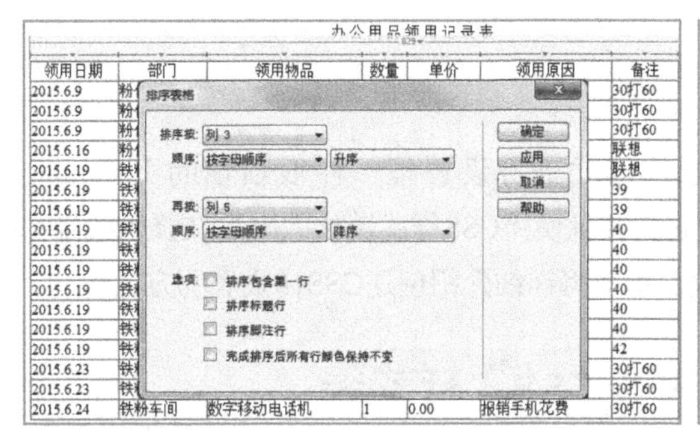

办公用品领用记录表

领用日期	部门	领用物品	数量	单价	领用原因	备注
2015.6.19	铁粉车间	安全鞋	2	84.5	生产需要	39
2015.6.9	粉体车间	数字移动电话机	1	0.00	报销手机花费	30打60
2015.6.23	铁粉车间	数字移动电话机	1	0.00	报销手机花费	30打60
2015.6.9	粉体车间	数字移动电话机	1	0.00	报销手机花费	30打60
2015.6.23	铁粉车间	数字移动电话机	1	0.00	报销手机花费	30打60
2015.6.9	粉体车间	数字移动电话机	1	0.00	报销手机花费	30打60
2015.6.24	铁粉车间	数字移动电话机	1	0.00	报销手机花费	30打60
2015.6.19	铁粉车间	台式电脑整机	11	3180.10	生产需要	42
2015.6.19	铁粉车间	台式电脑整机	10	3180.09	生产需要	40
2015.6.19	铁粉车间	台式电脑整机	9	3180.08	生产需要	40
2015.6.19	铁粉车间	台式电脑整机	8	3180.07	生产需要	40
2015.6.19	铁粉车间	台式电脑整机	7	3180.06	生产需要	40
2015.6.19	铁粉车间	台式电脑整机	6	3180.05	生产需要	40
2015.6.19	铁粉车间	台式电脑整机	5	3180.04	生产需要	40
2015.6.19	铁粉车间	台式电脑整机	4	3180.03	生产需要	39
2015.6.19	铁粉车间	台式电脑整机	2	3180.01	办公需要	联想
2015.6.16	粉体车间	台式电脑整机	1	3180.00	办公需要	联想

图6-33　排序表格

下面将分别介绍“排序表格”对话框中各参数的作用。

- 排序的主要条件：主要用来设置表格中的哪一列的值是按什么顺序进行升序还是降序排列。
- 排序的次要条件：主要用来设置按主要条件排序后相同的数据再按照次要条件进行升序或降序排列。
- “排序包含第一行”复选框：主要用来设置表格排序时是否包含第一行数据。
- “排序标题行”复选框：主要用来设置排序时是否包含标题行。
- “排序脚注行”复选框：主要用来设置排序时是否包含脚注行。
- “完成排序后所有行颜色保持不变”复选框：主在用来设置完成排序后，表格中的所有行是否保持原有颜色不变。

课堂练习——制作“热卖推荐”网页

本练习将制作“热卖推荐”网页，利用提供的素材文件（素材\第6章\课堂练习\images\），新建网页，然后进行操作，主要涉及表格的创建、嵌套、结构调整、属性调整等知识点，完成后的参考效果如图6-34所示（效果\第6章\课堂练习\tuijian.html）。

图6-34“热卖推荐”网页

6.2 创建CSS样式表

在制作网页时，对网页文档中各对象元素的格式进行设置是一件很烦琐的工作。而在Dreamweaver中可以使用CSS样式轻松地解决该问题。并且使用CSS样式美化的网页在修改或维护时相当容易，只需打开相应的CSS文件即可进行修改。本节将详细介绍创建CSS样式表的方法。

6.2.1 课堂案例——制作“style.css”样式表

案例目标：网页设计中一些比较规则或元素较为统一的页面，可使用 CSS 样式来控制页面风格，减少重复工作量。本案例需要制作一个名称为“style.css”的样式表文件，以便于网站中的其他文件调用，参考效果如图 6-35 所示。

视频教学
制作“style.css”样式表

知识要点：创建 CSS 样式表文件；设置 CSS 样式；管理 CSS 样式。

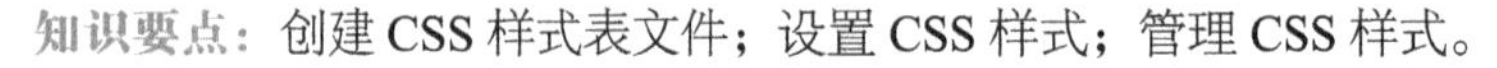

效果文件：效果 \ 第 6 章 \ 课堂案例 \ style.css、index.html

```
1  @charset "utf-8";
2  #all {
3      height: 800px;  width: 931px;   margin-top: 0px;    margin-right: auto; margin-bottom: 0px;
4      margin-left: auto;  clip: rect(0px,auto,0px,auto);  left: auto; top: 0px;   right: auto;    bottom: 0px;
5  }
6  #top {
7      height: 141px;  width: 931px;   margin-top: 0px;    margin-right: auto; margin-bottom: 0px; margin-left: auto;
8  }
9  .banner {
10     background-image: url(img/banner_01.jpg);   background-repeat: no-repeat;   height: 111px;  width: 931px;
11 }
12 .top_x {
13     height: 30px;   width: 931px;   font-family: "微软雅黑"; font-size: 18px;    color: #FFF;    background-color: #3C6;
14     margin-bottom: 2px; padding-top: 0px;   padding-right: 0px; padding-bottom: 2px;    padding-left: 0px;
15 }
16 .top_x ul {
17     margin: 0px;    padding: 0px;   list-style-type: none;  border:none;
18 }
19 .top_x li {
20     margin: 0px;    float: left;    width: 133px;
21 }
22 .top_x li a {
23     color: #00F;    text-decoration: none;  background-color: #CF0; display: block; width: 100%;    padding-top: 5px;
24         padding-right: 5px; padding-bottom: 5px;    padding-left: 0.5em;    border-right-width: 10px;   border-left-width: 10px;
25     border-right-style: solid;  border-left-style: solid;   border-right-color: #9C3;   border-left-color: #9C3;
26 }
27 html>body .top_x li a{  width:auto;}
28 .top_x li a:hover{
29     background-color:#0C9;  color:#C00; border-right-width: 10px;   border-left-width: 10px;    border-right-style: solid;
30         border-left-style: solid;   border-right-color: #F30;   border-left-color: #F30;
31     }
32 #middle {
33     height: 599px;  width: 931px;   float: left;
34 }
35 #bottion {
36     float: left;    height: 60px;   width: 931px;
37 }
38 .ms {   font-family: "宋体"; font-size: 14px;
39 }
40 
41 .zw {   font-family: "微软雅黑"; font-size: 14px;    color: #999;    padding-right: 10px;    padding-left: 10px;
42 }
```

图6-35 制作“style.css”样式表

其具体操作步骤如下。

STEP 01 新建一个HTML空白网页，然后选择【窗口】/【CSS设计器】命令，打开“CSS设计器”面板，在“源”列表框右侧单击“添加CSS源”按钮，在打开的下拉列表中选择“创建新的CSS文件”选项，打开“创建新的CSS文件”对话框，在“文件/URL”文本框后单击 浏览... 按钮，如图6-36所示。

STEP 02 打开“将样式表文件另存为”对话框，在“保存在”下拉列表框中选择保存路径，然后在“文件名”文本框中输入CSS文件的名称，这里输入“style.css”，最后单击保存(S)按钮，如图6-37所示。

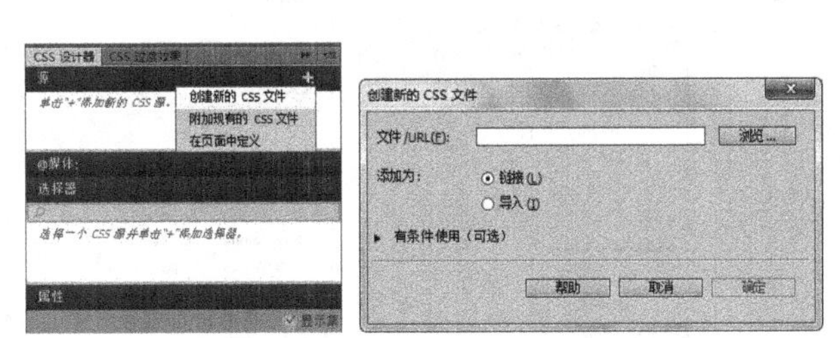

图6-36 准备创建新的CSS文件

图6-37 设置存储CSS文件的路径及名称

STEP 03 返回“创建新的CSS文件”对话框，可在“文件/URL”文本框中查看到创建的CSS文件的保存路径，其他保持默认设置，单击确定按钮，在“源”列表框中则可看到创建的CSS文件，如图6-38所示。

STEP 04 切换到“代码”视图，则可在<head></head>标记中自动生成链接新建的CSS样式文件的代码，如图6-39所示。

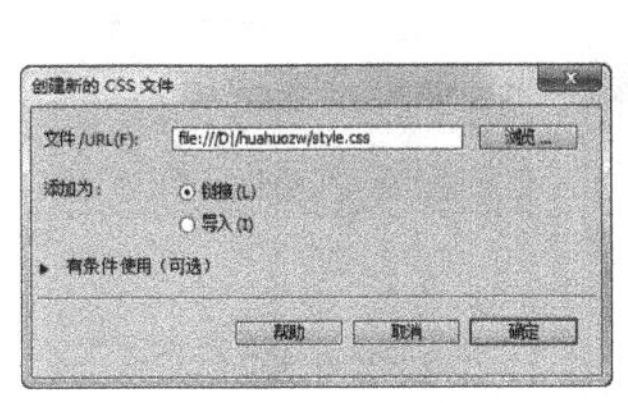

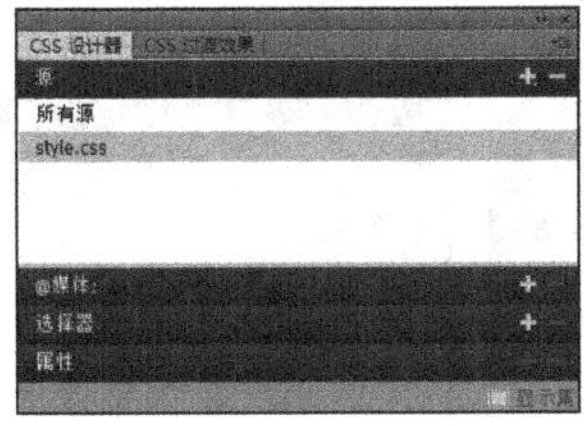

图6-38 查看创建的CSS文件

图6-39 查看链接CSS文件的代码

STEP 05 在“源”列表框中选择添加的源，在“选择器”列表框的右侧单击“添加选择器”按钮，则会在“选择器”列表框中添加空白文本框，此时只需在该空白文本框中输入选择器的名称，这里输入并选择“#all”，则会在“属性”列表框中显示关于设置all的所有属性。

STEP 06 在“属性”列表框的按钮栏中单击“布局”按钮，则会在下方的列表框中显示关于设置布局的属性，然后分别设置width（宽）属性为“931 px”，height（高）属性为“800 px”，min-width（最小宽度）属性为“0 px”，margin（边框）属性为“0 auto”，如图6-40所示。

STEP 07 继续在“选择器”列表框的右侧单击“添加选择器”按钮，在其中添加一个选择器“#top”，然后使用相同的方法设置CSS属性，如图6-41所示。

STEP 08 使用相同的方法创建其他选择器，并设置CSS属性，如图6-42所示。

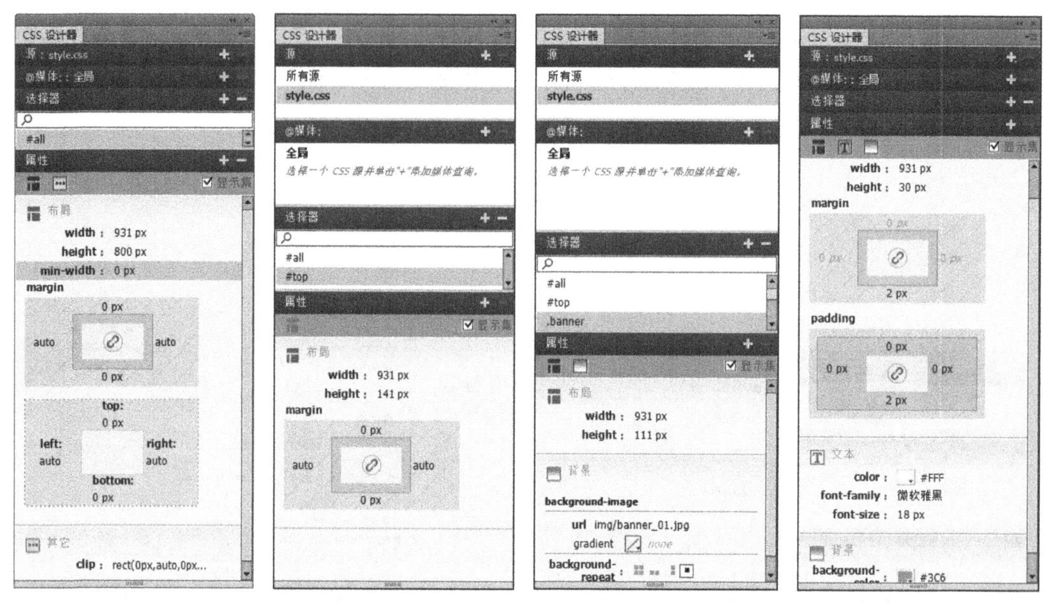

图6-40　创建并设置#all选择器的属性　图6-41　创建并设置#top选择器的属性　图6-42　创建并设置其他选择器的属性

提示　在“属性”列表框中设置后的属性会呈高亮显示，而没被设置的属性则呈灰色状态，如果想在“属性”列表框中只查看设置的属性，可以在按钮栏中单击选中“显示集”复选框。

STEP 09　继续使用相同的方法创建其他选择器，并设置CSS属性，如图6-43所示。

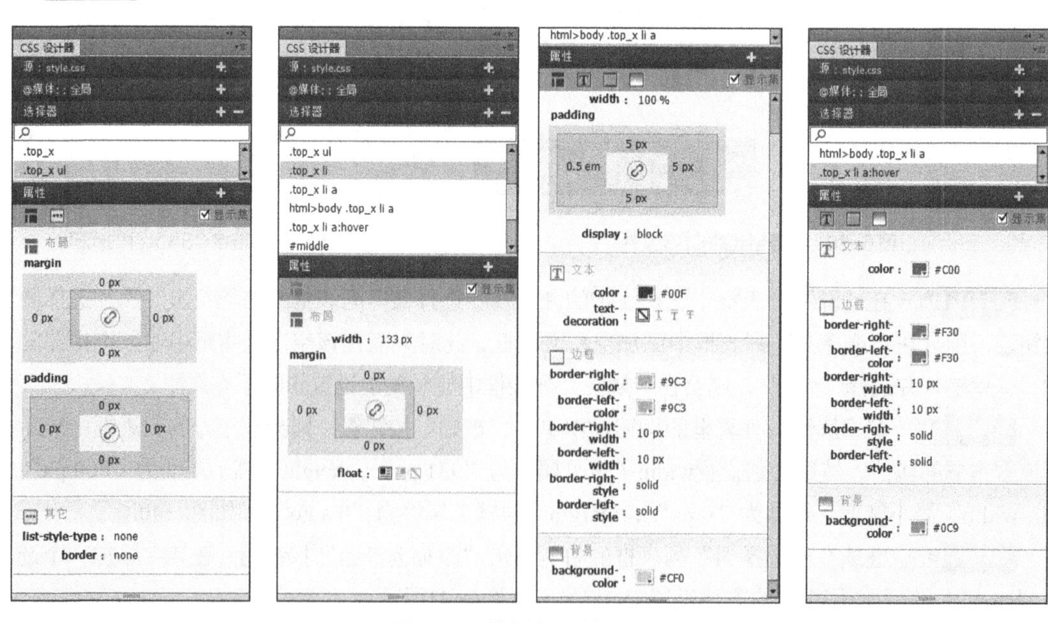

图6-43　创建并设置其他属性

STEP 10　设置各属性后，同样会在代码文档中自动生成相应的属性代码，完成后按【Ctrl+S】组合键以“index”为名称保存。

6.2.2 CSS 概述

CSS是Cascading Style Sheets（层叠样式表）的缩写，可以将多重样式定义层叠为一种。CSS是标准的布局语言，用于为HTML文档定义布局，如控制元素的尺寸、颜色、排版等，解决了内容与表现分离的问题。

1. 元素

在HTML中，元素是表示文档格式的一个模块，可以包括一个开始标记、结束标记、包含在这两个标记之间的所有内容，如“<h1>我是标题标记</h1>”就是一个元素，表示一个一级标题，通常将标记名作为元素名称。

2. 父元素和子元素

如果元素的开始标记和结束标记之间包含有其他元素，则将被包含在元素内的元素称为外层元素的子元素，外层次元素则称为父元素。如“<p><b>我是段落标记</b></p>”，元素p是元素b的父元素，元素b是元素p的子元素。

3. 属性

在HTML中，属性是指某个元素某方面的特性，如颜色、字体、大小、高度、宽度等，每个属性有且只能指定一个值。

4. CSS 功能

CSS功能归纳起来主要有以下几点。

- 灵活控制页面文字的字体、字号、颜色、间距、风格和位置等。
- 随意设置一个文本块的行高和缩进，并能为其添加三维效果的边框。
- 方便定位网页中的任何元素，设置不同的背景颜色和背景图像。
- 精确控制网页中各种元素的位置。
- 可以为网页中的元素设置各种过滤器，从而产生阴影、模糊、透明等效果。通常这些效果只能在图像处理软件中实现。
- 可以与脚本语言结合，使网页中的元素产生各种动态效果。

5. CSS 的特点

如果在网页中手动设置每个页面的文本格式，将会十分麻烦，并且还会增加网页中的重复代码，不利于网页的修改和管理，也不利于加快网页的读取速度。下面将具体介绍CSS的各种特点。

- 容易管理的源代码：在网页中，如果不使用CSS样式表，HTML标签和网页文件的内容、样式信息等都会混杂在一起。如果将这些内容合并到CSS样式表，放置在网页前，就能方便地对网页中的各种样式进行修改。
- 提高读取网页的速度：在使用CSS样式表的过程中，会对源代码进行整理，从而可以加快网页在浏览时的加载速度。如HTML中使用了10<p>标签，在读取网页时，则会读取10<p style="font_size:14;color:#cbf"></p>样式，并将其整合在CSS样式表中，而且读取一次后，在下一次读取时，就会记住<p>标签的表示方式，从而提高读取网页的速度。

- 将样式分类使用：多个HTML文件可以同时使用一个CSS样式文件，一个HTML文件也可同时使用多个CSS样式文件。
- 共享样式设定：将CSS样式保存为单独的文件，可以使多个网页同时使用，避免每个网页重复设置的麻烦。
- 冲突处理：在网页中使用两种或两种以上的样式时，会发出冲突。如果在同一网页中使用两种样式，浏览器将显示出两种样式中除了冲突以外的所有属性；如果两种样式互相冲突，则浏览器会显示样式属性；如果存在直接冲突，那么自定义样式表的属性将覆盖HTML标记中的样式属性。

6.2.3 CSS 样式表的基本语法

CSS样式表的主要功能就是将某些规则应用于网页中的同一类型的元素中，以减少网页中大量多余繁琐的代码，并减少网页制作者的工作量。在Dreamweaver CC中，要正确地使用CSS样式，首先需要知道CSS样式表的基本语法。

1. 基本语法规则

在每条CSS样式中，都包含了两个部分的规则：选择器（选择符）和声明。选择器就是用于选择文档中应用样式的元素，而声明则是属性及属性值的组合。每个样式表都是由一系列的规则组成的。但并不是每条样式规则都出现在样式表中，如图6-44所示。

2. 多个选择器

在网页中，如果想把一个CSS样式引用到多个网页元素中，则可使用多个选择器，即在选择器的位置引用多个选择器名称，并且选择器名称之间用逗号分隔，如图6-45所示。

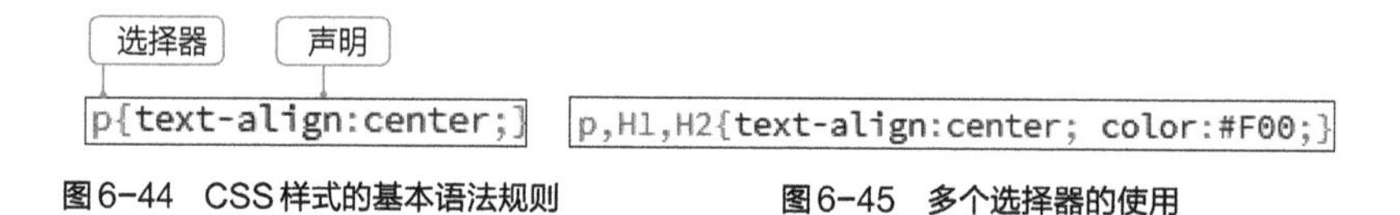

图6-44　CSS样式的基本语法规则　　图6-45　多个选择器的使用

6.2.4 CSS 样式表的类型

CSS样式表位于网页文档的<head></head>标签之间，其作用范围由Class或其他符合CSS规范的文本进行设置。而CSS样式表则包括类、ID、标记和复合内容4种类型，下面分别进行介绍。

1. 类

类是用户自定义的用来设置一个独立格式的样式，在网页文档中可以对选定的区域应用这个自定义的样式。如定义一个.max样式，样式代码如图6-46所示。而引用.max样式的区域，则会引用自定义中的样式，其样式表示字体大小为14像素，加粗，颜色值#93F（紫色）。

```
.max{font-size:14px; font-weight:bold; color:#93F;}
```

图6-46　定义类CSS样式

2. ID

ID与类相似，都是用户自定义的样式，并且都是某个标记中包括的特定属性。在引用时，ID的CSS样式前是用“#”，而类的CSS样式前则使用“.”。另外，类可以分配给任何数量的元素，而ID只能在某个HTML标记中使用一次，并且其ID名称样式也是唯一的。如果同一个HTML标记中同时存在ID和类，则优先使用ID中定义的CSS样式。图6-47所示为定义的ID的CSS样式。

3. 标记

标记表示HTML中自带的标记样式，而使用CSS样式的意义就是将HTML中自带的标记元素的样式进行重定义。图6-48所示为定义的标记img，该标记是用来设置图像格式的，如果应用了图中的CSS语句，那么网页中的所有图像都会引用相同的样式。

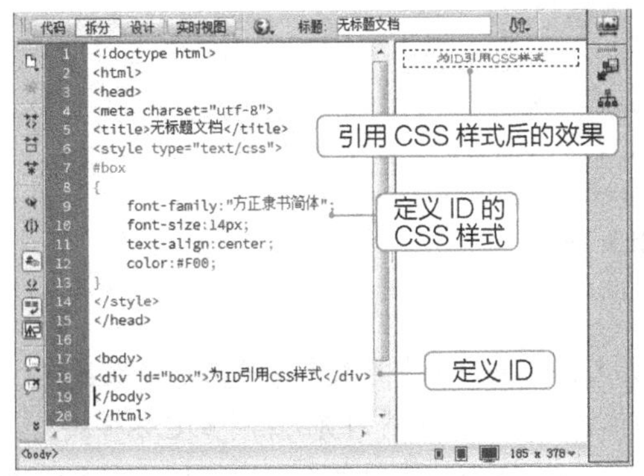

图6-47 定义ID的CSS样式

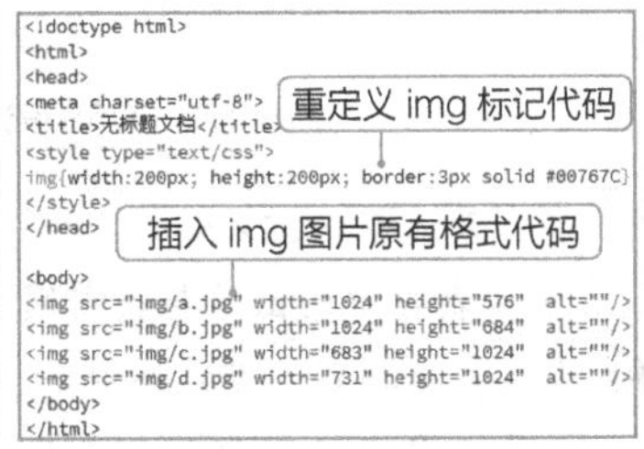

图6-48 重定义img标记代码及效果

提示 重定义img中的CSS样式表示设置图像的宽和高都为200像素，边框为3像素的实线，边框颜色为墨绿色（#00767C）。

4. 复合内容

在网页文档中，用户为了同时改变多个类、标记或ID样式所创建的CSS样式表，称为复合内容，并在包含的复合规则样式表中的所有类型都会引用相同的CSS样式。例如，图6-49所示的复合类型，代码a标记是用来设置超链接的，而a:visited表示超链接已访问类型。

```
a:visited
    {
        font-family:"方正流行体简体";
        font-size:14px;
        text-decoration:none;
        color:#F00;
    }
```

图6-49 已访问超链接的CSS样式

提示 已访问超链接的CSS样式代码分别表示字体为方正流行体简体，字体大小为14像素，访问后的超链接没有下划线，字体颜色为红色（#F00）。

6.2.5 认识CSS设计器

Dreamweaver CC中的CSS设计器与旧版本的不同，是一个综合性面板，可以可视化地创建CSS文件、规则，设置属性和媒体查询。

而在Dreamweaver CC中，要打开“CSS设计器”面板，可以通过选择【窗口】/【CSS设计器】命令或按【Shift+F11】组合键来实现，如图6-50所示。

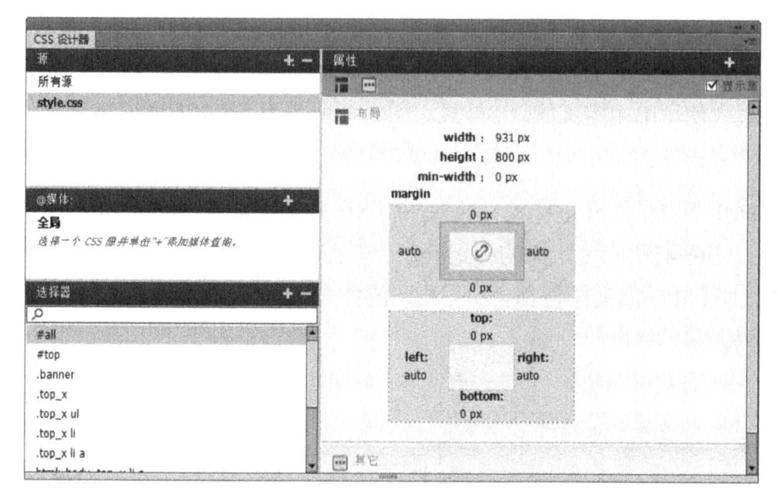

图6-50 “CSS设计器”面板

“CSS设计器”面板中相关选项的含义如下。

- “源”列表框：在该列表框中列出了与当前网页文档有关的所有样式表。使用该列表窗口，可以创建CSS样式表，并附加到网页文档中，当然也可以定义当前网页文档中的CSS样式。
- “@媒体”列表框：用于设置在“源”列表框窗口中所选源的全部媒体查询。如果不选择特定的CSS，则此列表框窗口将显示与文档关联的所有媒体查询。
- “选择器”列表框：在“源”列表框窗口中列出所选源中的全部选择器。如果同时还选择了一个媒体查询，则此窗口会为该媒体查询缩小选择器列表的范围。如果没有选择CSS或媒体查询，则此列表框窗口将显示文档中的所有选择器。
- “属性”列表框：在该列表框窗口中显示所选择的选择器中的所有属性。

技巧 CSS设计器是与当前网页文档的上下文相关联的，对于任何指定页面元素，用户都可以查看关联的选择器和属性。即在CSS设计器中选择某个选择器时，相关联的源和媒体查询将在各自的窗口中高亮显示。

6.2.6 创建样式表

在Dreamweaver CC中，将CSS样式按照使用方法进行分类，可以分为内部样式和外部样式。如果CSS样式创建到网页内部，则可以选择创建内部样式，但创建的内部样式只能应用到一个网页文档中。如果想在其他网页文档中应用，则可创建外部样式。

1. 创建内部样式

在Dreamweaver CC中创建内部样式，只需在“CSS设计器”面板中进行操作，其方法为：切换到“拆分”视图，将插入点定位到<body></body>标记之间，输入代码，如<h1></h1>，然后选择

【窗口】/【CSS设计器】命令，打开“CSS设计器”面板，在“源”列表框中单击“添加CSS源”按钮，在打开的下拉列表中选择“在页面中定义”选项，在“源”列表框中添加一个<style>源。继续在“源”列表框中选择添加的源，在“选择器”列表框的右侧单击“添加选择器”按钮，在“选择器”列表框中添加的空白文本框中输入选择器的名称，如“h1”，此时会在“属性”列表框中显示关于设置h1的所有属性。在相关选项后进行设置，完成后会在代码文档中自动生成相应的属性代码。

2. 创建并链接外部样式表

在Dreamweaver CC中，不仅可以使用“CSS设计器”面板创建内部样式，还可以链接已经创建好的CSS文件，将其应用到网页中。其方法为：在“CSS设计器”面板中的“源”列表框右侧单击“添加CSS源”按钮，在打开的下拉列表中选择“创建新的CSS文件”选项，打开“创建新的CSS文件”对话框，如图6-51所示，在其中进行相关设置，即可创建外部样式表并进行链接，并且在网页文档中切换到“代码”视图中，则可在<head></head>标记中自动生成链接新建的CSS样式文件，如图6-52所示。创建CSS样式文件后，可使用创建内部样式的方法在“CSS设计器”面板中设置其属性值。

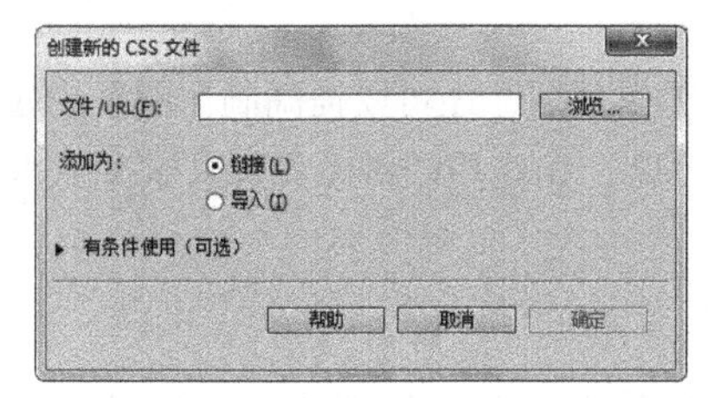

图6-51 “创建新的CSS文件”对话框

图6-52 链接CSS文件的代码

提示 在网页中生成的链接CSS样式文件代码的基本语法为<link href="路径及名称" rel="stylesheet" type="text/css">，其中，rel="stylesheet"表示在浏览器中以哪种方式显示，而type="text/css"表示显示的类型。

“创建新的CSS文件”对话框中相关选项的含义如下。

- “文件/URL”文本框：在该文本框中可显示创建新的CSS文件的路径及名称，同样也可以直接在该文本框中输入CSS文件的存储路径及名称。
- “链接”单选项：单击选中该单选项，可将外部样式表文件链接到网页中。
- “导入”单选项：将外部样式表文件导入到网页文件中。单击选中该单选项后，每个网页文件都要下载样式表代码，所以通常情况下不会选中该单选项，只有在同一个网页中使用第三方样式表文件时才会选中它。
- “有条件使用（可选）”栏：在该栏前单击“展开”按钮，会展开定义媒体查询的相关条件，如图6-53所示。

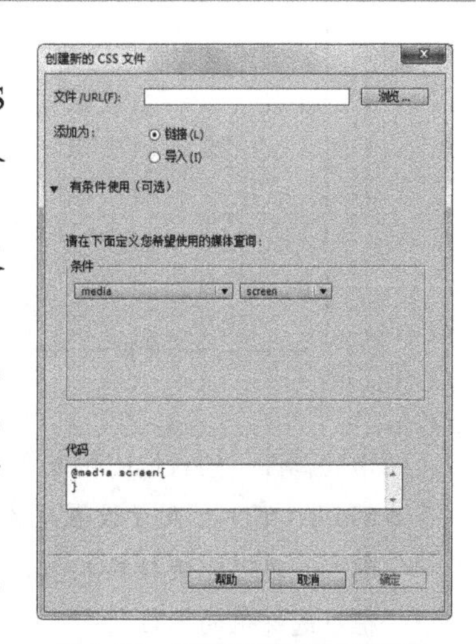

图6-53 设置媒体查询的相关条件

疑难解答 还有其他链接样式表的方法吗?

除了前面介绍的两种样式表的创建和链接外，还可以进行行内嵌入和外部样式表链接。行内嵌入是将CSS样式代码直接嵌入到HTML语言中，使用这种方法可以很简单地对某个元素单独定义样式，主要在body内实现，使用方法是：直接在HTML标记中添加style参数，该参数的内容就是CSS的属性和值，style参数后面引号内的内容相当于在样式表中大括号中的内容。这种方法使用起来比较简单，显示很直观，但无法发挥样式表的优势，不利于网页的加载，且会增大文件的体积，因此不推荐使用这种链接方式。外部样式表链接的方法为：在“CSS设计器”面板的“源”列表框右侧单击“添加CSS源”按钮，在打开的下拉列表中选择“附加现有的CSS文件”选项，打开“使用现有的CSS文件”对话框，在其中进行相关设置即可。需要注意的是，导入外部样式表的路径、方法和链接外部样式表的方法类似，但链接外部样式表的输入方式更简单，实质上使用这种方法时，外部样式表是存在于内部样式表中的。

6.2.7 使用丰富的CSS样式

在网页文档中使用CSS样式，不仅可以减轻设计者的工作负担，还可以提高制作网页的效率。CSS样式表中集中了相关命令，用于实现网页中的特殊效果，如使用CSS样式可以定义文本、列表、背景、表单、图像和光标等各种效果。

1. CSS的布局属性

在“CSS设计器”面板的“属性”列表框中的“按钮”栏中单击“布局”按钮，则可在“属性”列表框中显示关于布局的属性及属性值，如图6-54所示。

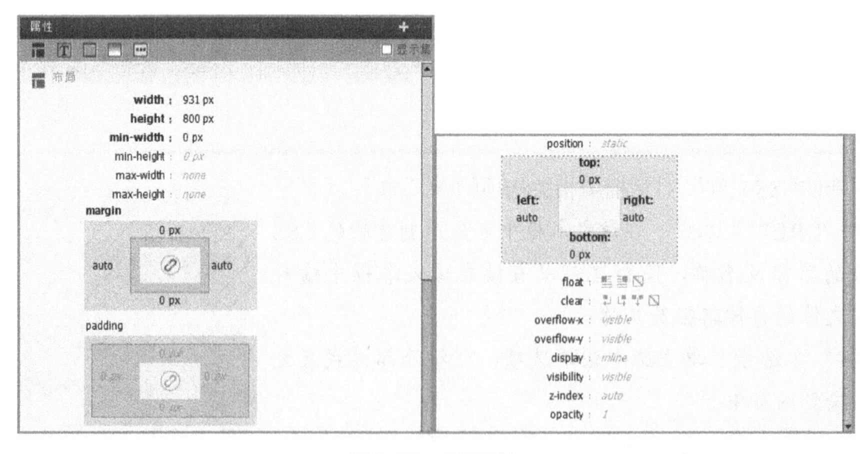

图6-54 布局属性

“布局属性”列表框中相关选项的含义如下。

- width（宽）：用于设置元素的宽度。默认情况下，其宽度为auto（表示浏览器自动控制其宽度），也可以直接输入值，作为元素的宽度。并且在设置宽度的同时，可在右侧的下拉列表框中选择值的单位。

- height（高）：用于设置元素的高度。其作用与操作方法与width相同。
- min-width（最小宽度）：用于设置最小宽度，即元素的宽度可以比指定值宽，但不能小于指定值的宽度。
- min-height（最小高度）：用于设置最小高度，即元素的高度可以比指定值高，但不能小于指定值的高度。
- max-width（最大宽度）：与min-width属性相反，用于设置最大宽度，即在设置时元素的宽度不能超过最大宽度，但可以小于最大宽度。
- max-height（最大高度）：与min-height属性相反，用于设置最大高度，即在设置时元素的高度不能超过最大高度，但可以小于最大高度。
- margin（边界）：用于设置元素边界和其他元素边界的间距。同样，可以在margin属性下方的图形四周直接输入间距值，设置上、下、左和右的边距，然后在各边距位置选择相应的单位，一般使用px（像素）。

提示 margin属性的顺序为上、右、下、左，并且可以分别用不同的属性代替。如margin-top表示上；margin-right表示右；margin-bottom表示下；margin-left表示左。

- padding（填充）：用于填充元素内容和其他元素内容的间距。同样，可以在padding属性下方的图形四周直接输入填充间距的值，设置上、下、左和右的填充间距，然后在各边距位置选择相应的单位，一般使用px（像素）。
- position（位置）：用于设置定位的方式。其中，static（静态），表示应用常规的HTML布局和定位规则，且由浏览器决定元素的左边缘或上边缘；relative（相对），相对于整个网页文档的边框进行定位，可借助属性top、bottom、left和right设置定位的具体位置；absolute（绝对），相对于包含元素的上一级元素进行定位，同样可借助属性top、bottom、left和right设置定位的具体位置，但要随上一级元素的移动而移动；fixed（固定），表示让元素相对于其显示的页面或窗口进行定位。
- float（浮动）：用于设置方框中文本的环绕方式。
- clear（清除）：用于设置层不允许在应用样式元素的某个侧边。
- overflow-x/overflow-y（水平溢出/垂直溢出）：确定当层的内容超出层的大小时的处理方式。其中，visible（可见）属性值，表示使层向右下方扩展的所有内容都可见；hidden（隐藏）属性值：表示保持层的大小并剪辑任何超出的内容；scroll（滚动）属性值，表示在层中添加滚动条，不论内容是否超出层的大小；auto（自动）属性值，用于设置当层的内容超出层的边界时显示滚动条。
- display（显示）：在其中可选择区块中要显示的格式。
- visibility（显示）：用于层的初始化位置。其中，Inherit（继承）属性值，表示将继承父层的可见性属性，如果没有父层，则可见；visible（可见）属性值，表示设置显示层的内容；hidden（隐藏）属性值，不管分层的父级元素是否可见，都隐藏层的内容。
- z-index（Z轴）：确定层的堆叠顺序。编号较高的层显示在编号较低的层的上面。
- opacity（透明）：用于设置一个元素的透明度。如果opacity的属性值为1，则表示元素是完全不透明的；相反，如果该属性值为0，则表示元素是完全透明的。

2. CSS的文本属性

在“CSS设计器”面板的“属性”列表框中的“按钮”栏中单击“文本”按钮，则可在“属性”列表框中显示关于文本的属性及属性值，如图6-55所示。此时可方便、快速地定义各文本的属性样式；也可避免在Deamweaver中设置文本字体和字体大小后，在浏览器中预览时效果与网页文档中显示的不一致的问题。

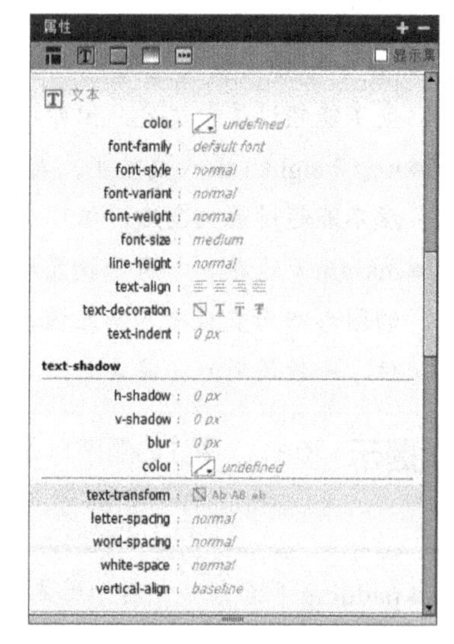

图6-55 文本属性

“文本属性”列表框中相关选项的含义如下。

- color（颜色）：单击“设置颜色”按钮，可以在弹出的颜色面板中，用吸管吸取各种颜色来设置文本的颜色；而单击其后灰色的文本，则可直接输入颜色值（该颜色值由RGB组合而成）。
- font-family（字体）：单击灰色的文本，可在打开的下拉列表中选择合适的选项作为文本的字体。
- font-style（文字样式）：用于设置文本的特殊格式，如normal（正常）、italic（斜体）和oblique（偏斜体）等。
- font-variant（字体变体）：用于设置文本的变形方式，如“小型大写字母”等。
- font-weight（字体粗细）：用于设置文本的粗细程度，也可直接输入粗细值，还可指定字体的绝对粗细程度，如使用bolder和lighter值来得到比父元素字体更粗或更细的字体。
- font-size（字号）：用于设置文本的大小，可以通过选择或直接输入的方法来实现。
- line-height（行高）：用于设置文本行与行之间的距离，可直接输入行高值。
- text-align（文本对齐）：用于设置文本在水平方向上的对齐方式。
- text-decoration（文字修改）：用于设置文本的修饰效果，如underline（下划线）、overline（上划线）、line-through（删除线）和blink（闪烁线）等。
- text-indent（文字缩进）：用于设置文本首行缩进的距离，可以输入负值，但在有些浏览器中不支持。
- h-shadow/v-shadow（水平阴影/垂直阴影）：用于设置文字的水平阴影或垂直阴影效果。
- blur（柔化）：用于设置文字的模糊效果。
- text-transform（文字大小写）：用于设置英文文本的大小写形式，如capticalize（首字母大写）、uppercase（大写）和lowercase（小写）等。
- letter-spacing（字母间距）：用于调整字符的间距。
- word-spacing（单词间距）：用于在字与字之间设置更多的空隙。
- white-space（空格）：用于设置处理空格的方式，其中包括normal（正常）、pre（保留）和nowrap（不换行）3个选项，如果选择“normal”选项，则会将多个空格显示为1个空格；如果选择“pre”选项，则以文本本身的格式显示空格和回车；如果选择“nowrap”选项，则以文本本身的格式显示空格但不显示回车。

- vertical-align（垂直对齐）：用于调整页面元素的垂直位置。

3. CSS 的边框属性

在“CSS设计器”面板的“属性”列表框中的“按钮”栏中单击“边框”按钮，则可在“属性”列表框中显示关于边框的属性及属性值。该列表框可用于设置一个元素的边框宽度、样式和颜色，如图6-56所示。

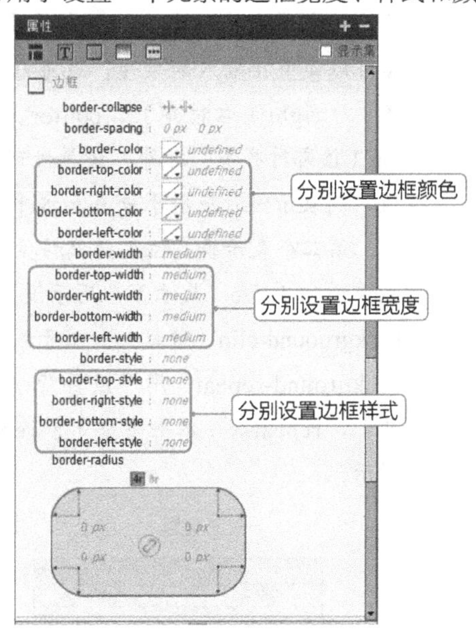

图6-56 “边框属性”列表框

“边框属性”列表框中相关选项的含义如下。

- border-collapse（合并边框）：用于设置表格的边框是否被合并为一个单一的边框，或是分开显示。
- border-spacing（边框间距）：用于指定分隔边框模型中单元格边界之间的距离。在指定的两个长度值中，第一个表示水平间距，而第二个则表示垂直间距。但该属性必须在应用了border-collapse后才能被使用，否则直接忽略该属性。
- border-color（边框颜色）：主要用于设置上、右、下和左的边框使用的颜色。
- border-width（边框宽度）：主要用于设置上、右、下和左的边框的宽度。
- border-style（边框样式）：用于设置边框样式，其中，none（默认）属性值，表示使用默认样式；dotted（点）属性值，表示使用点样式作为边框样式；dashed（破折号）属性值，表示使用破折号样式作为边框样式；solid（实线）属性值，表示使用实线样式作为边框样式；double（双实线）属性值，表示使用双实线样式作为边框样式；groove（凹槽）属性值，表示使用凹槽样式作为边框样式；ridge（脊形）属性值，表示使用的样式边框为脊形状；inset（嵌入）属性值，表示使用的样式边框为立体嵌入形状；outset（外嵌）属性值，表示使用的样式边框为立体外嵌形状。
- border-radius（半径）：用于设置圆角边框的半径值。

4. CSS 的背景属性

在“CSS设计器”面板的“属性”列表框中的“按钮”栏中单击“背景”按钮，则可在“属性”列表框中显示关于背景的属性及属性值。此时，便可利用背景属性设置整个文档的背景颜色或背景图像等，如图6-57所示。

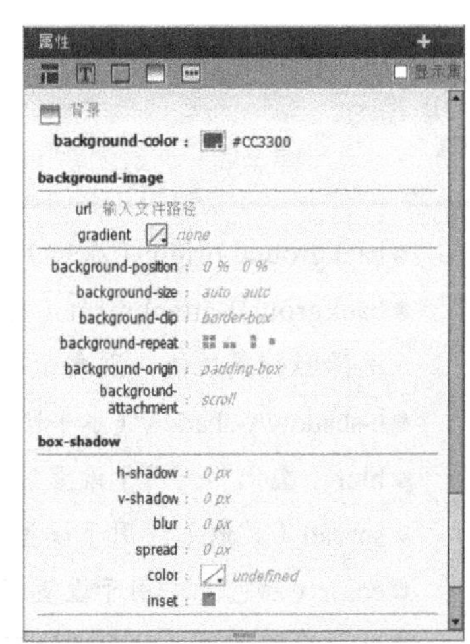

图6-57 “背景属性”列表框

“背景属性”列表框中相关选项的含义如下。

- background-color（背景颜色）：用于设置背景颜色。
- url（路径）：主要用于设置背景图像的路径，即背景图像的来源。

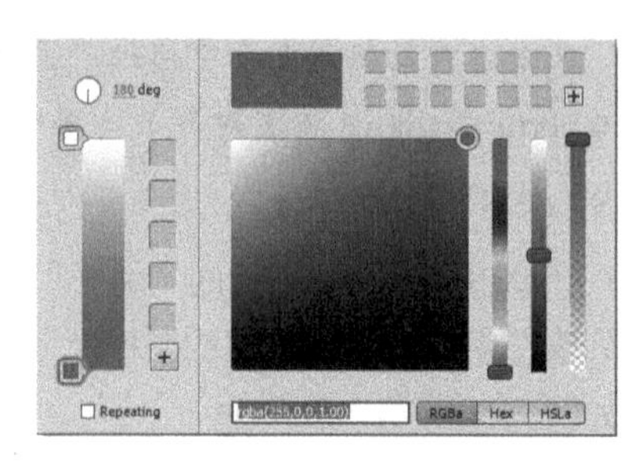
图6-58　颜色调色面板

- gradient（渐变）：单击“设置背景图像渐变”按钮，在弹出的颜色调色面板中，可设置背景颜色的渐变效果，如图6-58所示。
- background-position：主要用于设置背景图像相对于应用样式元素的水平位置或垂直位置，其属性值可以是直接输入的数值，也可以选择left（左对齐）、right（右对齐）、center（居中对齐）和top（顶部对齐）。另外，该属性可以是两个属性值，也可以是一个属性值，如果为一个属性值，则表示同时应用于垂直和水平位置；如果是两个属性值，则第一个表示水平位置的偏移量，第二个表示垂直位置的偏移位置。
- background-size（尺寸）：用于设置背景图像的尺寸。
- backgruound-clip（剪裁）：用于设置背景的绘制区域。
- background-repeat：用于设置背景图像的重复方式，包括no-repeat（不重复）、repeat（重复）、repeat-x（水平重复）和repeat-y（垂直重复）4个选项，各个选项的效果如图6-59所示。

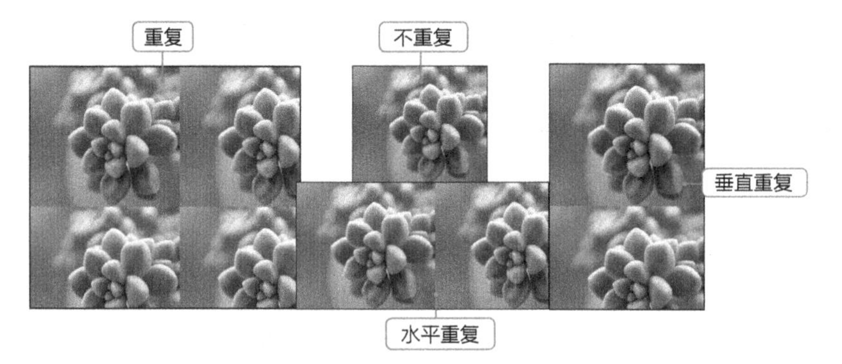

图6-59　设置背景图像的重复方式

提示　默认情况下，浏览器在解析该样式时，将在显示区域的左上角开始放置背景图像，并将图像平铺至同一区域的右下角。

- background-origin（原始）：用于规定背景图像的定位区域。
- background-attachment（背景固定）：用于固定背景图像是随对象内容滚动还是固定。如果选择fixed属性值，则表示固定；如果选择scroll属性值，则表示滚动。
- h-shadow/v-shadow（水平阴影/垂直阴影）：用于设置背景图像的水平阴影或垂直阴影效果。
- blur（柔化）：用于设置容器的模糊效果。
- spread（扩散）：用于设置容器的阴影大小效果。
- color（颜色）：用于设置容器的阴影颜色。
- inset（内嵌）：用于将外部阴影调整为内部阴影。

5. 其他 CSS 属性

在“CSS设计器”面板中，除了上述所介绍的各种CSS属性以外，还可单击“其他”按钮，在“其他属性”列表框中进行设置，如图6-60所示。

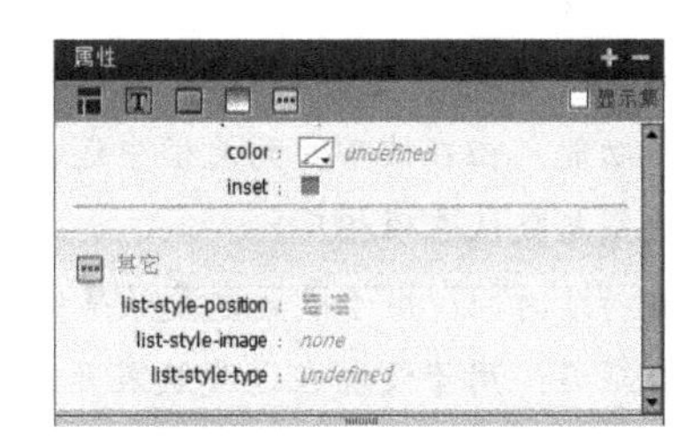

图6-60 “其他属性”列表框

“其他属性”列表框中相关选项的含义如下。

- list-style-position（位置）：主要用于设置列表项的换行位置，在其中可接受两个属性值，分别为inside和outside。
- list-style-image（项目符号图像）：主要设置以图像作为无序列表的项目符号。
- list-style-type（列表类型）：主要用于决定有序和无序列表项如何显示在识别样式的浏览器上。也可为每行的前面加上项目符号和编号，用于区分不同的文本行。

6.2.8 CSS 过渡效果的应用

在Dreamweaver CC中，CSS过渡效果与旧版本有所不同，CSS过渡效果直接归纳到“CSS过滤效果”面板中，这样使用起来更加方便。在网页中使用CSS过渡效果可以对网页元素应用一些特殊的效果，下面将对CSS过渡效果的创建、编辑和删除操作进行介绍。

1. 新建 CSS 过渡效果

在Dreamweaver CC中新建过渡效果很方便、快捷，其方法为：选择【窗口】/【CSS过渡效果】命令，打开“CSS过渡效果”面板，单击“新建过渡效果”按钮，打开“新建过渡效果”对话框，如图6-61所示，在其中进行相关设置，设置完成后，在“CSS过渡效果”面板中将显示添加的CSS过渡效果，如图6-62所示。

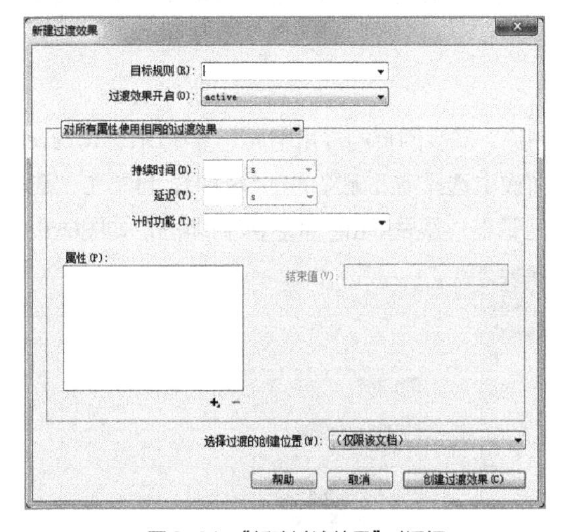

图6-61 “新建过渡效果”对话框

图6-62 查看添加的CSS过渡效果

“新建过渡效果”对话框中相关选项的含义如下。

- 目标规则：选择当前网页中任意元素的选择器。
- 过渡效果开启：选择需要应用过渡效果的状态。如“hover”选项表示当鼠标指针指向元素时的过渡效果。

- 对所有属性使用相同的过渡效果：表示为所选择的选择器设置相同的持续时间、延迟和计时功能。但在该下拉列表框中还包括“对每个属性使用不同的过渡效果”选项，该选项的功能则与默认选项相反。
- 持续时间：用于设置过渡效果的持续时间，以秒（s）或毫秒（ms）为单位。
- 延迟：用于设置在过渡效果开始之前的时间，同样以秒（s）或毫秒（ms）为单位。
- 计时功能：从可用选项中选择过渡效果的样式，其中包括“cubic-bezier（x1,y1,x2,y2）”“ease”“ease-in”“ease-out”“ease-in-out”和“linear”6个选项。

知识链接
计时功能的属性值

- 属性：向过渡效果添加CSS属性。
- 结束值：表示过渡效果的结束值。
- 选择过滤的创建位置：用于设置创建过渡效果应用的位置，默认应用到当前网页文档。

2. 编辑 CSS 过渡效果

在Dreamweaver CC中预览创建好的CSS过渡效果后，若发现效果不理想或还想添加其他过渡效果，则可使用“CSS过渡效果”面板来编辑CSS过滤效果。下面将分别介绍编辑CSS过渡效果的方法。

- 通过双击编辑：在“CSS过渡效果”浮动面板中，找到需要编辑的CSS过渡效果选项，然后双击鼠标左键，则可打开“编辑过渡效果”对话框（该对话框与“创建过渡效果”对话框相同）修改过渡效果的各种属性及过渡样式。
- 通过按钮编辑：在“CSS过渡效果”面板中，找到需要编辑的CSS过渡效果选项，然后单击“编辑所选过渡效果”按钮，打开“编辑过渡效果”对话框，在其中编辑过渡效果的属性及过渡样式即可。

3. 删除 CSS 过渡效果

如果不需要某个CSS过渡效果，可将其删除，减少网页的占用空间。要在Dreamweaver CC中删除CSS过渡效果，直接在“CSS过渡效果”面板中选择需要删除的过渡效果，再单击“删除选定的过渡效果”按钮，打开“删除过渡效果”对话框，然后单击删除按钮即可，如图6-63所示。

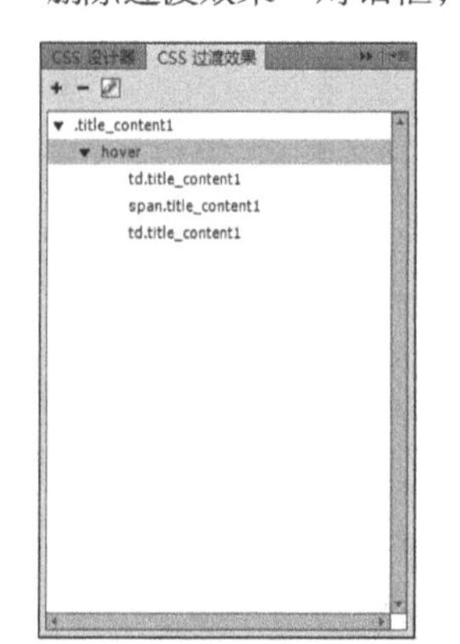

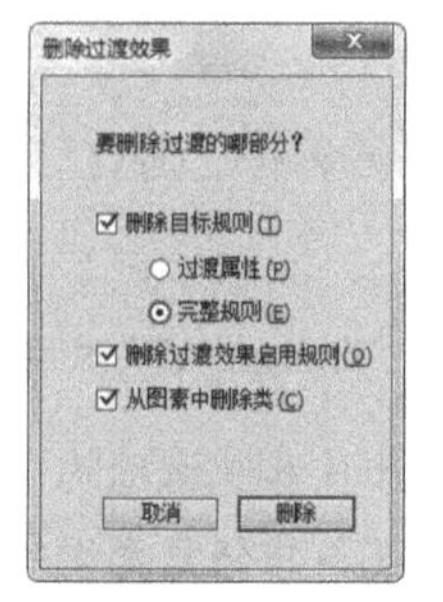

图6-63　删除CSS过渡效果

提示 在“删除过渡效果”对话框中，单击选中“过渡属性”单选项，则只会删除所选过渡效果设置的属性值，而不会将整个过渡效果删除。

课堂练习——为网页设置CSS样式表

本练习将为“ysb.html”（素材\第6章\课堂练习\ysb.html）网页文件制作CSS样式表部分，主要采用直接创建内部样式的方式来实现，涉及样式表的创建、属性的设置等知识点，完成后的样式表代码效果如图6-64所示（效果\第6章\课堂练习\ysb.html）。

```
5  <style type="text/css">
6  #all {  background-color: #f5f5f5;  float: left;    height: 2300px; width: 1920px;}
7  #top {  float: left;    height: 890px;  width: 1920px;}
8  #middle {    float: left;    height: 6720px; width: 1920px;}
9  #middle {    float: left;    height: 1290px; width: 1920px;}
10 #botten {    background-color: #e6e6e6;  float: left;    height: 120px;  width: 1920px;}
11 .cenyer {    float: left;    height: 1290px; width: 1230px;  margin-right: 345px;    margin-left: 345px;}
12 .dcenter {  height: 120px;  width: 1230px;  margin-right: 345px;    margin-left: 345px;}
13 .dt {    background-color: #5e5353;  float: left;    height: 40px;   width: 1920px;  padding-right: 345px;   padding-left: 345px;    line-height: 40px;}
14 .flbt { float: left;    height: 100px;  width: 1920px;  padding-right: 345px;   padding-left: 345px;    background-color: #FFF;}
15 .hbz {  float: left;    height: 130px;  width: 1230px;  font-family: "微软雅黑"; font-size: 36px;    line-height: 120px; color: #FFF;    text-align: center;}
16 .hbfl { float: left; height: 170px; width: 180px; margin-left: 75px; font-family: "微软雅黑"; font-size: 16px; line-height: 40px; font-weight: bold; color: #FFF; text-align: center;}
17 .banner {    float: left;    height: 450px;  width: 1920px;}
18 .hb {    background-color: #555555;  float: left;    height: 300px;  width: 1230px;  padding-right: 345px;   padding-left: 345px;}
19 .dhl {  font-family: "微软雅黑"; font-size: 16px;    line-height: 40px;  color: #FFF;    float: left;    height: 40px;   width: 100px;   text-align: center;}
20 .dhz {  font-family: "微软雅黑"; font-size: 16px;    line-height: 40px;  color: #FFF;    text-align: center; float: left;    height: 40px;   width: 100px;   margin-left: 330px;}
21 .btbz { float: left;    height: 100px;  width: 134px;}
22 .flbtl {    font-family: "微软雅黑"; font-size: 18px;    line-height: 100px; font-weight: bold;  color: #333;    text-align: center; float: left;    height: 100px;  width: 120px;}
23 .btss { float: left;    height: 100px;  width: 307px;   margin-left: 189px;}
24 .hbfl2 {    float: left;    height: 170px;  width: 180px;   font-family: "微软雅黑"; font-size: 16px;    line-height: 40px;  font-weight: bold;  color: #FFF;    text-align: center;}
25 .gjz {  font-family: "微软雅黑"; font-size: 14px;    line-height: 40px;  color: #333;    float: left;    height: 40px;   width: 1230px;  padding-left: 20px;}
26 .cpzc { font-family: "微软雅黑"; float: left;    height: 300px;  width: 1230px;  border-bottom-width: 2px;   border-bottom-style: solid; border-bottom-color: #333;}
27 .bzfl { font-family: "微软雅黑"; font-size: 24px;    line-height: 50px;  color: #333;    text-align: center; float: left;    height: 80px;   width: 1230px;  padding-top: 40px;}
28 .bzflx {    background-color: #FFF; float: left;    height: 130px;  width: 615px;   border-right-width: 1px;    border-bottom-width: 1px;   border-right-style: solid;
29 border-bottom-style: solid; border-right-color: #CCC;   border-bottom-color: #CCC;}
30 .fl {   font-family: "微软雅黑"; font-size: 18px;    line-height: 70px;  font-weight: bold;  color: #333;    float: left;    height: 70px;   width: 480px;}
31 #all #middle .cenyer .bzflx table tr td {    font-family: "微软雅黑";}
32 .cpzc1 {    font-family: "微软雅黑"; font-size: 24px;    text-align: center; float: left;    height: 40px;   width: 1230px;}
33 .cpzc2 {    font-family: "微软雅黑"; font-size: 12px;    color: #333;    float: left;    height: 260px;  width: 307px;}
34 .cpzc2s {   float: left;    height: 210px;  width: 307px;   line-height: 210px; text-align: center;}
35 .cpzc2x {   font-family: "微软雅黑"; font-size: 14px;    line-height: 50px;  color: #333;    text-align: center; float: left;    height: 50px;   width: 307px;}
36 .bzflx2 {   float: left;    height: 130px;  width: 612px;   border-left-width: 1px; border-left-style: solid;   border-left-color: #CCC;    background-color: #FFF; border-bottom-width: 1px;
   border-bottom-style: solid; border-bottom-color: #CCC;}
37 .bzfl2z {   text-align: center; float: left;    height: 93px;   width: 90px;    margin-left: 40px;  margin-top: 37px;}
38 .bzfl2y {   float: left;    height: 130px;  width: 480px;}
39 .bzfl2ys {  font-family: "微软雅黑"; font-size: 18px;    line-height: 50px;  font-weight: bold;  color: #333;    float: left;    height: 50px;   width: 480px;   margin-top: 25px;}
40 .bzfl2yx {  font-family: "微软雅黑";
41     font-size: 14px;    color: #333;    float: left;    height: 50px;   width: 480px;}
42 .bzfl3 {    float: left;    height: 130px;  width: 615px;   border-top-width: 1px;  border-right-width: 1px;    border-top-style: solid;    border-right-style: solid;  border-top-color: #CCC;
   border-right-color: #CCC;   background-color: #FFF;}
43 .bzfl4 {    float: left;    height: 130px;  width: 613px;   border-top-width: 1px;  border-left-width: 1px; border-top-style: solid;    border-left-style: solid;   border-top-color: #CCC;
   border-left-color: #CCC;    background-color: #FFF;}
44 .gdgtfs {   background-color: #FFF; float: left;    height: 220px;  width: 1230px;}
45 .gdfsz {    font-family: "微软雅黑"; font-size: 24px;    color: #999933; float: left;    height: 220px;  width: 500px;}
46 #all #middle .cenyer .gdgtfs .gdfsz table tr td {   text-align: center; font-size: 24px;}
47 .gdgtfsy {  float: left;    height: 220px;  width: 730px;}
48 .sm {   float: left;    height: 271px;  width: 1230px;}
49 .ywz {  float: left;    height: 100px;  width: 134px;   padding-left: 141px;    padding-top: 20px;}
50 .ywy {  float: left;    height: 120px;  width: 955px;}
51 #all #botten .dcenter .ywy table tr td {    font-family: "微软雅黑";}
52 .dhl a:link {   color:#FFF; text-decoration: none;}
53 .gjz a:link {   color:#333; text-decoration: none;}
54 a:visited { color:#FFF;text-decoration: none;}
55 a:hover {   color: #F90;    text-decoration: none;}
56 a:active {  color: #333;    text-decoration: none;}
57 a:link {    text-decoration: none;}
58 </style>
59
```

图6-64 “ysb”网页

6.3 DIV+CSS美化网页

在HTML网站设计标准中，许多设计师不再采用表格定位技术，而是采用DIV+CSS结构来布局和定位网页。下面具体介绍DIV的相关知识。

6.3.1 课堂案例——制作花火植物家居馆首页

案例目标：使用 DIV+CSS 可以精确地对网页进行布局设计，本例将采用 DIV+CSS 来设计花火植物家居馆首页，设计时，先创建DIV，然后在其中进行布局设计，最后再通过CSS样式进行美化设计，完成后的参考效果如图6-65所示。

视频教学
制作花火植物家居馆首页

知识要点： 创建DIV；创建CSS样式；HTML5结构元素。

素材文件： 素材\第6章\课堂案例\images

效果文件： 效果\第6章\课堂案例\index.html

图6-65　花火植物家居馆首页

其具体操作步骤如下。

STEP 01 在Dreamweaver CC中新建“index.html”网页文档，然后将插入点定位到网页文档的空白区域中，按【Shift+F11】组合键，打开“CSS设计器”面板，在“源”面板中单击“添加CSS源”按钮，在打开的下拉列表中选择“创建新的CSS文件”选项，如图6-66所示。

STEP 02 打开“创建新的CSS文件”对话框，在“文件/URL”文本框后单击浏览...按钮，打开“将样式表文件另存为”对话框，在“保存在”下拉列表框中选择保存位置，然后在“文件名”文本框中输入CSS文件的名称“hhzwjjgsy”，再单击保存(S)按钮，如图6-67所示。

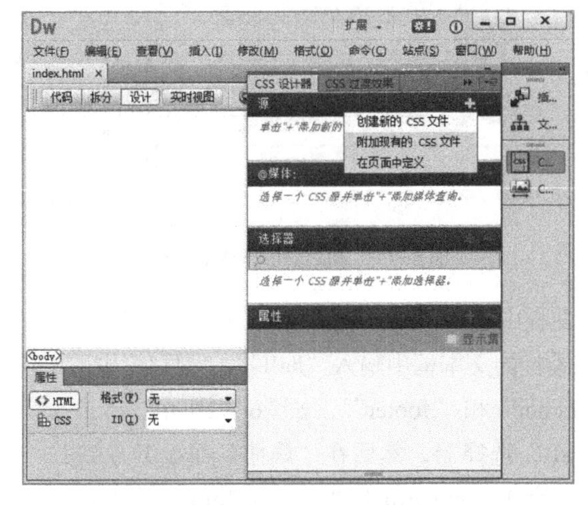

图6-66 选择“创建新的CSS文件”选项

图6-67 设置CSS文件的保存位置

STEP 03 返回到“创建新的CSS文件”对话框中，即可查看到CSS文件的保存位置，然后单击确定按钮，如图6-68所示。

STEP 04 返回到网页文档中，在“筛选相关文件”栏中可看到创建的CSS文件，然后选择【插入】/【结构】/【Div】命令，打开“插入Div”对话框，在“ID”下拉列表框中输入“all”，单击确定按钮，即可在网页文档中插入ID属性为“all”的DIV元素，如图6-69所示。

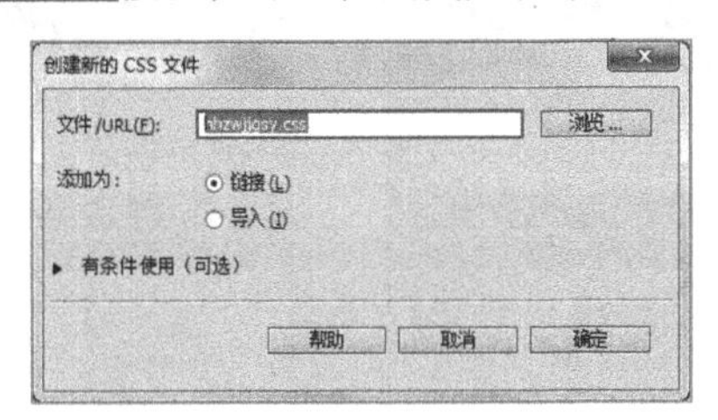

图6-68 查看CSS文件路径

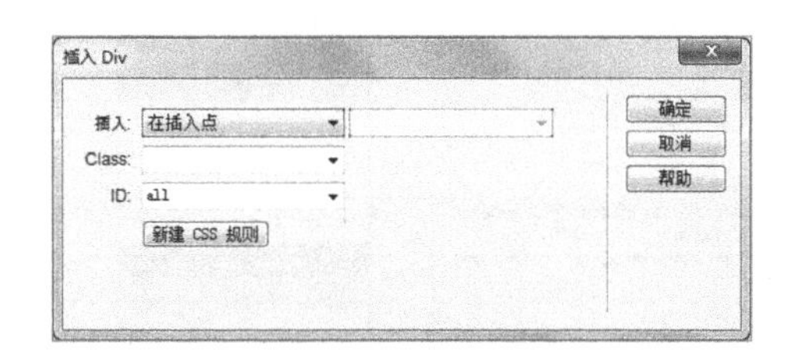

图6-69 插入DIV元素

STEP 05 删除插入的DIV元素中的文本内容，在“插入”面板中选择“结构”选项，切换到结构分类列表中，然后单击“页眉”按钮，打开“插入Header”对话框，然后直接单击确定按钮，插入Header元素，如图6-70所示。

STEP 06 使用插入DIV元素和Header元素的方法，在Header元素下方插入一个名为“container”的DIV元素和Footer元素，切换到“代码”视图中，则可查看到Dreamweaver CC中自动生成的标记代码。将各标记代码中的文本内容删除，效果如图6-71所示。

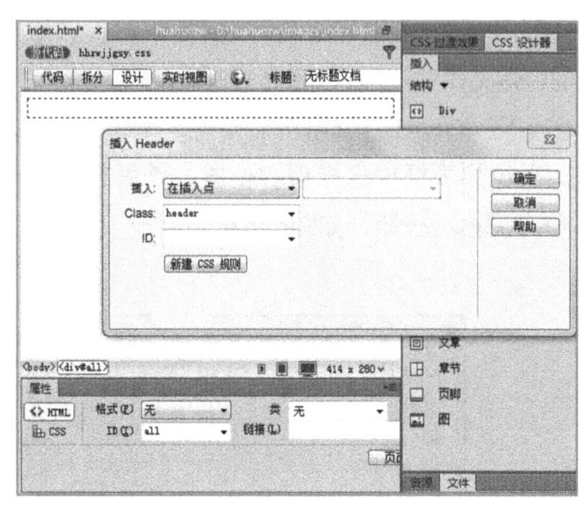

图6-70 插入Header元素

图6-71 添加其他元素并查看标记代码

STEP 07 在“CSS设计器”面板的“源”面板中选择“hhzwjjgsy.css”选项，然后在“选择器”面板右侧单击“添加选择器”按钮，再在添加的文本框中输入“#all”，然后使用相同的方法添加其他几个选择器，分别为“.header”“.container”和“.footer”，如图6-72所示。

STEP 08 在“选择器”面板下方选择“#all”选择器，然后在“属性”面板下方单击“布局”按钮，再设置width（宽度）、height（高度）、margin（边距）和float（浮动）分别为1 920px、2 000px、0px和Left，如图6-73所示。

STEP 09 继续在“选择器”面板中选择“.header”选择器，然后在“属性”面板中设置width（宽度）、height（高度）、margin（边距）和float（浮动）分别为1 920px、630px、0px和Left，如图6-74所示。

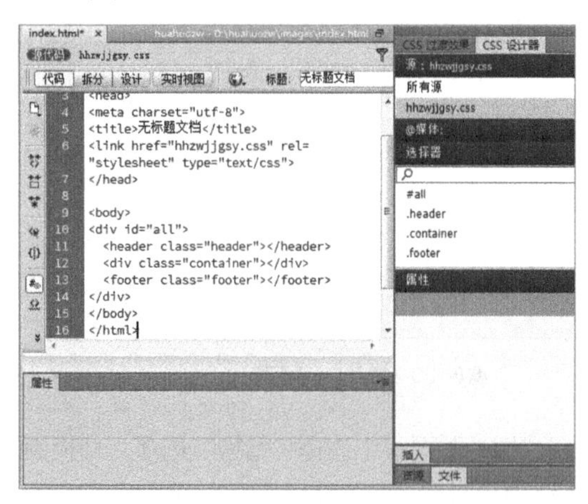

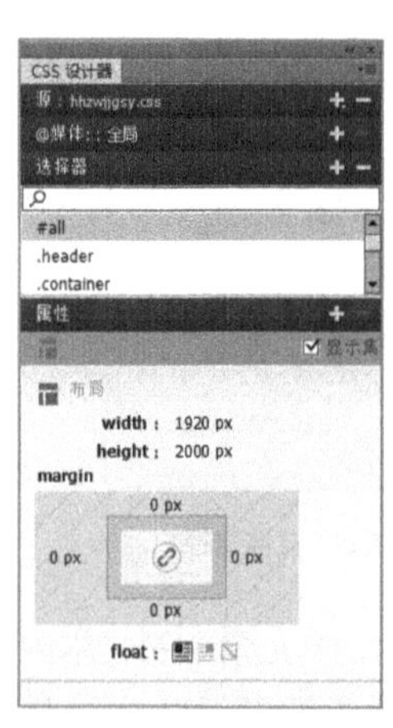

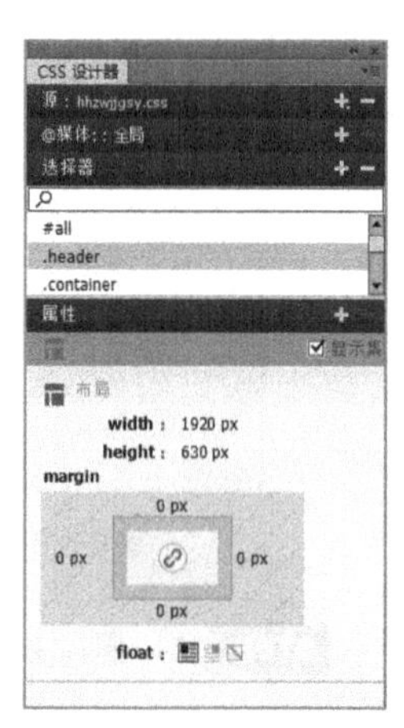

图6-72 添加选择器

图6-73 设置all的属性值

图6-74 设置header的属性值

STEP 10 使用相同的方法分别为“.container”设置width（宽度）、height（高度）和float（浮动）为1 920px、1 270px和Left；为“.footer”设置width（宽度）、height（高度）、float（浮动）和background-color（背景颜色）为1 920px、100px、Left和#b4b4b4，如图6-75所示。

STEP 11 将插入点定位到<header></header>元素之间，在其中插入一个DIV，将其名称更改为“dl”，然后选择【插入】/【结构】/【项目列表】命令，插入ul元素，再执行3次选择【插入】/

【结构】/【列表项】命令，在其中输入相关文本。使用相同的方法添加一个名为“bz”的DIV，然后在其中插入相关的图像，如图6-76所示。

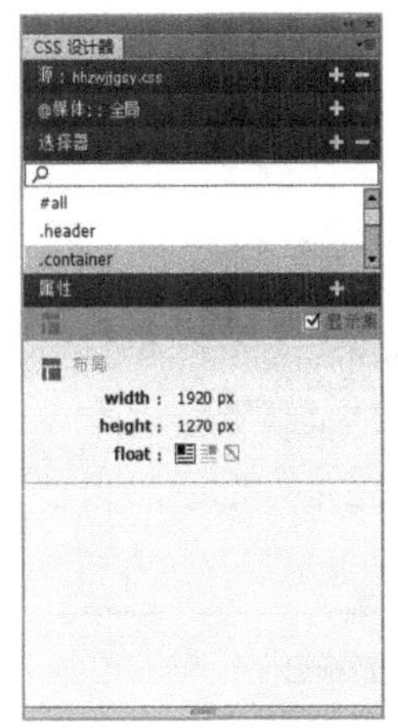

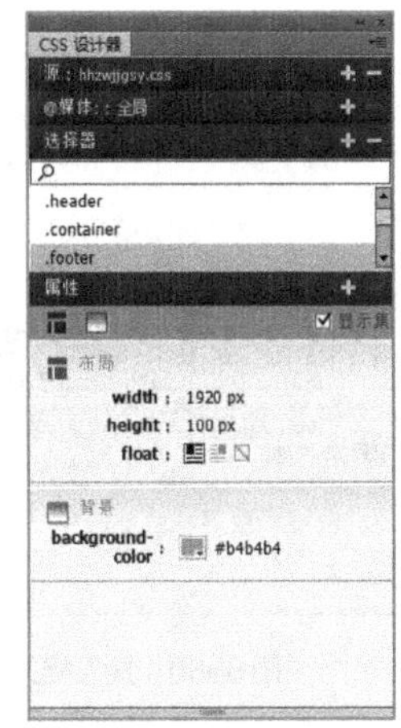

图6-75　设置container和footer的属性值

图6-76　添加相关选择器并设置其内容

STEP 12 将插入点定位到“bz”DIV标记后，在“插入”面板的“结构”栏中单击“Navigation”按钮，插入nav标记，并将插入点定位到<nav></nav>标记之间，然后插入列表元素并添加内容，添加的所有元素及内容都会在“代码”视图中生成相应的代码，最后再添加一个名为“banner”的DIV，并在其中添加相关的内容，如图6-77所示。

STEP 13 在“CSS设计器”面板的“选择器”面板下添加“.dl”和“.dl ul li”选择器，并分别为其添加属性值，如图6-78所示。

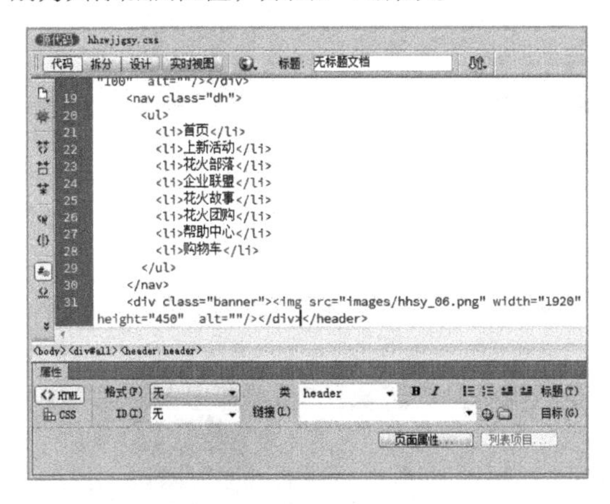

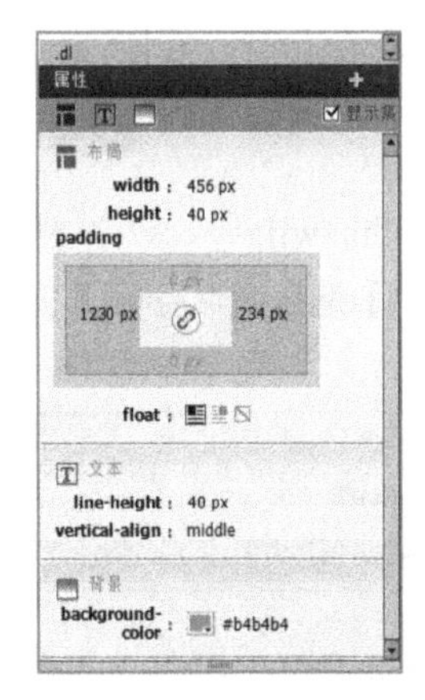

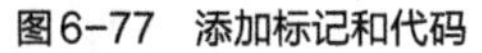
图6-77　添加标记和代码

图6-78　设置相关属性值

STEP 14 继续使用相同的方法分别为“.bz”“.dh”“.dh ul li”和“.banner”选择器设置相关的属性值，如图6-79所示。

STEP 15 将插入点定位到“container”DIV中，然后在其中添加相关标记代码和内容，如图6-80所示。

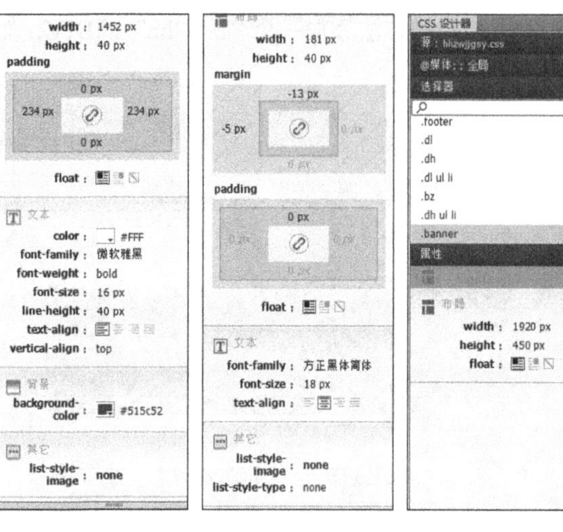

图6-79　设置相关属性值

图6-80　插入相关代码标记

STEP 16 使用前面介绍的方法在“CSS”设计器中添加相关的选择器，然后在“属性”面板中设置相关的属性，如图6-81所示。

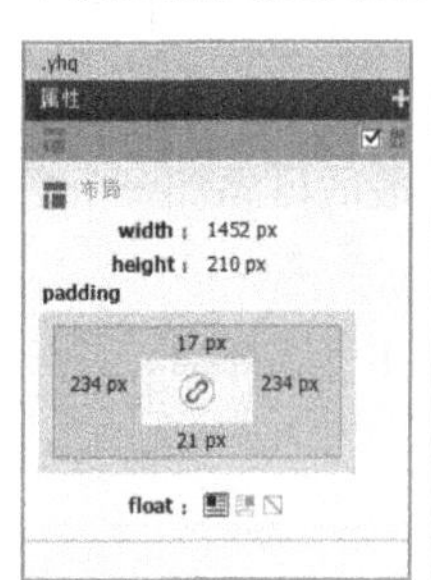

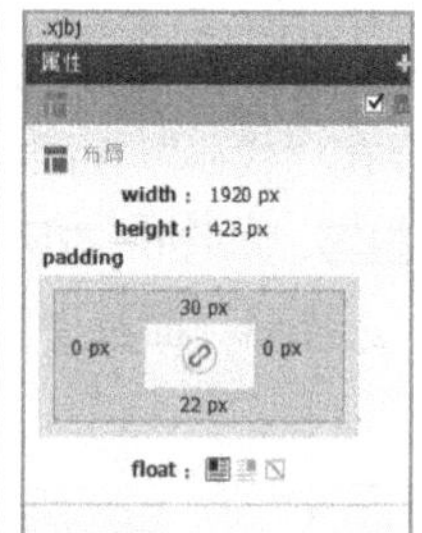

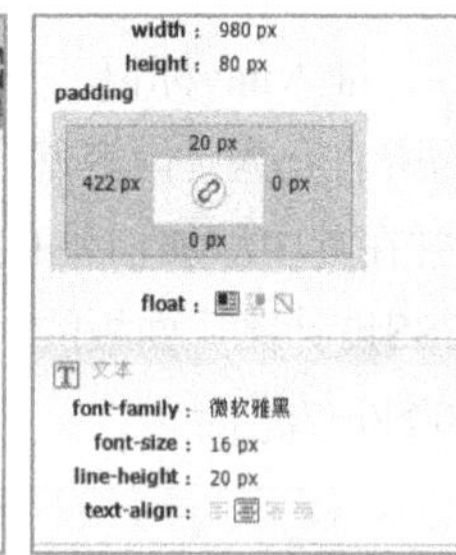

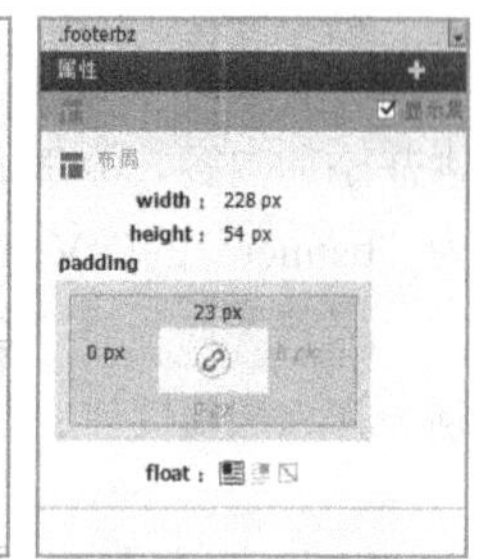

图6-81　设置相关的属性

STEP 17 切换到“hhzwjjgsy.css”文件中，按【Ctrl+S】组合键将其保存。然后切换到“设计”视图中，按【Ctrl+S】组合键保存网页，效果如图6-82所示。按【F12】键启动浏览器，预览效果即可。

图6-82　切换到设计页面查看

6.3.2 认识DIV标签

DIV（Divsion）区块，也可以称为容器，在Dreamweaver中使用DIV与其他HTML标签的方法一样。在布局设计中，DIV承载的是结构，采用CSS可以有效地对页面中的布局、文字等进行精确的控制。DIV+CSS完美实现了结构和表现的结合，对于传统的表格布局是一个很大的冲击。

6.3.3 认识DIV+CSS布局模式

DIV+CSS布局模式是根据CSS规则中涉及的margin（边界）、border（边框）、padding（填充）、content（内容）来建立的一种网页布局方法，图6-83所示即为一个标准的DIV+CSS布局结构，左侧为代码，右侧为效果图。

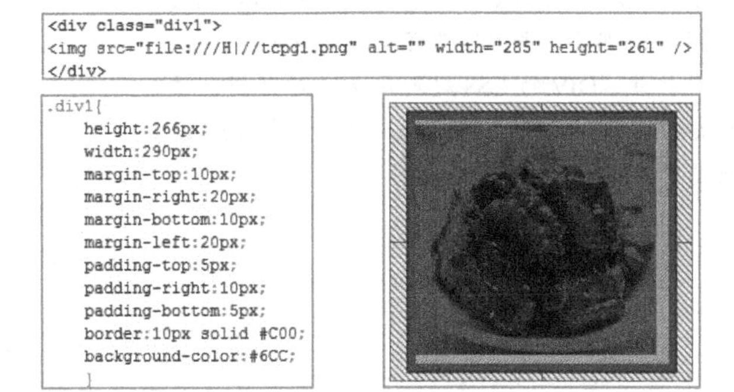

图6-83 DIV+CSS布局

提示 盒子模型是DIV+CSS布局的通俗说法，是将每个HTML元素当成一个可以装东西的盒子，盒子里面的内容到盒子的边框之间的距离为填充（padding），盒子本身有边框（border），而盒子边框外与其他盒子之间还有边界（margin）。每个边框或边距，又可分为上、下、左、右4个属性值，如margin-bottom表示盒子的下边界属性，background-image表示背景图像属性。在设置DIV大小时需要注意，CSS中的宽和高指的是填充以内的内容范围，即一个DIV元素的实际宽度为左边界+左边框+左填充+内容宽度+右填充+右边框+右边界，实际高度为上边界+上边框+上填充+内容高度+下填充+下边框+下边界。盒子模型是DIV+CSS布局页面时非常重要的概念，只有掌握了盒子模型和其中每个元素的使用方法，才能正确布局网页中各个元素的位置。

6.3.4 插入DIV元素

在Dreamweaver CC中插入DIV元素的方法相当简单，只需在定位插入点后，选择【插入】/【Div】命令或选择【插入】/【结构】/【Div】命令，打开“插入Div”对话框，如图6-84所示。设置Class和ID的名称等，单击 确定 按钮即可。

“插入Div”对话框中相关选项的含义如下。

- “插入”下拉列表框：在该下拉列表框中可选择DIV标签的位置及标记名称。
- “Class”文本框：用于显示或输入当前应用标记的类样式。

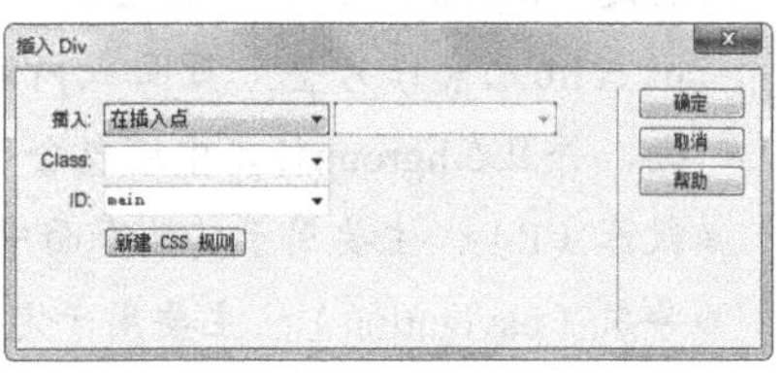

图6-84 “插入Div”对话框

- “ID”文本框：用于选择或输入DIV的ID属性。
- 新建 CSS 规则 按钮：单击该按钮，可打开“新建CSS规则”对话框，为插入的DIV标记创建CSS样式。

疑难解答 | “新建 CSS 规则”对话框有什么用?

“新建CSS规则”对话框主要用来定义CSS的类型、选择器名称及CSS规则的引用位置，如图6-85所示。并且定义好各种类型和名称后，还会打开“DIV的CSS规则定义”对话框，该对话框中的所有设置属性及属性值都与CSS设计器中的相同。

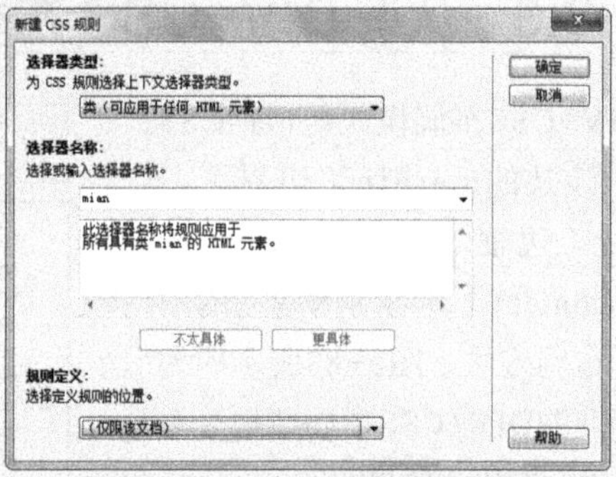

图6-85 “新建CSS规则”对话框

6.3.5 HTML5结构元素

在Dreamweaver CC中，不仅可以单独插入DIV元素，还可以使用HTML5元素，插入有结构的DIV元素，即Dreamweaver CC中新增的HTML5结构元素，它是由多个DIV元素结合而成的。在结构元素中包括画布、页眉、标题、段落、导航、侧边、文章、章节、页脚和图等，如图6-86所示。但HTML5结构元素的插入方法与DIV标签的插入方法完全相同。

下面将介绍各结构元素的代码标记及作用。

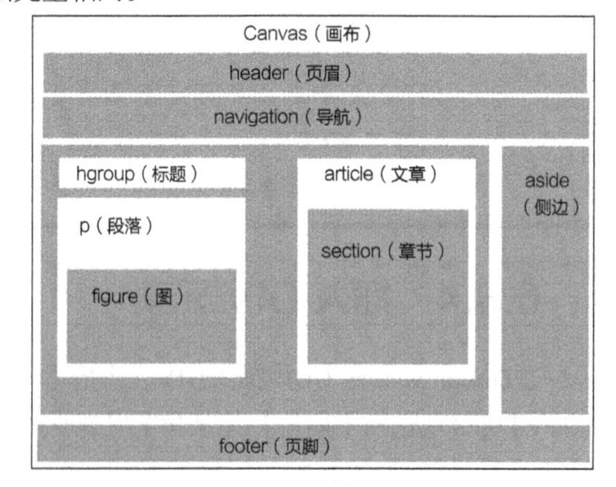

图6-86 结构元素布局示意图

- 画布（Canvas）：HTML5中的画面元素是动态生成的图形容器。这些图形是在运行时使用脚本语言创建的，在画布中可以绘制路径、矩形、圆形、字符和添加图像等，并且在画布元素中包含了ID、高度（height）和宽度（width）等属性。
- 页眉（header）：主要用于定义文档的页眉，在网页中表现为信息介绍部分。
- 标题（hgroup）：在标题元素中通常结合h1～h6元素作为整个页面或内容块的标题，并且在hgroup标记中还包含了<section>标记，表示标题下方的章节。
- 段落（P）：主要用于定义页面中文字的段落。
- 导航（navigation）：主要用于定义导航链接的部分。
- 侧边（aside）：用于定义文章（article）以外的内容，并且aside的内容应该与article中的内容相关。

- 文章（article）：主要用于定义独立的内容，如论坛帖子、博客条目及用户评论等。
- 章节（section）：主要用来定义文档中的各个章节或区段，如章节、页眉、页脚或文档中的其他部分。
- 页脚（footer）：主要用来定义sectiona或docment的页脚，如页面中的版权信息。
- 图（figure）：主要用来规定独立的流内容，如图像、图表、照片或代码等，并且figure元素内容应与主内容相关，如果被删除，也不会影响文档流。另外，该标记还包括<figcaption>标记，用于定义该元素的标题。

6.3.6 使用jQuery UI

在Dreamweaver CC的 jQuery UI中也包含了DIV部分，使用jQuery UI中的DIV部分，可直接在页面中添加预定的布局效果，如Accordion（风琴）、Tabs（标签）、Slider（滑动条）、Dialog（会话）及Progressbar（进度条）等效果。下面将分别进行介绍。

1. 使用Accordion（风琴）

Dreamweaver CC中的jQuery UI Accordion元素其实是一个由多个面板组成的手风琴小器件，使用该元素可以实现展开/折叠效果。其使用方法为：选择【插入】/【jQuery UI】/【Accordion】命令，或者在“插入”面板的“jQuery UI”分类下单击“Accordion”按钮，即可插入Accordion元素，然后单击“jQuery Accordion:Accordion1”文本，选择整个Accordion元素，在“属性”面板中显示了关于Accordion元素的相关属性，如图6-87所示，在其中进行设置即可。

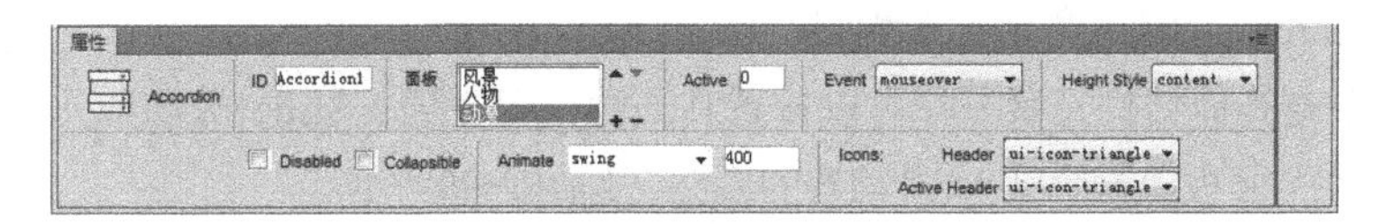

图6-87 “Accordion属性”面板

“Accordion属性”面板相关选项的含义如下。

- “ID”文本框：用于设置Accordion的名称，方便在脚本中进行引用。
- “面板”列表框：用于显示面板的数量，可以单击“在列表中向上移动面板”按钮、“在列表中向下移动面板”按钮、“添加面板”按钮或“删除面板”按钮，在“面板”列表框中移动面板和添加、删除面板的数量。
- “Active”文本框：用于设置“面板”中的默认选项，默认情况下是“0”，表示“面板”栏中的第一选项。
- “Event”下拉列表框：用于设置使用何种方式展开面板，默认情况是使用鼠标单击，即click。但也可以设置当鼠标经过时展开，即mouseover。
- “Height Style”下拉列表框：用于设置面板内容的位置，默认为最高内容的高度，同样也可以设置为居中，即content或填充满整个内容，即fill。
- “Disabled”复选框：用于设置Accordion是否可用，如果单击选中，表示不可用；相反，取消选中表示可用。
- “Collapsible”复选框：用于设置面板选项是否为折叠，单击选中表示默认为折叠；取消选中表示不折叠。

- “Icons”栏：针对Header和active header属性，设置其小图标。

2. 使用Tabs（标签）

在Dreamweaver CC中使用jQuery UI Tabs可以在页面中创建一个水平方向的Tabs标签切换效果，即选项卡效果。通过选择不同的选项卡标签来显示或隐藏选项卡下方的内容，如图6-88所示。

在Dreamweaver CC中插入Tabs标签的方法与插入Accrodion标签的方法是完全相同的，但其属性设置不尽相同，如图6-89所示。

图6-88 Tabs标签效果

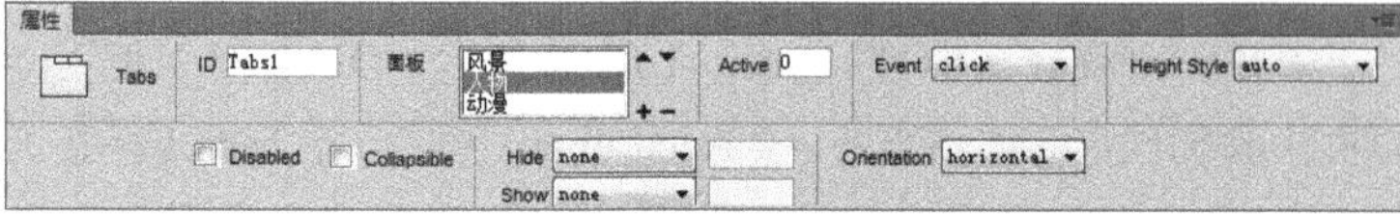

图6-89 “Tabs属性”面板

下面介绍其不同于Accrodion的属性选项。

- “Hide”/“Show”下拉列表框：主要用于设置标签显示或隐藏时的效果。
- “Orientation”下拉列表框：主要用于设置选项卡的方向。

3. 使用Slider滑动条

在Dreamweaver CC中使用jQuery UI Slider可以创建一个精美的滑动条效果。并且Slider滑动条的插入方法与Accordion的插入方法完全相同。

Slider滑动条与其他结构元素一样可以设置其属性，即在插入Slider滑动条元素后，选择该元素，则可在“属性”面板中显示Slider滑动条的属性，如图6-90所示。

“Slider属性”面板中相关选项的含义如下。

- “ID”文本框：用于设置Slider的名称。
- “Min”/“Max”文本框：用于设置滑动条的最小值和最大值。
- “Range”复选框：主要用于设置滑块范围内的值，如果选中该复选框，则滑动条将自动创建两个滑块，一个最大值，一个最小值。默认没有选中该复选框。

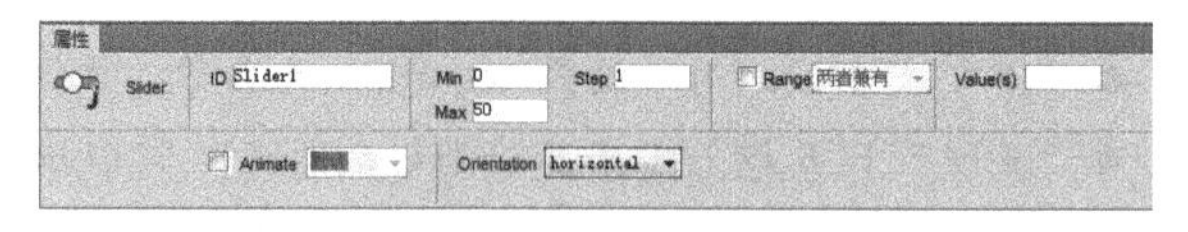

图6-90 “Slider属性”面板

- “Value（s）”数值框：主要用于设置初始时滑块的值，如果有多个滑块，则设置第一个滑块的值。
- “Animate”复选框：主要用于设置是否在拖动滑块时执行动画效果。
- “Orientation”下拉列表框：主要用于设置Slider的方向，默认为水平方向，同样可以设置为垂直方向，即选择“vertical”选项即可。

4. 使用Dialog（会话）

在Dreamweaver CC中使用jQuery UI Dialog标签，可实现一个jQuery UI页面会话的功能，即实现客户端的对话框效果，如图6-91所示。并且Dialog会话元素的插入方法与Accordion的插入方法完全相同。

Dialog会话与其他结构元素一样可以设置其属性，即在插入Dialog会话元素后，选择该元素，则可在“属性”面板中显示Dialog会话的属性，如图6-92所示。

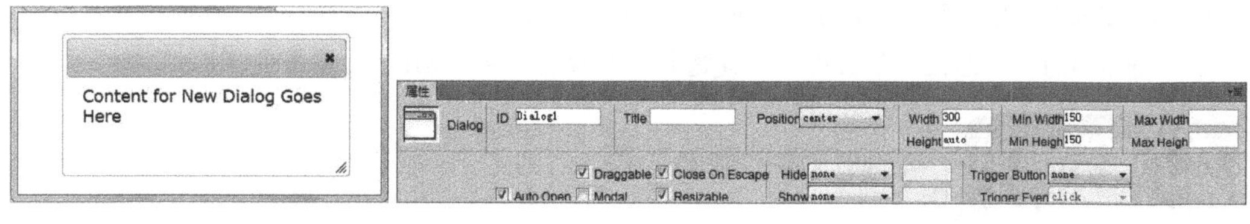

图6-91 Dialog会话效果　　图6-92 “Dialog属性”面板

“Dialog属性”面板中相关选项的含义如下。

- “ID”文本框：用于设置Dialog的名称。
- “Title”文本框：主要用于设置Dialog的标题。
- “Position”下拉列表框：主要用于设置Dialog对话框显示的位置。
- “Width”/“Height”文本框：主要用于设置Dialog对话框的宽度和高度。
- “Min Width”/“Min Height”文本框：主要用于设置Dialog对话框的最小宽度和最小高度。
- “Max Width”/“Max Height”文本框：主要用于设置Dialog对话框的最大宽度和最大高度。
- “Auto Open”复选框：默认为选中状态，主要用于设置预览时就打开Dialog对话框。
- “Draggable”复选框：主要用于设置Dialog是否可以拖动，默认不可以。
- “Modal”复选框：主要用于设置在显示消息时，禁用页面上的其他元素。
- “Close On Escape”复选框：主要用于设置在用户按下【Esc】键时，是否关闭Dialog对话框，默认为是。
- “Resizable”复选框：主要设置用户是否可以改变Dialog对话框的大小。
- “Hide”/“Show”下拉列表框：主要用于设置隐藏或显示对话框时的动画效果。
- “Trigger Button”下拉列表框：主要用于设置触发Dialog对话框显示的按钮。
- “Trigger Even”下拉列表框：主要用于设置触发Dialog对话框显示的事件。

5. 使用Progressbar（进度条）

在页面中创建进度条，可以向用户显示程序当前完成的百分比，而在Dreamweaver CC中，可以使用jQuery UI Progressbar标签轻松、快捷地完成创建进度条的操作。图6-93所示为进度条效果。并且Progressbar进度条的插入方法与Accordion的插入方法完全相同。

Progressbar进度条与其他结构元素一样，同样可以设置其属性，即在插入Progressbar元素后，选择该元素，则可在“属性”面板中显示Progressbar元素的属性，如图6-94所示。

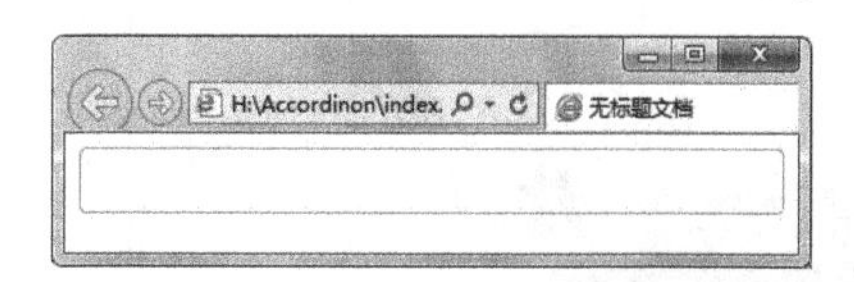

图6-93 Progressbar进度条效果

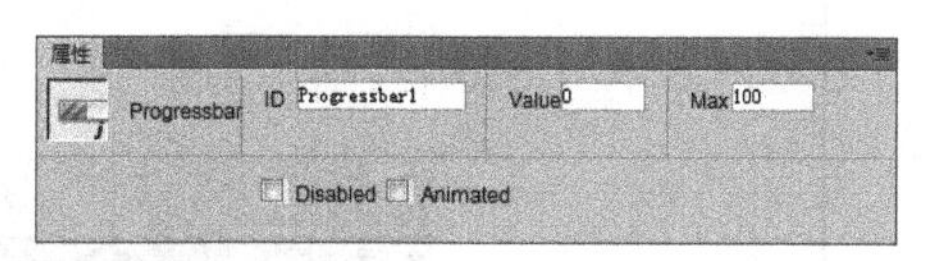

图6-94 “Progressbar属性”面板

“Progressbar属性”面板中相关选项的含义如下。

- “ID”文本框：用于设置Progressbar的名称。

- “Value”文本框：主要用于设置进度条显示的度数（0~100）。
- “Max”文本框：主要用于设置进度条的最大值。
- “Disabled”复选框：主要用于设置是否禁用进度条。
- “Animated”复选框：单击选中该复选框，可设置使用动画Gif来显示进度。

课堂练习——制作婚纱网站首页

本练习要求为“墨韵婚纱”网站布局首页结构，要求该网页能显示该公司相关的业务和产品等相关信息。要完成该任务，需要使用DIV+CSS来进行布局，首先新建空白网页，然后创建相关的DIV标签，再在页面中定义CSS样式，最后在其中添加相关的图片和内容（素材 \ 第6章 \ 课堂练习 \ hunsha \ ），完成后的参考效果如图6-95所示（效果 \ 第6章 \ 课堂练习 \ hunsha \ index.html）。

图6-95 婚纱网站首页效果

6.4 上机实训——制作“产品展示”网页

6.4.1 实训要求

本实训要求为某网站制作“产品展示”网页，该页面主要用于展示网站的产品，并对产品进行分类归纳，便于浏览者浏览。

6.4.2 实训分析

本实训需要使用DIV结构进行布局，然后通过CSS样式控制DIV标记格式，使其界面美观，效果统一，完成后的参考效果如图6-96所示。

素材所在位置： 素材 \ 第6章 \ 上机实训 \ image \

效果所在位置： 效果 \ 第6章 \ 上机实训 \ index.html

图6-96 制作“产品展示”网页

6.4.3 操作思路

要完成本实训首先需要添加DIV标记，然后使用CSS控制其样式，再添加相应的内容，其操作思路如图6-97所示。

① 添加DIV标记并使用CSS控制样式

② 向标记中添加内容

图6-97 制作“产品展示”网页的操作思路

【步骤提示】

STEP 01 新建一个空白文档，然后将其以“index.html”为名进行保存，选择【插入】/【DIV】菜单命令。

STEP 02 打开“插入Div”对话框，在其中的“ID”下拉列表中输入“all”文本，然后单击 新建 CSS 规则 按钮。

STEP 03 打开“新建CSS规则”对话框，直接单击 确定 按钮，打开“#all的CSS规则定义”对话框，在其中进行相应的设置。

STEP 04 单击 确定 按钮返回“插入Div”对话框，单击 确定 按钮，即可在网页中插入一个1 920像素×5 230像素的DIV标签。

STEP 05 使用相同的方法在DIV标签中继续插入其他的DIV标签，并设置相应的属性。

STEP 06 将插入点定位到相应的DIV标签中，在其中插入需要的图片素材和文字素材。

STEP 07 通过“CSS设计器”面板设置相关DIV标签中内容的CSS属性。

STEP 08 完成后按【Ctrl+S】组合键保存文档，然后按【F12】键预览网页效果。

6.5 课后练习

1. 练习1——*制作“蓉锦大学教务处”网页*

本练习要求使用DIV+CSS来布局“蓉锦大学教务处”网页，制作时先创建DIV，然后进行编辑，最后通过CSS样式来统一控制页面风格。通过本练习的学习，可以掌握DIV+CSS布局页面的方法，完成后的参考效果如图6-98所示。

素材所在位置：素材 \ 第6章 \ 课后练习 \ jwc \ jwc.html、img

效果所在位置：效果 \ 第6章 \ 课后练习 \ jwc \ rjdxjwc.html

图6-98 制作"蓉锦大学教务处"网页

2. 练习2——*制作"花店"网页*

本练习要求制作"flowes.html"网页，该网页是一个鲜花网页，主要用于展示店铺的鲜花产品。本练习将采用DIV+CSS来完成布局，制作完成后的参考效果如图6-99所示。

素材所在位置： 素材\第6章\课后练习\flower\flowers_style.css、images

效果所在位置： 效果 \ 第6章 \ 课后练习 \ flower \ flowers.html

图6-99 “花店”网页效果

CHAPTER 7

第7章 使用模板与库文件

模板是一种特殊的文档类型，在制作网页时，合理应用模板，可以帮助网页设计人员提高工作效率。并且在制作大量的页面时，很多页面都会使用到相同的布局、图像和文字等页面元素，此时，使用模板可以避免重复制作相同的布局、图像和文字等内容。使用模板功能将具有相同版面的页面制作为模板，然后再将相同的元素制作成库项目，存放在库中，便可随时调用。本章将对模板和库的使用进行具体的介绍。

课堂学习目标

- 掌握创建并编辑模板的方法
- 掌握创建并使用库文件的方法

课堂案例展示

“宅家优购”网页

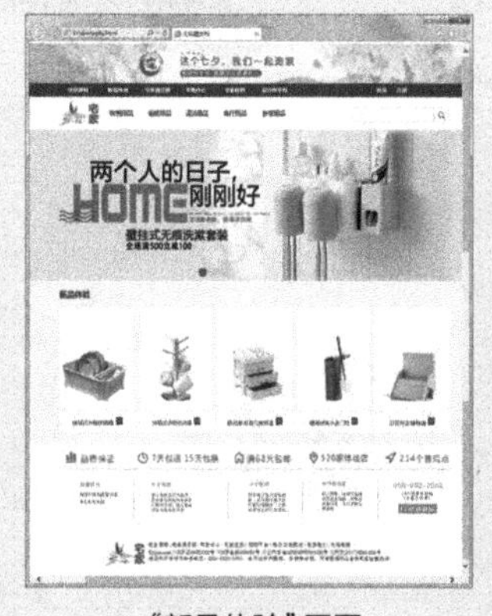

“新品体验”网页

7.1 创建并编辑模板

在很多网站中会发现，许多页面都会有很多相同的部分，如果重复制作这些内容，不仅会浪费时间，也会增加工作量，而且后期维护也相当困难。此时，应将共同布局的部分创建为模板，遇到相同的布局及元素时进行应用。下面对创建模板、编辑模板、应用模板和管理模板等进行介绍。

7.1.1 课堂案例——制作“宅家优购”网页

案例目标：对于需要重复使用的网页元素，设计者可以通过模板来提高制作效率，本案例将通过模板来快速制作“宅家优购”网页，参考效果如图 7-1 所示。

知识要点：创建模板；编辑模板；应用模板。

素材文件：素材 \ 第 7 章 \ 课堂案例 \ image、xpty.html

效果文件：效果 \ 第 7 章 \ 课堂案例 \ xpty.html

视频教学
制作“宅家优购”网页

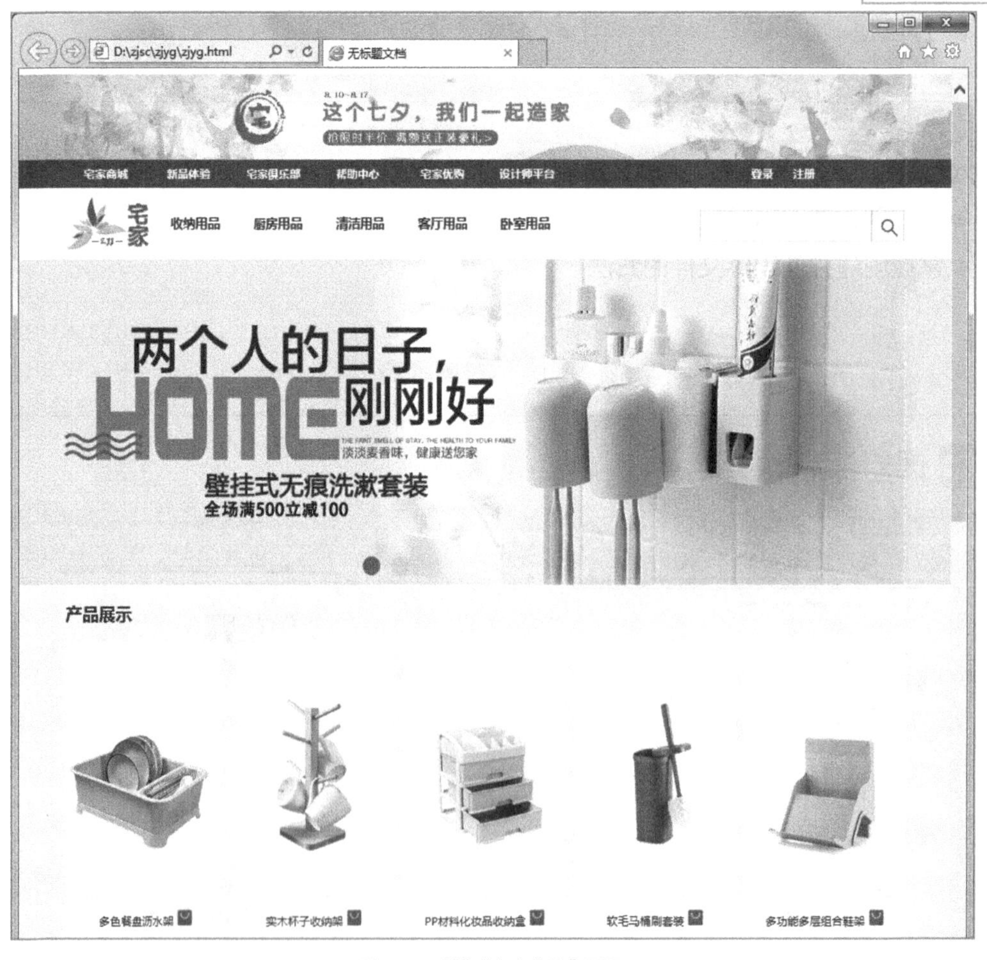

图 7-1 制作“宅家优购”网页

其具体操作步骤如下。

STEP 01 打开“xpty.html”网页文件，选择【文件】/【另存为模板】命令，打开“另存模板”对话框。

STEP 02 在“站点”下拉列表框中选择“zjsc”选项，在“另存为”文本框中输入“zjyg”，单击 保存(S) 按钮，如图7-2所示。

提示 将网页保存为模板时，如果网页中添加了非站点中的图像或其他文件，Dreamweaver将打开提示对话框，询问是否更新链接，单击 是(Y) 按钮即可，如图7-3所示。

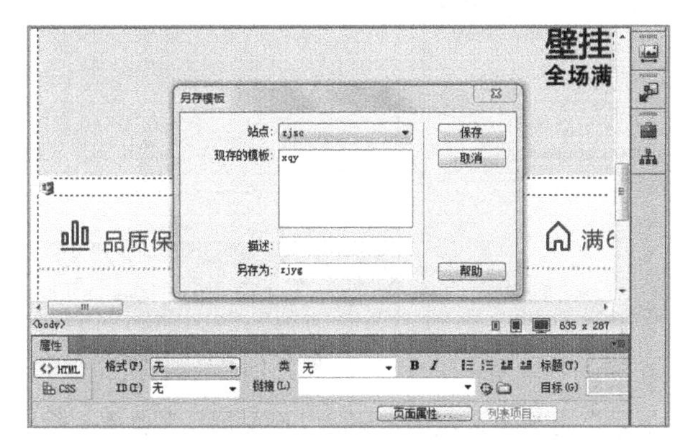

图7-2 设置保存位置和名称

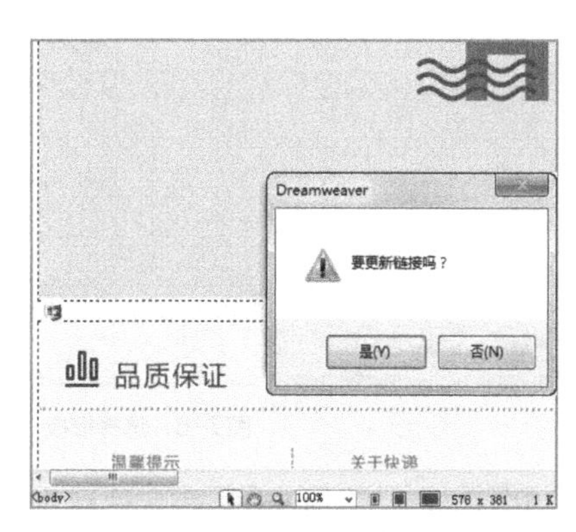

图7-3 提示对话框

STEP 03 在“zjyg.dwt”模板文件中将插入点定位到海报下方的空白处，选择【插入】/【模板】/【可编辑区域】命令。

STEP 04 打开“新建可编辑区域”对话框，在“名称”文本框中输入“产品展示”，单击 确定 按钮，如图7-4所示。

STEP 05 此时插入点所在的位置将出现创建的可编辑区域，效果如图7-5所示，然后保存模板网页并退出。

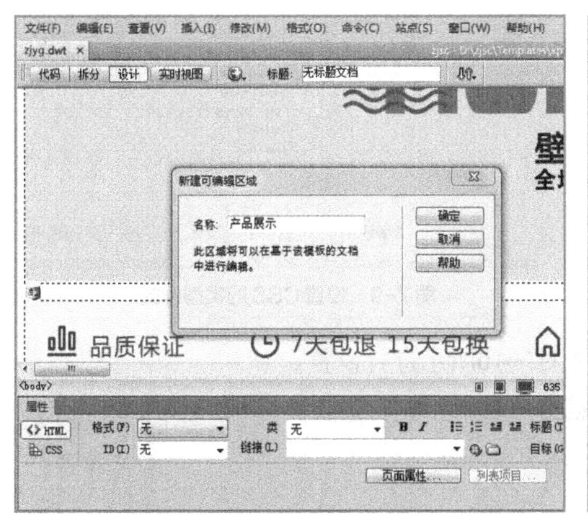

图7-4 设置可编辑区域的名称

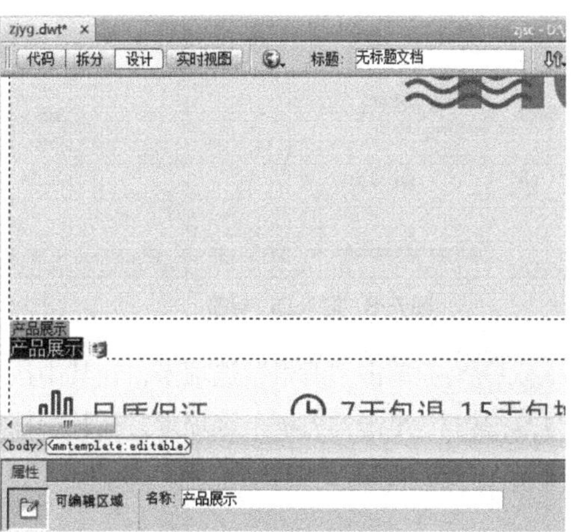

图7-5 创建的可编辑区域

STEP 06 在Dreamweaver中选择【文件】/【新建】菜单命令，打开“新建文档”对话框，在对话框左侧选择“网站模板”选项，在“站点”列表框中选择“zjsc”选项，在右侧的列表框中选择“zjyg”选项，单击 创建(R) 按钮，如图7-6所示。

STEP 07 此时将根据该模板创建网页，当鼠标指针移动到网页中的非可编辑区域时将变为禁用状态，表示不能对该内容进行编辑，如图7-7所示。

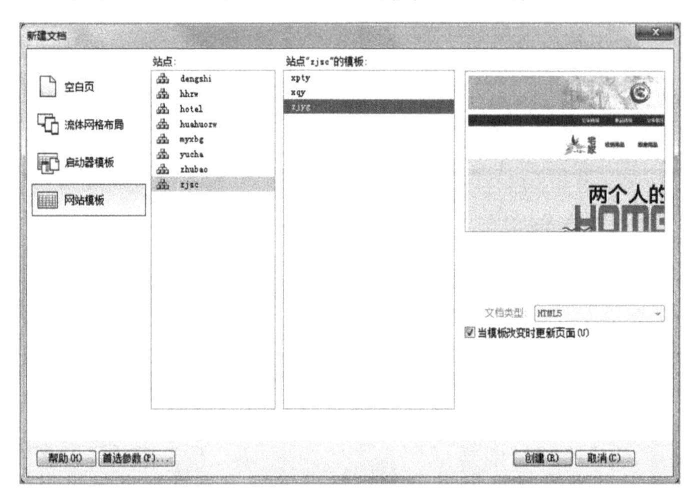

图7-6 选择模板

图7-7 快速创建网页

STEP 08 将指针插入点定位到“产品展示”可编辑区域中，删除“产品展示”文本，然后选择【插入】/【结构】/【Div】命令。

STEP 09 打开“插入Div”对话框，在“Class”下拉列表中输入“middlex”，单击 新建 CSS 规则 按钮，如图7-8所示。

STEP 10 在打开的对话框中直接单击 确定 按钮，打开“.middlex的CSS规则定义”对话框，在其中按照图7-9所示设置“类型”样式。

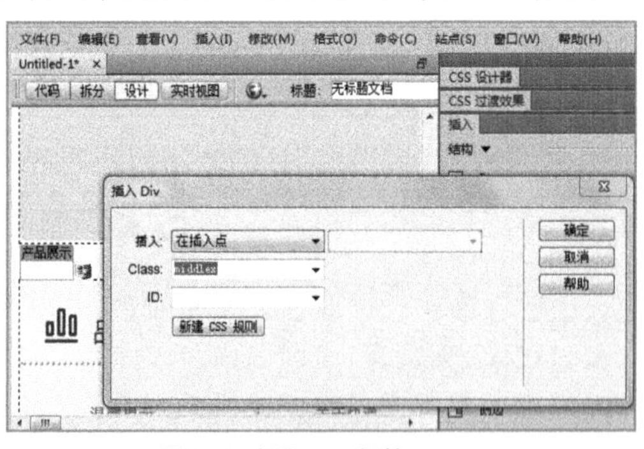

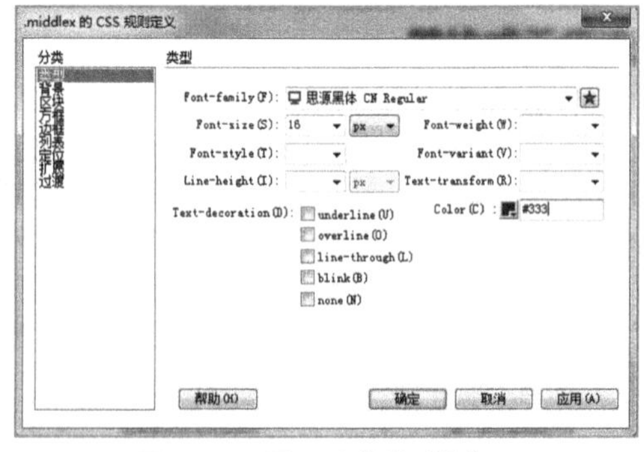

图7-8 插入DIV标签

图7-9 设置CSS的类型样式

STEP 11 单击“背景”选项卡，在其中按照图7-10所示进行设置。

STEP 12 单击“方框”选项卡，在其中按照图7-11所示进行设置。

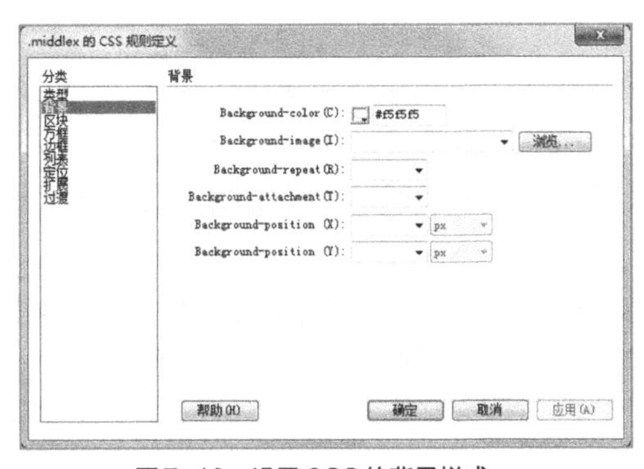

图7-10　设置CSS的背景样式

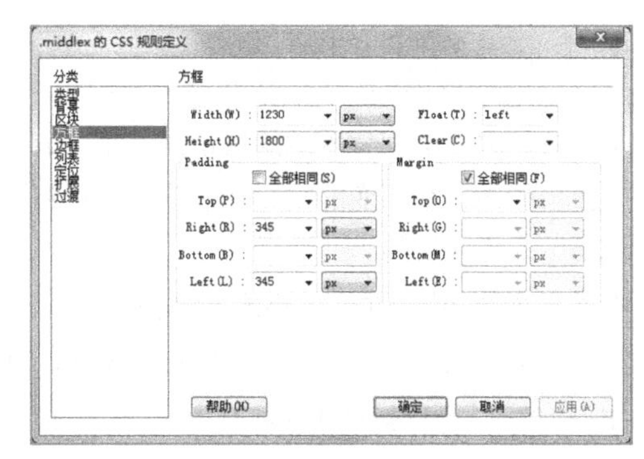

图7-11　设置CSS的方框样式

STEP 13　依次单击 确定 按钮返回网页编辑区，在其中通过表格来制作产品展示部分，效果如图7-12所示，完成后将其保存，按【F12】键预览网页即可。

图7-12　制作产品展示部分

7.1.2 模板的概述

大部分网页都会根据网站的性质统一格式，如将主页以一种形式进行显示，而其他网页文件则将需要更换的内容和不变的固定部分分别进行标识，从而更容易管理重复网页的框架，该种方式称为“模板”。

在网页中使用模板可以一次性修改多个文档。使用模板的文档，只要未在模板中删除该文档，它始终会与模板处于连接状态，并且在修改时，只需修改模板，就可更改其他网页文件。

7.1.3 创建模板

在Dreamweaver CC中，用户可以使用两种方法创建模板：一种是将现有的网页另存为模板；另一种是新建一个空白模板，在其中添加内容后，再存为模板。下面分别进行介绍。

1. 将现有网页另存为模板

将制作好的网页另存为模板，可方便下次直接使用相同的部分，其方法为：在Dreamweaver CC中打开需要另存为模板的网页文档，然后选择【文件】/【另存为模板】命令，打开“另存模板”对话框，在“站点”下拉列表框中选择站点选项，在“另存为”文本框中输入模板名称，其他保持默认设置，然后单击保存按钮。打开“Dreamweaver”提示对话框，直接单击是(Y)按钮，返回网页文档中，在网页名称的位置会看到其扩展名变为dwt，如图7-13所示。

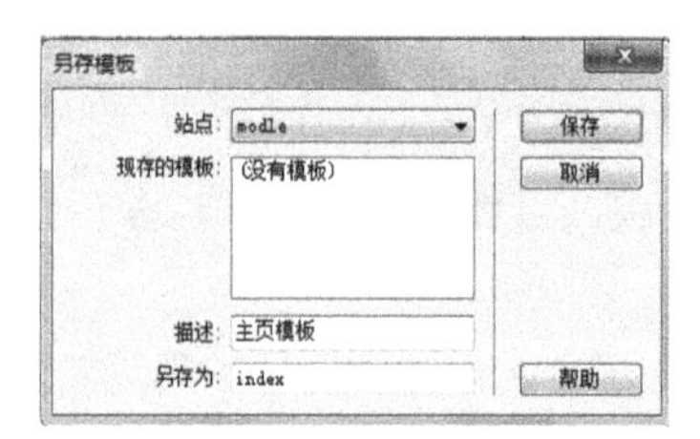

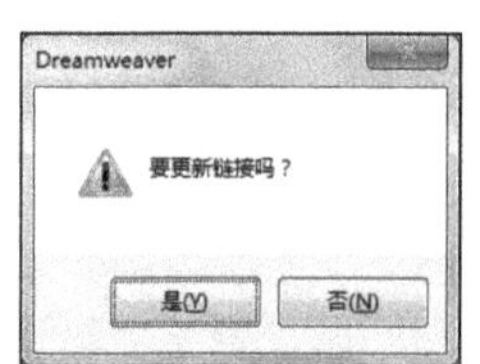

图7-13 创建模板网页

提示 创建完模板后，存放模板的站点位置的文件夹中将自动生成一个Templates的文件夹，并将创建的模板存放于该文件夹中。

2. 新建模板网页

除了将现有的网页保存为模板外，用户还可以直接创建模板网页，然后在其中进行编辑，其方法为：选择【文件】/【新建】命令，在打开的“新建文档”对话框中选择“空白页”选项，在“页面类型”列表框中选择“HTML模板”选项，然后在右侧的“布局”列表中根据需要进行选择，如图7-14所示，单击创建(R)按钮即可创建一个空白的模板文档，在其中对模板进行编辑后，按【Ctrl+S】组合键在打开的对话框中设置模板的保存位置即可。

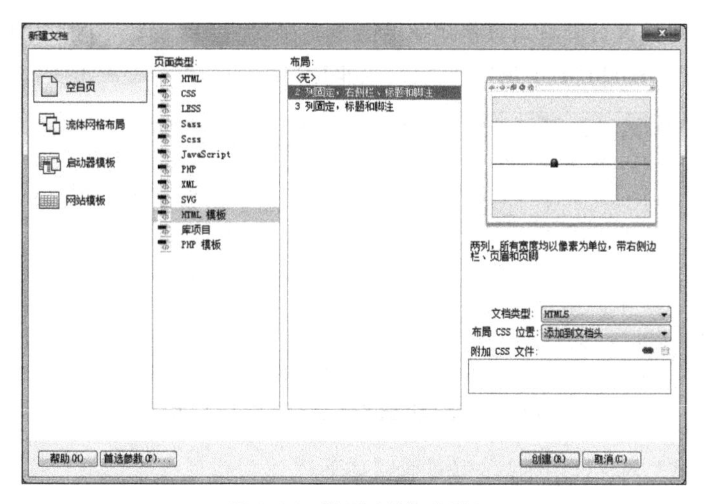

图7-14 “新建文档”对话框

7.1.4 编辑模板

创建好模板后还需要对模板进行编辑，否则，模板将呈全部不可操作状态。编辑模板主要分为定义可编辑区域、定义可选区域、定义重复区域、定义重复表格等。

1. 定义可编辑区域

当用户将一个网页另存为模板后，整个文档将会被锁定，在该文档中不能进行编辑，因此需要在模板文档中定义可编辑区域，以将模板应用到网站的网页中。在网页模板中定义可编辑区域的方法如下。

- 使用菜单命令：将插入点定位到模板文档需要编辑的位置，然后选择【插入】/【模板】/【可编辑区域】命令，打开“新建可编辑区域”对话框，在“名称”文本框中输入一个唯一的名称，然后单击 确定 按钮即可，如图7-15所示。

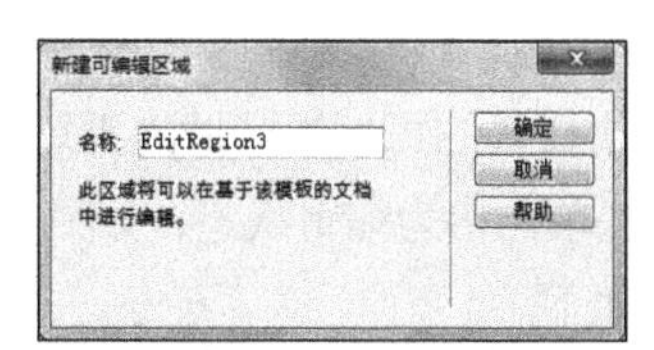

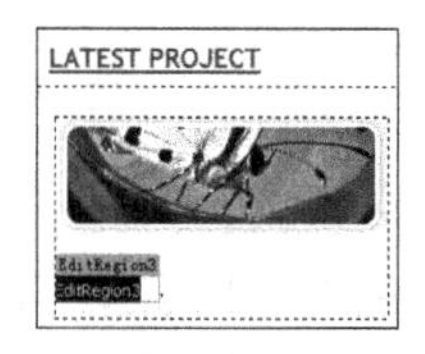

图7-15 输入可编辑区域的名称及其效果

- 使用“插入”面板：将插入点定位到模板文档需要编辑的位置，在“插入”面板的“模板”分类列表中单击“可编辑区域”按钮，同样可以打开“新建可编辑区域”对话框输入名称。

技巧 如果要删除某个可编辑区域及其内容，则可在选择需要删除的可编辑区域后，按“Delete”键将其快速删除。

2. 定义可选区域

可选区域是指模板中放置内容的部分，如文字或图像，该部分在文档中可以出现也可以不出现。在模板中定义可选区域同样可以使用菜单命令或在“插入”面板中的“模板”分类列表中添加。在添加时会打开“新建可选区域”对话框，如图7-16所示。

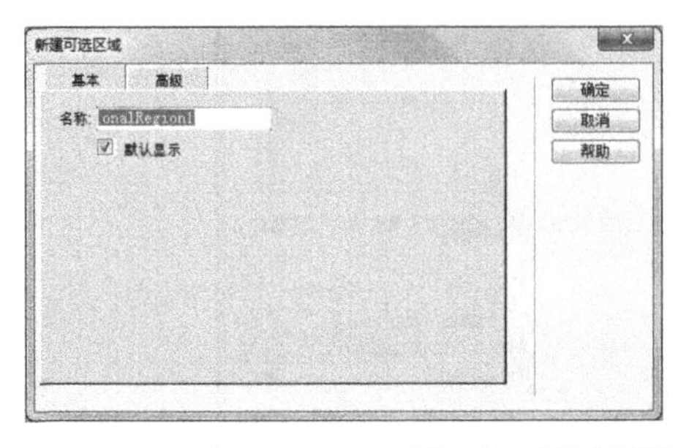

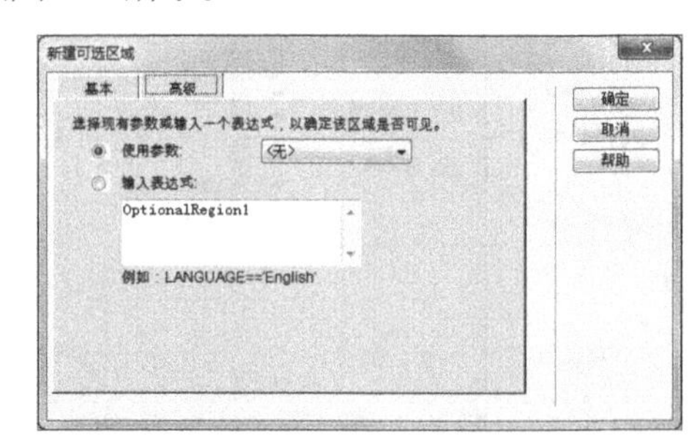

图7-16 “新建可选区域”对话框的不同选项卡

“新建可选区域”对话框中相关选项的含义如下。

- “名称”文本框：在该文本框中可为可选区域命名。
- “默认显示”复选框：用于设置可选区域在默认情况下，是否在基于模板的网页中显示。
- “使用参数”单选项：单击选中该单选项，则表示要链接可选区域的参数。
- “输入表达式”单选项：单击选中该单选项，则可通过编写模板表达式来设计可选区域的显示。

3. 定义重复区域

在模板中可以根据需要定义重复区域，它可以在基于模板的页面中复制任意次数的模板版块。另外，重复区域可针对区域重复或表格重复。重复区域是不可编辑的，如果要编辑重复区域内的内容，则需要在重复区域内插入可编辑区域。

使用菜单命令或在“插入”面板的“模板”分类列表中定义重复区域时，在打开的“新建复选区域”对话框中，只需输入一个唯一的区域名称即可，如图7-17所示。

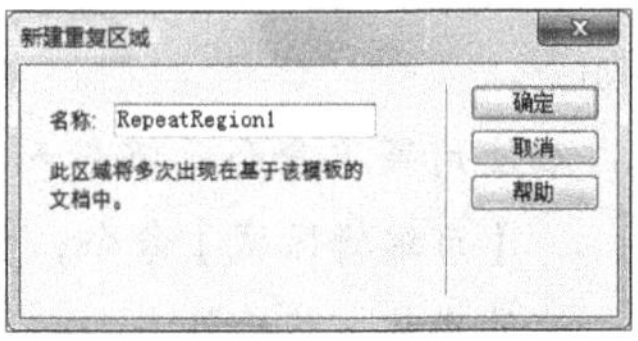

图7-17 为重复区域命名

4. 定义重复表格

重复区域通常用于表格，同时也包括了表格格式的可编辑区域的重复。在定义重复表格时，可以在“插入重复表格”对话框中定义表格中哪些单元格为编辑状态，如图7-18所示。

“插入重复表格”对话框中相关选项含义如下。

- 行数：主要用来设置插入表格的行数。
- 列：主要用来设置插入表格的列数。
- 单元格边距：主要用来设置单元格的边距。
- 单元格间距：主要用来设置单元格的间距。
- 宽度：主要用来设置表格的宽度。
- 边框：主要用来设置表格边框线的宽度。
- 起始行：主要用来输入可重复行的起始行。
- 结束行：与起始行相反，用于输入可重复行的结束行。
- 区域名称：主要用来输入重复区域的名称。

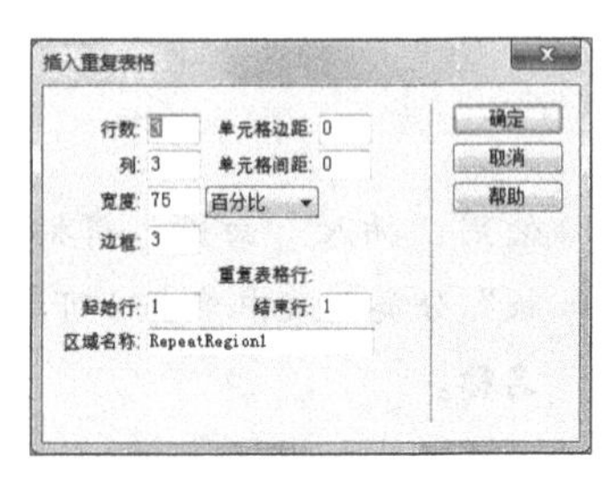

图7-18 “插入重复表格”对话框

7.1.5 应用模板

在网页中创建完模板后，即可在制作网站时进行应用。下面将对应用模板到网页和模板的分离操作进行详细介绍。

1. 应用模板到网页

在创建网站时，将共同的布局及元素创建为模板后，在创建其他页面时，只需创建不同的网页元素，然后将模板应用到创建的网页上，就可以提高网站的制作效率。应用模板到网页的方法为：在Dreamweaver CC中打开需要应用模板的网页，然后选择【修改】/【模板】/【应用模板到页】命令，打开“选择模板”对话框，在“模板”列表框中选择需要应用的模板选项，然后单击 选定 按钮。打开“不一致的区域名称”对话框，在“名称”列表下方选择可编辑区域，在“将内容移到新区域”下拉列表框中选择相关的选项，然后单击 确定 按钮即可为当前网页应用选择的模板，如图7-19所示。

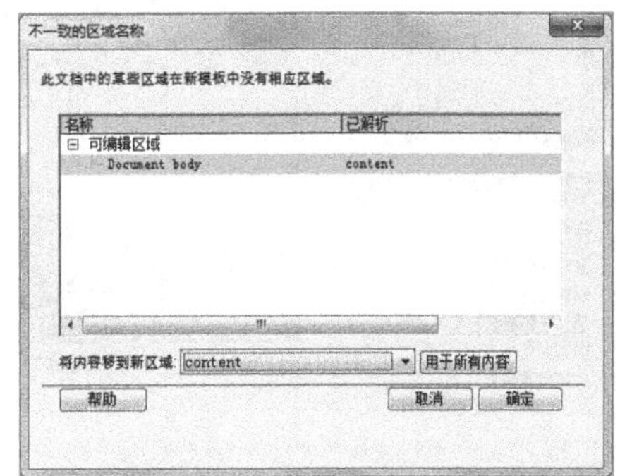

图7-19 应用模板设置

“不一致的区域名称”对话框中相关选项的含义如下。

- “名称”列表：主要用于显示当前网页主要的标签版块。
- “已解析”列表：主要用于显示“将内容移到新区域”下拉列表框中选择的可编辑区域。
- “将内容移到新区域”下拉列表框：在该下拉列表框中显示了模板文档中所有的可编辑区域的名称，如果选择了某个可编辑区域，然后单击 用于所有内容 按钮，则会将当前网页文档应用到模板文档中所选择的可编辑区域中，且不关闭当前对话框。

2. 分离模板

在修改应用了模板的网页时，是不能修改模板部分的，因为模板部分是被锁定的。如果要对应用模板的网页进行修改，则可使用“从模板中分离”功能，将网页从模板中分离出来。

分离模板的方法为：在应用模板的网页中，选择【修改】/【模板】/【从模板中分离】命令即可。

技巧 从模板中分离网页并不意味着应用模板的内容会消失。分离网页只是将模板文档变成了普通网页文档，在修改模板内容时，分离后的网页不能随之而更改。

课堂练习——将创建好的模板应用到网页

本练习将“index.html”（素材\第7章\课堂练习\modle_yiyong\）网页文档另存为模板，并在该模板中定义可编辑区域。然后打开“center.html”网页文档，将创建的模板应用到打开的网页中，完成后的参考效果如图7-20所示（效果\第7章\课堂练习\modle_yiyong\center.html）。

图7-20 将创建好的模板应用到网页

7.2 创建并使用库

如果说模板是用于固定一些重复布局的文档内容或设计的一种方式，那么库就是用于保存反复出现的图像或著作权等信息的存储位置。例如，在制作结构或设计完全不同的网页文件时出现部分文件频繁重复的情况，就可以使用库来处理。下面将对库的应用进行介绍。

7.2.1 课堂案例——制作“新品体验”网页

案例目标：使用库可以快捷添加部分频繁出现的网页元素。本例将在提供的网页中添加库项目，并对库进行编辑和应用，“新品体验”网页完成后的参考效果如图 7-21 所示。

知识要点：添加对象到库；新建库项目；编辑库项目；应用库项目。

素材文件：素材\第 7 章\课堂案例\ img、zjzy.html

效果文件：效果 \ 第 7 章 \ 课堂案例 \ xpty.html

图7-21 “新品体验”网页

其具体操作步骤如下。

STEP 01 打开素材中的“zjzy.html”网页，选择页头的横幅广告部分，也可以在状态栏中单击名称为“topyt”的DIV标记，然后选择【修改】/【库】/【增加对象到库】命令，在打开的提示框中单击确定按钮确认设置。然后在“资源”面板中修改创建的库文件名称为“ythfgg”，如图7-22所示。

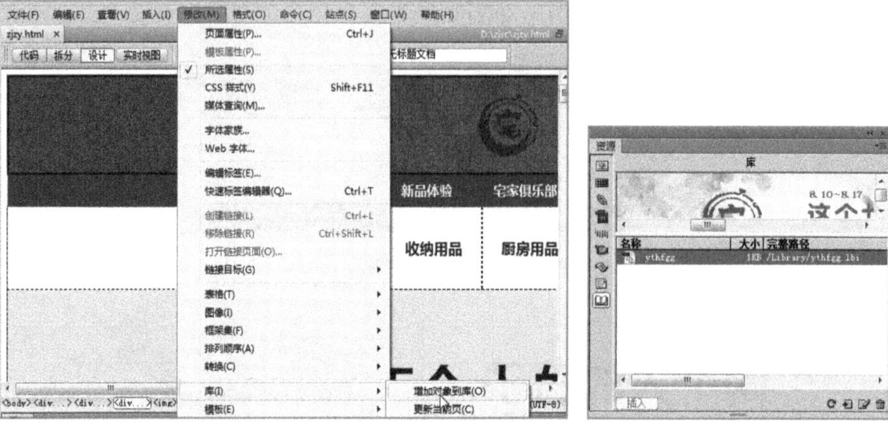

图7-22 创建库文件并命名

STEP 02 使用相同的方法将分类区、banner区和页尾部分分别创建为库，如图7-23所示。

图7-23 创建其他库

STEP 03 单击“资源”面板下方的“新建库项目”按钮，在“资源”面板中将创建的库文件名称更改为“neirong”，然后单击下方的“编辑”按钮，如图7-24所示。

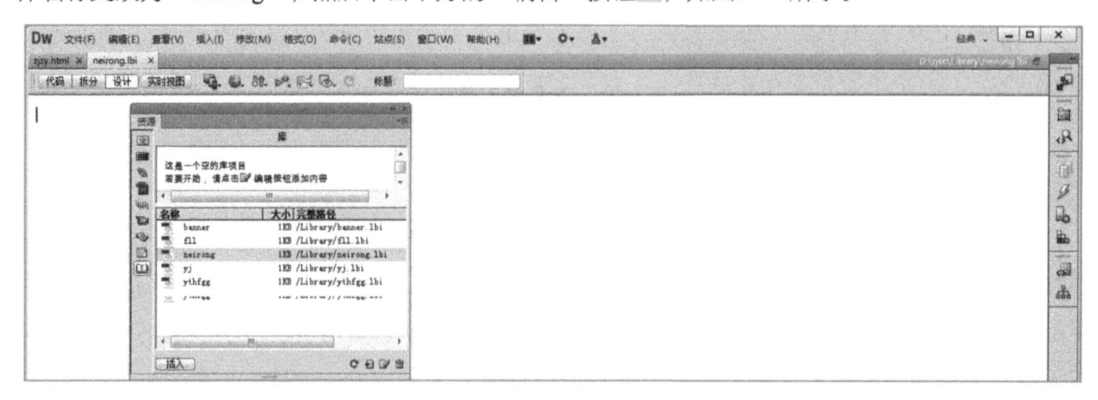

图7-24 新建库项目

STEP 04 使用前面介绍的方法在页面中创建一个表格，并添加相关的内容，完成后的效果如图7-25所示。

图7-25 编辑新项目

STEP 05 再次单击“资源”面板下方的“新建库项目”按钮，新建一个名称为“wuliu”的库项目，然后对其进行编辑，完成后的效果如图7-26所示。

图7-26 wuliu库项目完成编辑后的效果

STEP 06 新建一个名为“xpty.html”的网页文件，然后将插入点定位到网页中。

STEP 07 打开“资源”面板，选择列表框中的“ythfgg”选项，单击插入按钮，此时网页中将插入选择的库文件内容，且无法对其进行编辑，如图7-27所示。

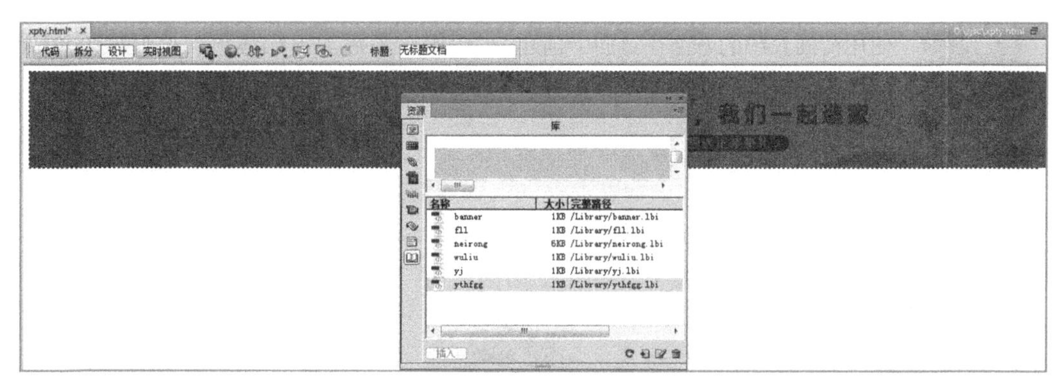

图7-27　插入库文件

STEP 08 将插入点定位到插入的库文件右侧，插入一个1 920像素×40像素的DIV。然后在其中制作导航栏，完成后的效果如图7-28所示。

图7-28　制作导航部分

STEP 09 将插入点定位到导航栏右侧，然后在“资源”面板中选择“fl1”选项，单击 插入 按钮，此时网页中将插入选择的库文件内容，然后在“代码”视图中设置CSS样式，如图7-29所示。

图7-29　制作分类栏

STEP 10 使用相同的方法在网页中添加其他库，完成宅家商城“新品体验”页面的制作。

7.2.2　认识库

库是一种特殊的Dreamweaver文件，其中包含可放到网页中的一组资源或资源副本。在许多网站中都会使用到库，在站点中的每个页面上或多或少都会有部分内容是重复使用的，如网站页眉、导航区、版权信息等。库主要用于存放页面元素，如图像和文字等，这些元素能够被重复使用或频繁更新，统称为库项目。编辑库的同时，使用了库项目的页面将自动更新。

库（扩展名.lbi）可以将网页中常用的对象转换为库文件，然后再将其作为一个对象插入到其他的网页中。需要注意的是，不要将库和模板混淆，模板使用的是整个网页，而库文件只是网页中的局部内容。模板和库都可以提高网页的制作效率。

7.2.3 创建库项目

在Dreamweaver CC中创建的库项目，可以在“资源”面板中的“库”面板中进行显示。

在Dreamweaver CC中创建库项目的操作其实很简单，只需要在“资源”面板中单击“库”按钮，切换到“库”面板中，如图7-30所示。然后在右下角单击“新建库项目”按钮，则可在“名称”列表框中创建一库项目，然后将其重命名即可，如图7-31所示。

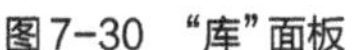
图7-30 “库”面板

图7-31 创建库项目

提示 选择【窗口】/【资源】命令即可打开“资源”面板。另外，创建库项目后，如果想对其进行编辑，双击库项目名称将其打开，插入相应的网页元素即可。

7.2.4 库项目的其他操作

在“库”面板中创建好库项目后，还可以对其进行其他操作，如插入、刷新、编辑和删除等。其操作方法如下。

- 插入操作：打开需要插入库项目的网页，然后在“库”面板中单击 插入 按钮即可。
- 刷新操作：在对库项目进行了修改或编辑操作后，要在“库”面板中得到最新库项目的信息，可在“库”面板中单击“刷新”按钮。
- 编辑操作：在“库”面板中创建好库项目后，可将其选择，单击右下角的“编辑”按钮，对其进行编辑。
- 删除操作：对于不需要的库项目，可将其选择，然后单击“库”面板右下角的“删除”按钮将其删除。

7.2.5 设置库属性

在网页中插入库项目后，可在“属性”面板中对库项目进行相应的设置，如指定库项目的源文件或更改库项目，同样也可以重建库项目，如图7-32所示。

图7-32 “库项目属性”面板

“库项目属性”面板相关选项的含义如下。

- 源文件：主要用来显示库项目的源文件。
- 打开按钮：主要用来修改打开的库窗口。
- 从源文件中分离按钮：主要用来切断所选库项目和源文件之间的关系。
- 重新创建按钮：主要是以当前所选的项目来覆盖原来的库项目。如果不小心删除了库项目，可通过该方法重建库项目。

提示 在网页中应用了库项目后，会以淡黄色的形式进行显示，并且不能编辑。另外，在Dreamweaver CC中插入了库项目后，会在“CSS设计器”的选择器中显示<mm:libitem>标记。

课堂练习——用“库”快速制作“酒店预订”网页

本练习要求使用Dreamweaver中的“资源”面板来创建库文件，然后通过库来快速制作“酒店预订”页面（素材\第7章\课堂练习\jdyd\jdyd.html），完成后的参考效果如图7-33所示（效果\第7章\课堂练习\jdyd\jdyd.html）。

图7-33 “酒店预订”网页

7.3 上机实训——制作“婚纱详情页”网页模板

7.3.1 实训要求

本实训要求为“墨韵婚纱网”的详情页制作一个模板，从而让其他产品的详情页制作起来更加简单、快捷。

7.3.2 实训分析

为了更快捷地制作详情页页面，本实训将统一制作一个模板，以减少网页相同内容的制作，提高页面的制作效率，完成后的参考效果如图7-34所示。

素材所在位置： 素材 \ 第7章 \ 上机实训 \ xqy \

效果所在位置： 效果 \ 第7章 \ 上机实训 \ xqy \ hxxqy.html

图7-34　制作“婚纱详情页”网页模板

7.3.3 操作思路

完成本实训首先要将提供的网页保存为模板，然后插入可编辑区域，再通过保存的模板创建网页，在其中进行编辑，其操作思路如图7-35所示。

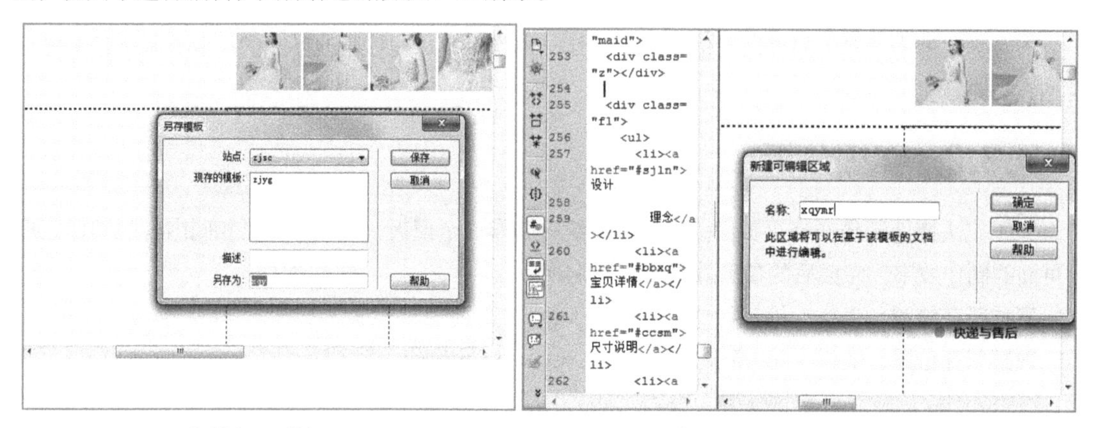

① 创建网页模板　　② 新建模板网页并进行编辑

图7-35　制作“婚纱详情页”网页模板的操作思路

【步骤提示】

视频教学
制作“婚纱详情页”网页模板

STEP 01 打开“xqy.html”网页文件，选择【文件】/【另存为模板】命令。

STEP 02 打开“另存模板”对话框，在“站点”下拉列表框中选择“xqy”选项，在“另存为”文本框中输入“xqy”，单击 保存(S) 按钮。

STEP 03 在“xqy.dwt”模板文件中将插入点定位到中间的空白位置，选择【插入】/【模板】/【可编辑区域】命令。

STEP 04 打开“新建可编辑区域”对话框，在“名称”文本框中输入“xgymr”，单击 确定 按钮，此时插入点所在的单元格将出现创建的可编辑区域，保存模板后关闭退出文档。

STEP 05 在Dreamweaver中选择【文件】/【新建】命令，打开“新建文档”对话框，在对话框左侧选择“网站模板”选项，在“站点”列表框中选择“xqy”选项，并在右侧的列表框中选择“xqy”选项，单击 创建(R) 按钮。

STEP 06 在可编辑区域中插入需要的详情图像，然后保存网页文件，按【F12】预览即可。

7.4 课后练习

1. 练习1——*制作“精品推广”网页*

本练习要求为“服装网”制作一个精品推广页面，该网页主要由导航和推广内容组成，要求使用Dreamweaver的库功能来实现快速制作，完成后的参考效果如图7-36所示。

提示：打开提供的素材网页，然后将网页上方的图像保存为库；新建一个库项目，然后在其中创建一个表格，并添加相关的图像和内容；新建一个网页文件，然后创建表格，在库中将需要的库项目插入到表格中；保存网页文件，然后预览网页效果。

素材所在位置：素材 \ 第7章 \ 课后练习 \ Clothes \ images、index.html

效果所在位置：效果 \ 第7章 \ 课后练习 \ Clothes \ index.html

图7-36　制作“精品推广”网页

2. 练习2——*制作“合作交流”模板网页*

本练习要求通过模板来快速制作合作交流页面。制作时可先创建模板，在其中创建可编辑区域，然后通过创建的模板来新建“hzjl.html”网页，并在网页中添加内容，制作完成后的参考效果如图7-37所示。

素材所在位置：素材\第7章\课后练习\hzjl.html、img、合作交流介绍.txt

效果所在位置：效果\第7章\课后练习\hzjl.html、Templates

图7-37 制作“合作交流”模板网页

CHAPTER 8

第8章 使用表单和行为

网页中的调查、定购或搜索等功能，一般都是使用表单来实现。表单一般是由表单元素的HTML源代码，以及客户端的脚本或服务器端用来处理用户所填信息的程序组成。另外，Dreamweaver 中还带有强大的行为功能，在网页中使用行为可以提高网站的可交互性。行为是事件与动作的结合。本章将对网页制作中的表单和行为进行介绍。

课堂学习目标

- 掌握使用表单的方法
- 掌握在网页中应用JavaScript行为的方法

课堂案例展示

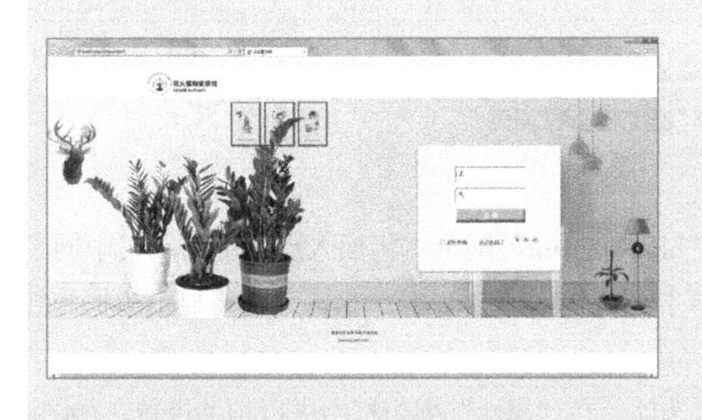

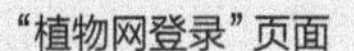

"植物网登录"页面

完善"植物网注册"效果

8.1 使用表单

表单是常用的网页元素，它以各种各样的形式存在于各种网页中，如登记注册邮件、填写资料或收集用户的资料等。下面将介绍在Dreamweaver CC中创建表单及表单中的各种元素的方法。

8.1.1 课堂案例——制作“植物网登录”网页

案例目标：为了更好地和用户进行沟通，加强对用户的管理，通常会让用户登录网站，这就需要网站具有收集用户信息的功能，具有用户登录页面，本案例将通过表单来制作“植物网登录”网页，参考效果如图 8-1 所示。

视频教学
制作“植物网登录”网页

知识要点：创建表单；添加表单元素。

素材文件：素材 \ 第 8 章 \ 课堂案例 \ images、hhzwdl.html

效果文件：效果 \ 第 8 章 \ 课堂案例 \ hhzwdl.html

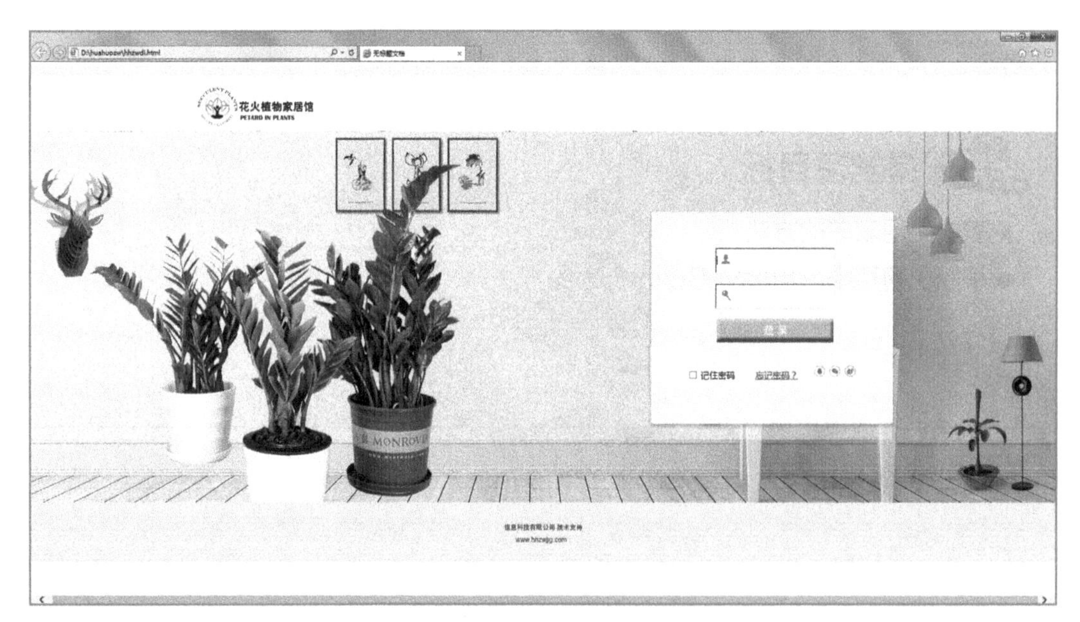

图8-1 制作“植物网登录”网页

其具体操作步骤如下。

STEP 01 启动Dreamweaver CC，打开“hhzwdl.html”网页，将插入点定位到网页中间名为“middle”的DIV标记中，选择【插入】/【表单】/【表单】命令，此时插入点处将显示边框为红色虚线的表单区域，如图8-2所示。

STEP 02 在“选择器”中选择“middle”选项，在“属性”列表框中进行相关设置，如图8-3所示。

STEP 03 在“选择器”中选择“form1”选项，在“属性”列表框中进行相关设置，如图8-4所示。

图8-2 插入表单

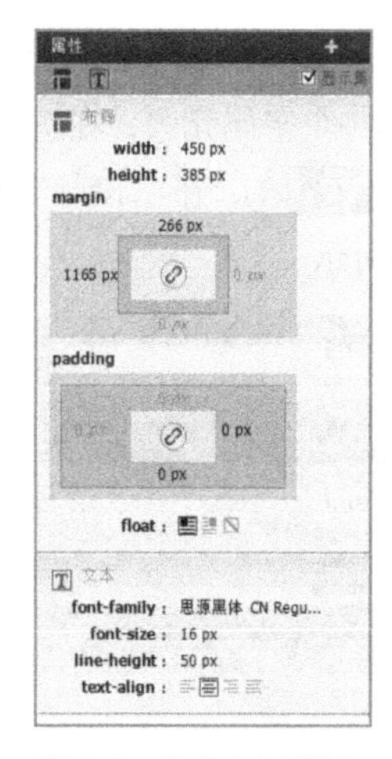

图8-3 设置CSS样式

STEP 04 将插入点定位到表单区域，在“插入”面板中选择“表单”选项，然后在列表框中选择“文本”选项，如图8-5所示。

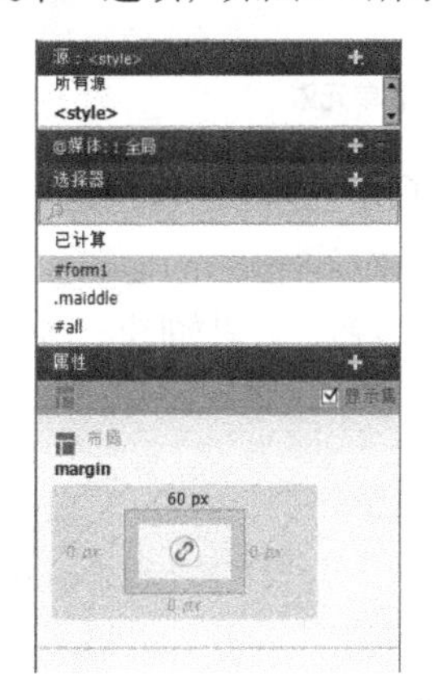

图8-4 设置form1 CSS样式

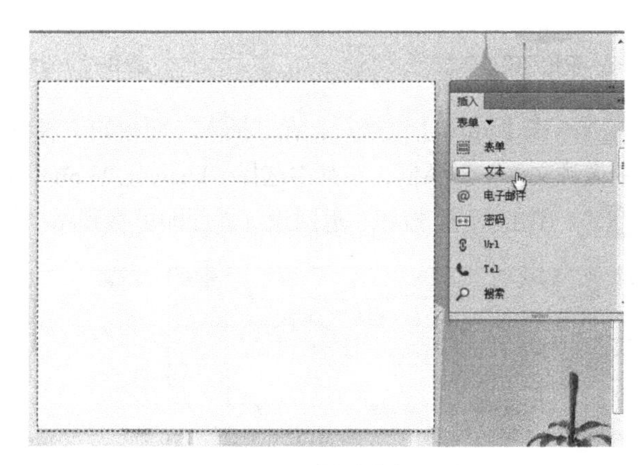

图8-5 添加“文本”表单元素

STEP 05 此时将在表单中添加一个“文本”表单元素，然后在“选择器”中新建一个“#textfield”选择器，并设置相关属性，如图8-6所示。

STEP 06 在设计界面中删除文本内容，然后选择“文本”表单元素，在“属性”面板中设置相关选项，如图8-7所示。

图8-6 设置CSS属性

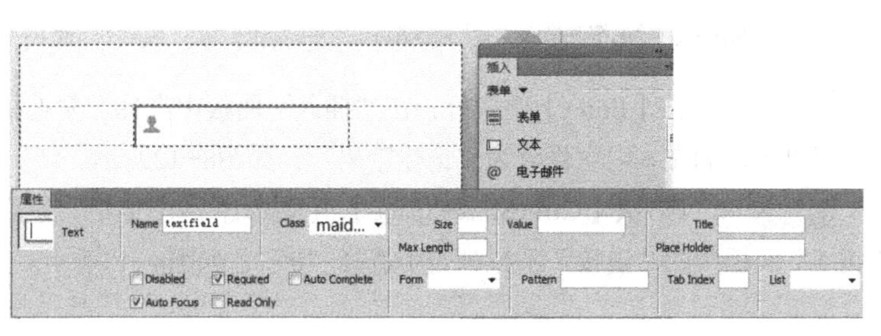

图8-7 设置“文本”表单元素

STEP 07 按【Enter】键换行，在“插入”面板的“表单”选项中选择“密码”选项，在表单中创建一个密码元素，在选择器中新建一个“#password”CSS样式，如图8-8所示。

STEP 08 在“设计”界面中选择“密码”表单元素的文本内容部分，并将其删除，效果如图8-9所示。

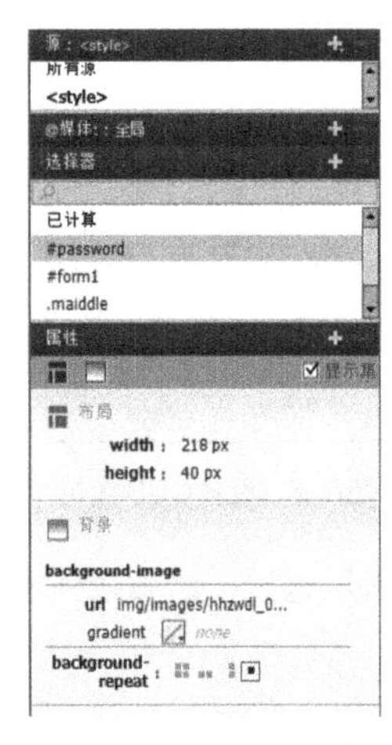

图8-8 设置CSS样式

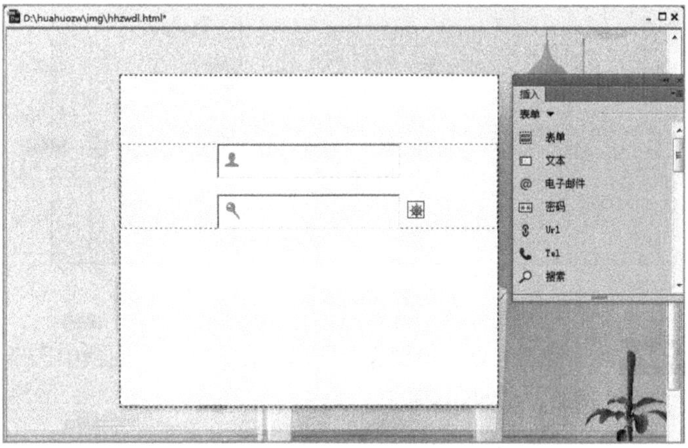

图8-9 设置“密码”表单元素

STEP 09 按【Enter】键换行，在“插入”面板的“表单”选项中选择“图像按钮”选项，打开“选择图像源文件”对话框，在其中选择“hhzwdl_08.png”图像，如图8-10所示。

STEP 10 单击 确定 按钮，返回设计界面即可看到添加的图像按钮，效果如图8-11所示。

图8-10 “选择图像源文件”对话框

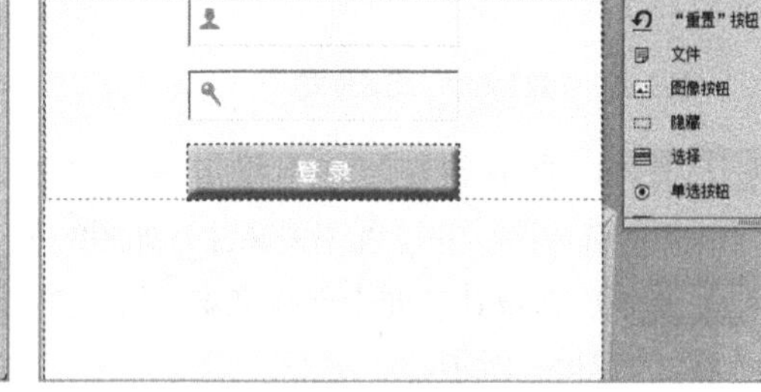

图8-11 查看添加的图像按钮

STEP 11 按【Enter】键换行，在“插入”面板中选择“复选框”选项，然后将添加的“复选框”表单元素的文本内容修改为“记住密码”，如图8-12所示。

STEP 12 按7次【Ctrl+Shift+Space】组合键输入7个空格，然后输入“忘记密码？”文本，在“属性”面板中的“链接”下拉列表中选择“#”，如图8-13所示。

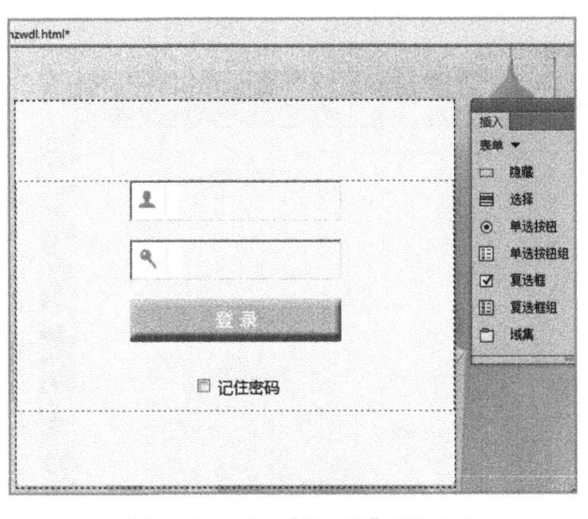

图8-12　添加“复选框”表单元素

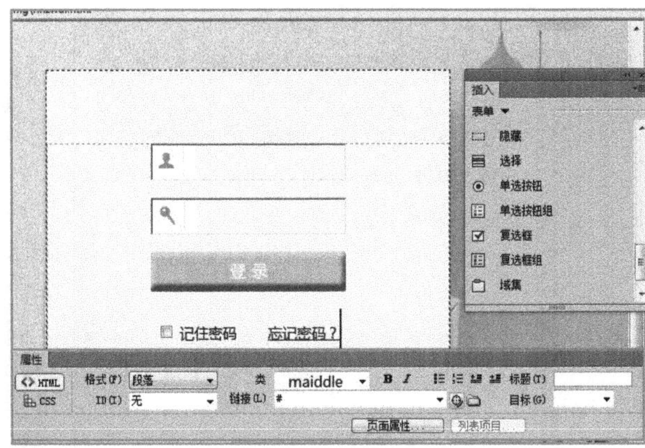

图8-13　设置文本链接

STEP 13 再按7次【Ctrl+Shift+Space】组合键，使用相同的方法插入一个图像按钮，效果如图8-14所示。

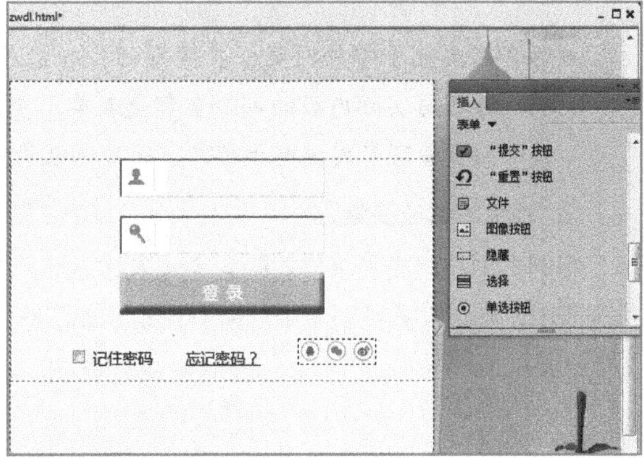

图8-14　添加图像按钮

STEP 14 按【Ctrl+S】组合键保存网页，然后按【F12】键预览效果，完成登录页面的制作。

8.1.2　表单的概述

表单可以被认为是从Web访问者那里收集信息的一种方法，因为它不仅可以收集访问者的浏览情况，还可以更多形式出现。下面将介绍表单的常用形式及组成表单的各种元素。

1. 表单形式

在各种类型的网站中，都会有不同的表单。下面介绍几种经常出现表单的网站类型，及表单的表现形式。

- 注册网页：在会员制网页中，要求输入的会员信息，大部分都是采用表单元素进行制作的，当然在表单中也包括了各种表单元素，如图8-15所示。
- 登录网页：有注册网页，一般都有登录网页，该页面的主要功能是要求输入用户名和密码，再单击按钮后进行登录操作，而这些操作都会使用到表单中的文本、密码及按钮元素，如图8-16所示。

图8-15　注册网页

图8-16　登录网页

- 留言板或电子邮件网页：在网页的公告栏或留言板上发表文章或建议时，输入用户名和密码，并填写实际内容的部分全都是表单元素。另外，网页访问者输入标题和内容后，可以直接给网页管理者发送电子邮件，而发送电子邮件的样式大部分也是用表单制作的。

2. 表单的组成要素

在网页中，组成表单样式的各个元素称为域。在Dreamweaver CC的“插入”面板的“表单”分类列表中，则可以看到表单中的所有元素，如图8-17所示。

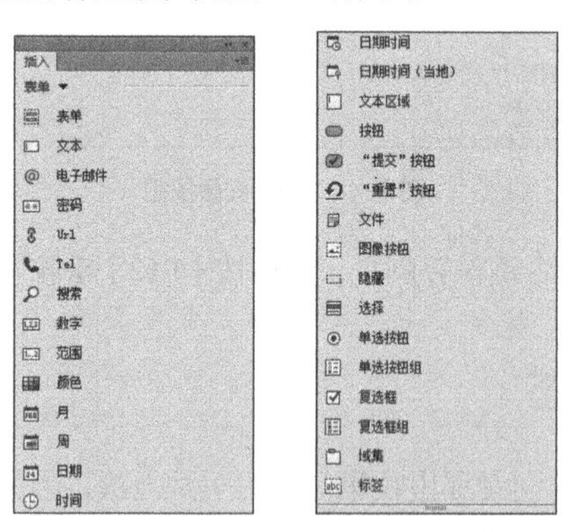

图8-17　表单及表单中的各元素

3. HTML 中的表单

在HTML中，表单是使用<form></form>标记表示的，并且表单中的各种元素都必须存在于该标记之间，图8-18所示的代码表单，表示名为“luyan”的表单，使用post方法提交到邮箱中。

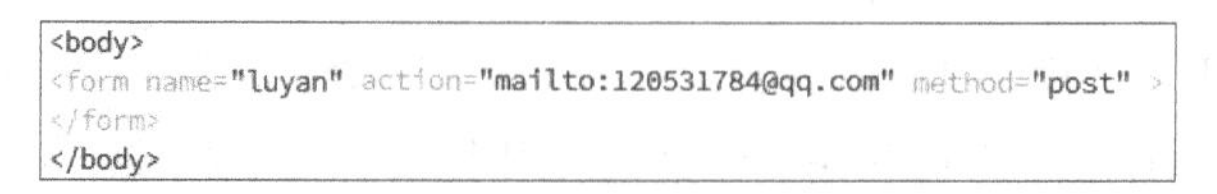

```
<body>
<form name="luyan" action="mailto:120531784@qq.com" method="post" >
</form>
</body>
```

图8-18　表单代码

知识链接
使用表单注意事项

8.1.3 创建表单并设置属性

在Dreamweaver CC中不仅可以方便、快捷地插入表单，还可以对插入的表单进行属性设置，下面将分别进行介绍。

1. 创建表单

在Dreamweaver CC中插入表单只需选择【插入】/【表单】/【表单】命令或在“插入”面板的“表单”分类列表中单击“表单”按钮，即可在网页文档中插入一个以红色虚线显示的表单，如图8-19所示。

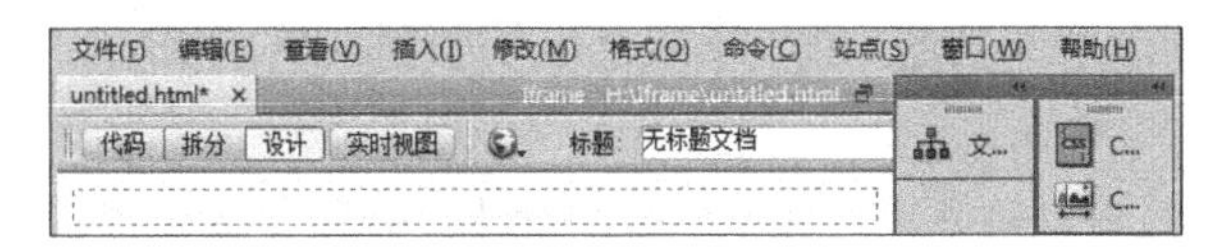

图8-19　表单效果

2. 设置表单属性

在网页文档中插入表单后，则会在“属性”面板中显示与表单相关的属性，而通过“表单属性”面板，则可对插入的表单的名称、处理方式及表单的发送方法等进行设置，如图8-20所示。

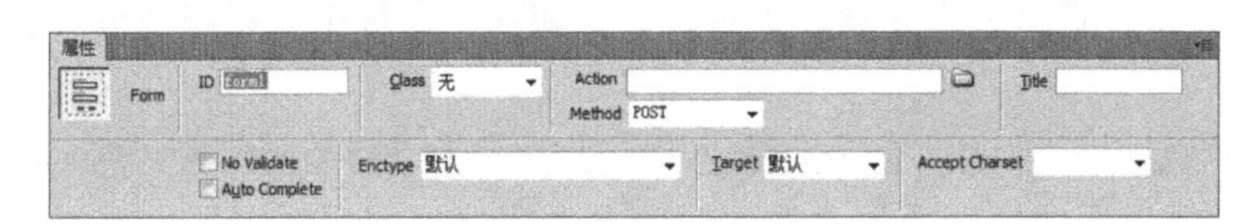

图8-20　“表单属性”面板

“表单属性”面板中相关选项的含义如下。

- ID：用于设置表单的名称。
- Class：选择应用在表单上的CSS类样式。
- Action：用于指定处理表单的动态页或脚本的路径，如“userinfo.asp”，可以是URL地址、HTTP地址，也可以是Mailto地址。
- Method：设置将数据传递给服务器的方式，通常使用的是“POST”方式。“POST”方式表示将所有信息封装在HTTP请求中，是一种可以传递大量数据的较安全的传送方式；“GET”方式则表示直接将数据追加到请求该页的URL中，只能传递有限的数据，并且不安全（在浏览器地址栏中可直接看到，如“userinfo.asp?username=ggg”的形式）。
- Title：用来设置表单的标题文字。
- “No Validate”复选框：用来设置当提交表单时不对其进行验证。
- “Auto Complete”复选框：用来设置是否启用表单的自动完成功能。
- Enctype：主要用来设置改善数据的编码类型，默认设置为application/x-www-form-urlencode。
- Target：主要用来设置表单被处理后反馈页面的打开方式，有_blank、new、_parent、_self和_top 5种。
- Accept Charset：主要用于选择服务器处理表单数据所接受的字符集。

8.1.4 插入表单元素

创建完表单后，则可在表单中插入各种表单元素，实现表单的具体功能。另外，Dreamweaver CC中的表单元素较多，下面将分类别进行介绍。

1. 文本输入类元素

文本输入类元素，主要包括常用的与文本相关的表单元素，如文本、电子邮件、密码、Url、Tel、搜索、数字、范围、颜色、月、周、日期、时间、日期时间、日期时间（当地）和文本区域等。这些元素的插入方法都相同，下面将具体介绍文本元素的插入方法和属性。其他元素的插入方法和属性可参照文本元素，如果其他元素有不同之处会进行相应的介绍。

（1）文本元素

文本（Text）元素是可以输入单行文本的表单元素，也就是通常登录页面上要求输入用户名的部分。在Dreamweaver CC中插入文本元素只需要选择【插入】/【表单】/【文本】命令或在“插入”面板的“表单”分类列表中单击“文本”按钮即可，如图8-21所示。

图8-21 文本元素

插入文本元素后，选择文本元素，则可在其“属性”面板中对其属性进行设置，如图8-22所示。

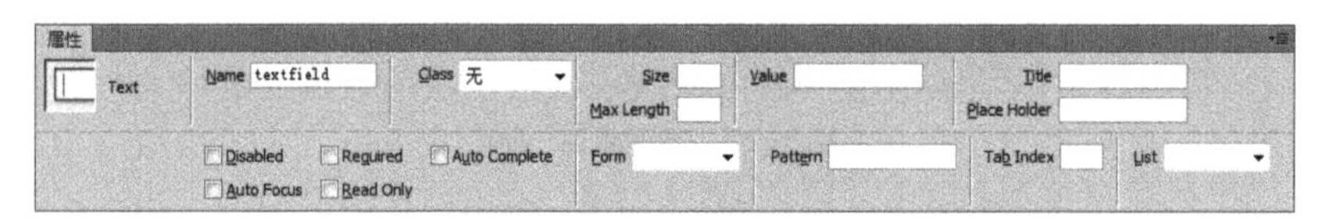

图8-22 文本元素“属性”面板

文本元素“属性”面板中相关选项的含义如下。

- Name：用于输入文本元素的名称。
- Class：用于设置应用在文本元素上的CSS类样式。
- Size：用于设置文本的宽度，默认情况下以英文字符为单位，两个英文字符相当于一个汉字。
- Max Length：用来指定可以在文本中输入的最大字符数。
- Value：设置在文本元素中默认显示的字符。
- Title：用来设置文本的标题。
- Place Holder：设置提示用户输入信息的格式或内容。
- “Disabled”复选框：用来设置是否禁用该文本。
- “Auto Focus”复选框：用来设置页面加载时，是否使输入字段获得焦点。
- “Reguired”复选框：用来设置该文本是否为必填项。
- “Read Only”复选框：用来设置文本是否为只读文本。
- “Auto Complete”复选框：用来设置在预览时浏览器是否存储用户输入的内容。如果单击选中该复选框，当用户返回到曾填写过值的页面时，浏览器会将用户填写过的值自动显示在文本框（input）中。

- Form：用来定义输入字段属于一个或多个表单。
- Pattern：用来规定输入字段值的模式或格式。
- Tab Index：用来设置“Tab”键在链接中的移动顺序。
- List：引用datalist元素。如果定义，则可在一个下拉列表框中插入值。

（2）电子邮件元素

电子邮件（Email）元素主要用于编辑在元素值中给出电子邮件地址的列表。其插入方法与文本元素的插入方法相同，其外观也基本相同，只是文本框前面的标签显示的是“Email”。

插入电子邮件后，其属性设置都基本相同，只在“属性”面板中多了一个“Multiple”复选框，如图8-23所示，如果单击选中该复选框，则可以在Email文本框中输入1个以上的值。

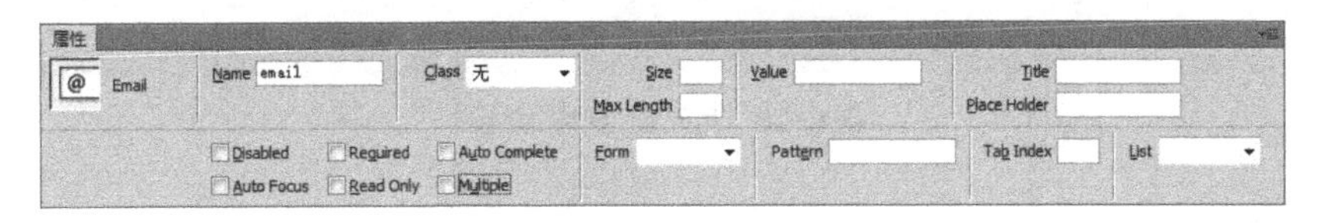

图8-23　电子邮件元素“属性”面板

（3）密码元素

密码（Password）元素是用来输入密码或暗号时的主要使用方式。其外观与文本元素基本相同，只是在“密码”文本框中输入密码后，会以“*”或“.”符号进行显示。其属性设置也与文本属性设置基本相同，只是密码元素少了list属性。

（4）Url元素

Url（地址）元素主要用来编辑在元素值中给出绝对URL地址的情况。URL的“属性”面板与文本元素的“属性”面板完全相同。

（5）Tel元素

Tel（电话）元素是一个单行纯文本编辑控件，主要用于输入电话号码。其“属性”面板与文本元素的“属性”面板完全相同。

（6）搜索元素

搜索（Search）元素是一个单行纯文本编辑控件，主要用于输入一个或多个搜索词，其“属性”面板与文本元素的“属性”面板完全相同。

（7）数字元素

数字（Number）元素中输入的内容只包含数字字段，其“属性”面板比文本元素的“属性”面板多了Min、Max和Step属性，其中，Min用来规定输入字段的最小值；Max用来规定输入字段的最大值；Step用来规定输入字段的合法数字间隔，如图8-24所示。

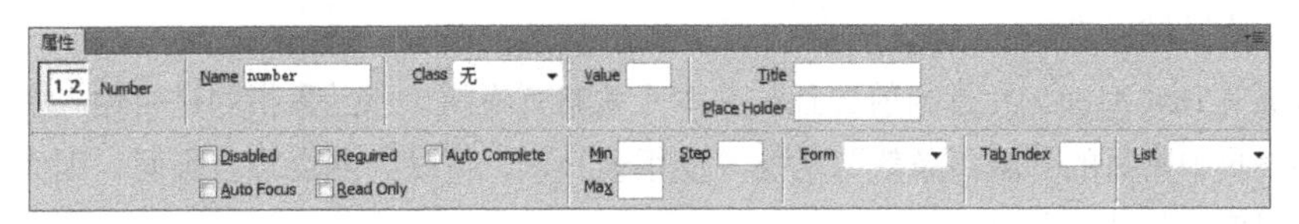

图8-24　数字元素“属性”面板

（8）范围元素

范围（Range）元素主要用来设置包含某个数字的值范围，其“属性”面板与数字元素的“属性”面板基本相同，只少了“Required”和“Read Only”复选框。

（9）颜色元素

颜色（Color）元素主要用来输入颜色值，该元素的Value值后，增加了一个“颜色值”按钮，单击该按钮后，在弹出的“颜色”面板中，则可选择任一颜色作为“Value”文本框中的初始值。

（10）月元素

月（Month）元素主要是让用户可以在该元素的文本框中选择月和年，该元素的“属性”面板与数字元素的基本相同，只是设置属性的显示方式不同，如图8-25所示。

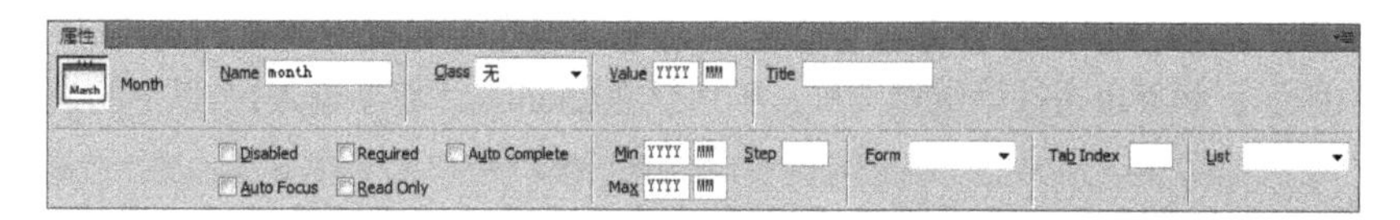

图8-25 月元素“属性”面板

（11）周元素

周（Week）元素主要是让用户可以在该元素的文本框中选择周和年，其“属性”面板与月元素的“属性”面板基本相同。

（12）日期、时间元素

日期（Data）元素主要用来帮助用户选择日期；而时间（Time）元素主要用来选择时间，这两个元素的“属性”面板与月元素的“属性”面板基本相同。

（13）日期时间、日期时间（当地）元素

日期时间（DateTime）元素主要使用户可以在该元素中选择日期和时间（带时区）；而日期时间（当地）（DateTime-Local）元素主要可以使用户选择日期和时间（无时区）。这两个元素的“属性”面板如图8-26所示。

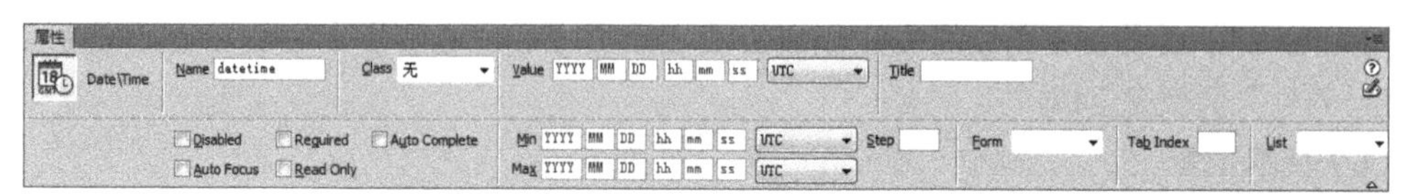

图8-26 日期时间、日期时间（当地）元素的“属性”面板

技巧 以上所有表单元素的HTML代码标记都是使用<input type="">进行显示的，只需更改“type”属性中的表单元素即可，如日期时间表单元素，则写成<input type="datetime">即可，如要添加属性，直接在“type”属性后添加即可。

（14）文本区域元素

文本区域（Text Area）元素与前面几种文本元素略有不同，该元素指的是可输入多行文本的表单元素，如网页中常见的“服条条款”功能。使用该元素，可以为网页节省版面，因为超出版面的文本，可使用滚动条进行查看。

其“属性”面板与前面各元素的“属性”面板也略有不同，如图8-27所示，在进行“属性”面板解析时，只针对不同的属性。

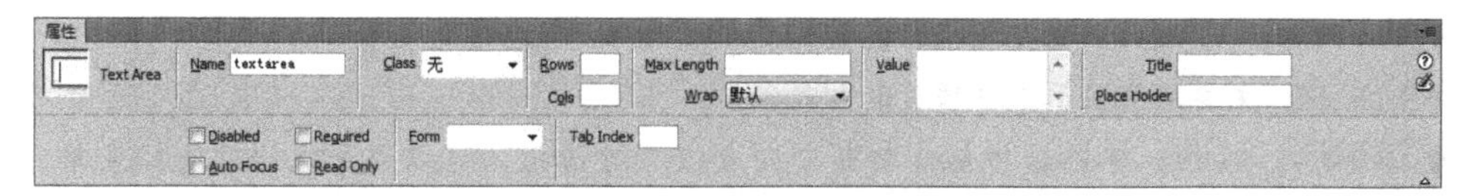

图8-27　文本区域元素“属性”面板

文本区域元素“属性”面板中相关选项的含义如下。

- Rows/Cols：主要用来指定文本区域的行数和列数，并且当文本的行数大于指定值的时候，会出现滚动条。另外，指定列数是指横向可输入的字符个数。
- Wrap：用来设置文本的换行方式。

技巧　文本区域元素在HTML中用<textarea></textarea>标记进行显示，如果要为文本标记添加属性，只需在开始标记<textarea>中添加即可，如<textarea name="textarea" wrap="off" autofocus></textarea>表示文本区域的名称为"textarea"，自动换行并在加载页面后获得焦点。

2. 插入选择类元素

选择类元素主要是在多个项目中选择其中一个选项，在页面中一般以矩形区域的形式进行显示。另外，选择功能与复选框和单选按钮的功能类似，只是显示的方式不同，下面将分别进行介绍。

（1）选择元素

选择（Select）元素，也可以称为列表/菜单元素，在网页中使用该元素不仅可以提供多个选项供浏览者选择，还可以节省版面，如图8-28所示。

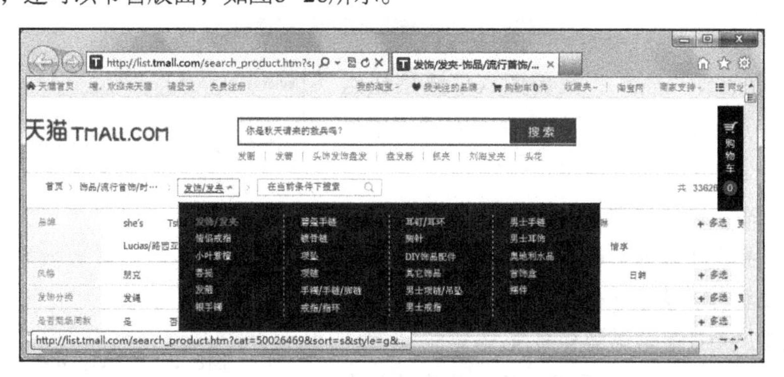

图8-28　选择元素的应用

使用菜单命令或“插入”面板插入选择元素后，将会在“属性”面板中显示关于选择元素的属性，如图8-29所示。

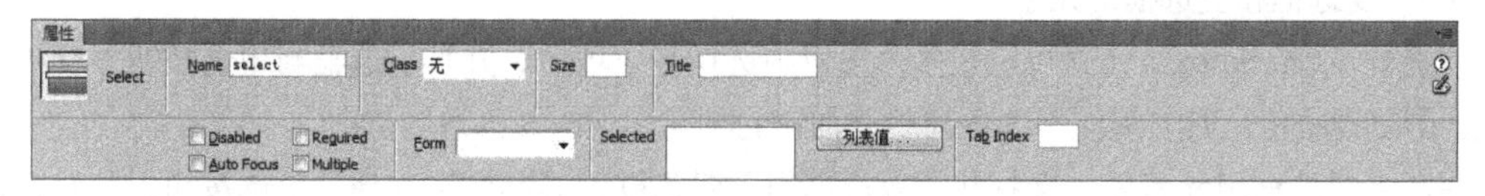

图8-29　选择元素“属性”面板

选择元素“属性”面板中相关选项的含义如下。

- “Multiple”复选框：主要用来设置是否允许选择多个元素。
- Selected：主要用来显示选择项目的初始值。
- 列表值...按钮：单击该按钮，打开“列表值”对话框，可以添加或修改选择表单的项目选项。

疑难解答 | 在“列表值”对话框中如何添加列表值?

在“列表值”对话框中直接单击“加号”按钮，则可在下方的列表框中添加列表项，直接输入选项值即可。另外可单击“减号”按钮、“上移”按钮和“下移”按钮，删除、上移和下移列表框中的选项，如图8-30所示。

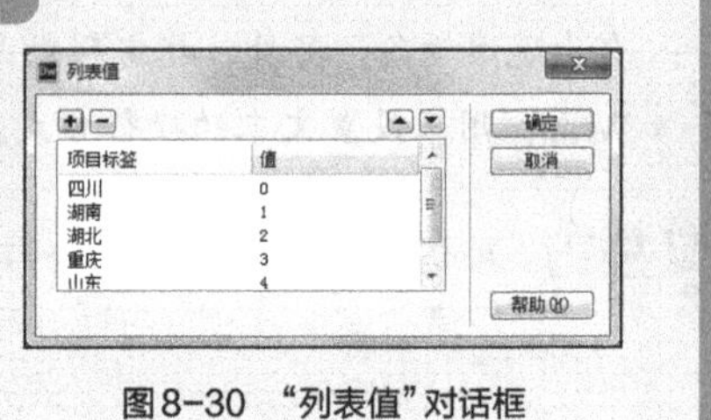

图8-30 “列表值”对话框

（2）单选按钮和单选按钮组元素

单选按钮（Button）元素只能在多个项目中选择一个项目。另外，两个以上的单选按钮应将其组成一个组，并且同一个组中应使用同一个组名，为Value属性设置不同的值，因为用户选择项目值时，单选按钮所具有的值会传到服务器上。图8-31所示为单选按钮元素的“属性”面板。“Checked”复选框用于设置单选按钮是否为选中状态。

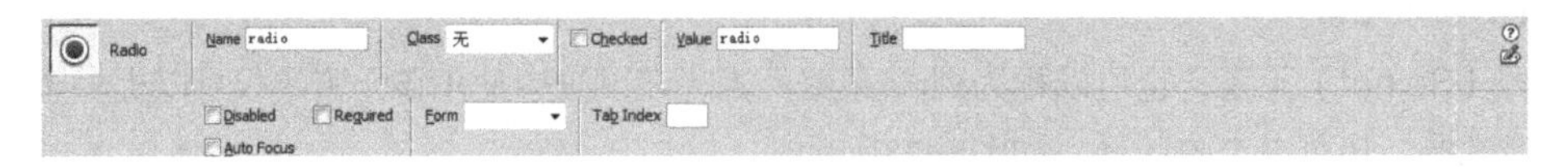

图8-31 单选按钮元素“属性”面板

使用菜单命令或“插入”面板插入单选按钮组时，会打开“单选按钮组”对话框，在该对话框中可以一次性插入多个单选按钮，如图8-32所示。

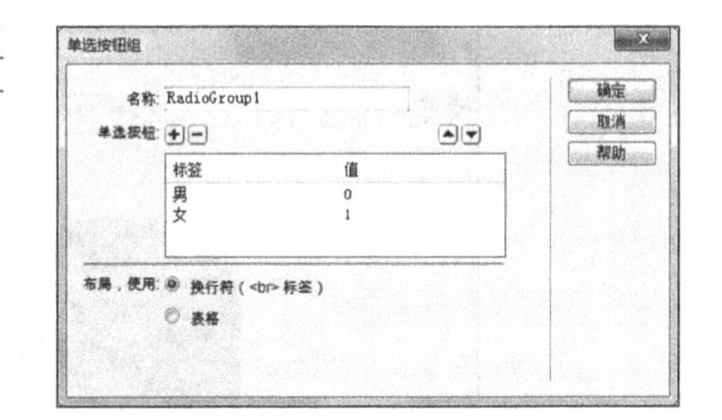

图8-32 “单选按钮组”对话框

“单选按钮组”对话框中相关选项的含义如下。

- 名称：主要用于设置单选按钮组的名称。
- 标签：主要用于设置单选按钮的文字说明。
- 值：主要用于设置单选按钮的值。
- “换行符”单选项：主要用于设置单选按钮在网页中是否可以直接换行。
- “表格”单选项：单击选中该单选项，可以表格的形式使单选按钮换行。

（3）复选框和复选框组元素

复选框（Checkbox）元素可以在多个项目中选择多个项目，并且复选框与单选按钮一样可以组成组，即复选框组。其“属性”面板与单选按钮的相同。

在插入复选框组元素后，会打开“复选框组”对话框，其参数选项与“单选按钮组”对话框中的相同。

3. 插入文件元素

文件（File）元素可以在表单文档中制作文件附加项目，由文本框和按钮组成。单击文件按钮插入，在打开的对话框中可添加上传的文件或图像等，而文本框中则会显示文件或图像的路径，如图8-33所示。

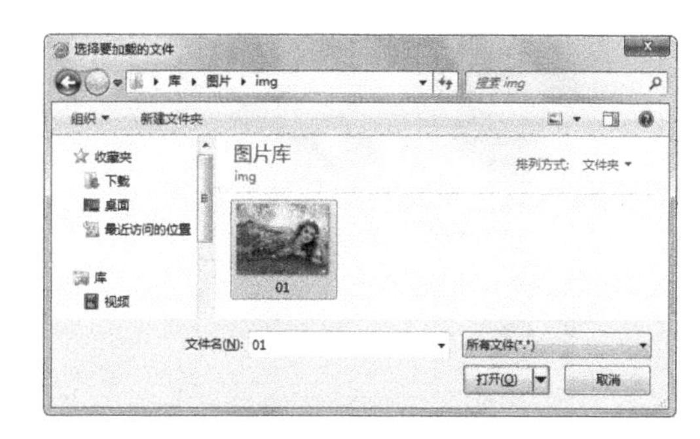

图8-33　文件元素的效果

4. 插入按钮和图像域

按钮和图像域有一个共同点，就是都可在单击后与表单进行交互。按钮包括普通按钮、提交按钮和重置按钮，而图像域也可以称为图像按钮。下面分别进行介绍。

（1）按钮元素

按钮（Button）元素是指网页文件中表示按钮时使用到的表单元素。

（2）提交按钮元素

提交（Submit）按钮在表单中起着至关重要的作用，如使用“发送”和“登录”等替换了“提交”字样，但把用户输入的信息提交给服务器的功能是始终没有变化的。图8-34所示提交按钮为“属性”面板。

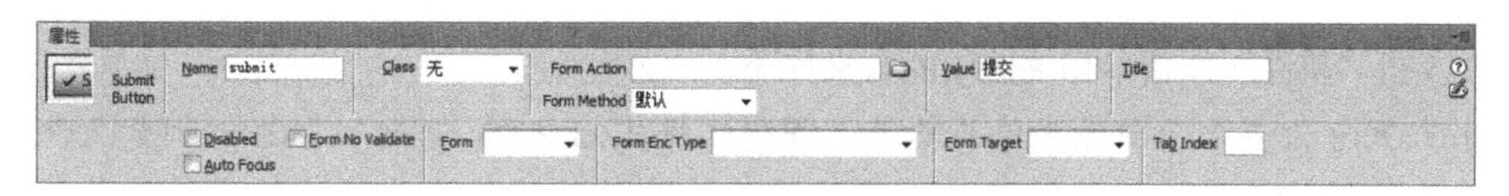

图8-34　提交按钮“属性”面板

提交按钮“属性”面板中相关选项的含义如下。

- Form Action：用于设置单击提交按钮后，表单的提交动作。
- Form Method：用于设置将表单数据发送到服务器的方法。
- Value：用于输入提交按钮的标题文字。
- “Form No Validate”复选框：用于设置当提交表单时是否对其进行验证。
- Form Enc Type：主要用来设置发送数据的编码类型，通常选择“application/x-www-form-urlencode”选项。
- Form Target：主要用来设置表单被处理后，反馈页面打开的方式。

（3）重置按钮

重置（Reset）按钮可删除输入样式上输入的所有内容，即重置表单。重置按钮的属性与提交按钮的属性基本相同。

（4）图像按钮

在表单中可以将提交通过图像按钮（imgeField）来实现。在网页中大部分的提交按钮采用的都是图像的形式，如“登录”按钮。图像按钮也只能用于表单的提交按钮中，而且在一个表单中可以使用多个图像按钮。另外，使用菜单命令或“插入”面板插入图像按钮时，会打开“选择图像源文件”对话框，选择图像按钮进行插入，则会以选择的图像作为图像按钮，如图8-35所示。

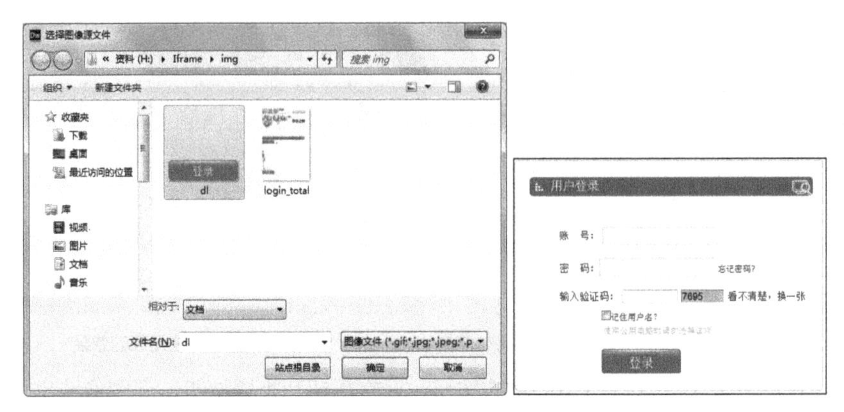

图8-35　图像按钮效果

图像按钮的“属性”面板与其他按钮元素的“属性”面板有所不同，在其他按钮元素的基础上增加了一些属性，如图8-36所示。

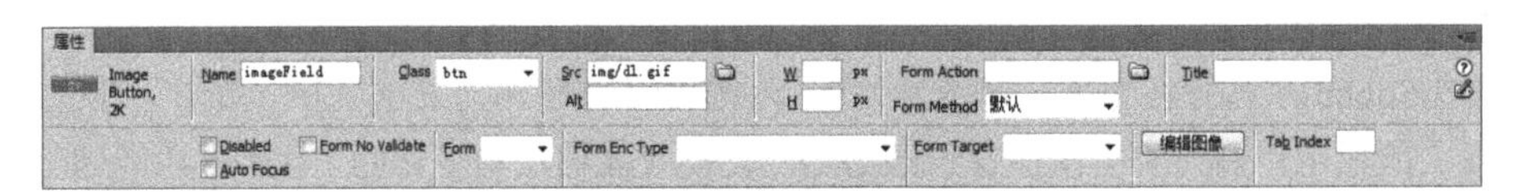

图8-36　图像按钮“属性”面板

图像按钮“属性”面板中相关选项的含义如下。

- Src：用于设置显示图像文件的路径，若想选择其他图像，则可以单击“浏览文件”按钮后，再选择新图像。
- Alt：用于设置在浏览时，如果不能正常显示图像按钮，显示的说明性文本，也可以将其作为图像按钮的提示文本。
- W：用于设置图像按钮的宽度。
- H：用于设置图像按钮的高度。
- 编辑图像按钮：单击该按钮，可以运用外部图像编辑软件来编辑图像按钮。

5. 插入隐藏元素

隐藏（Hidden）元素主要用于传送一些不能让用户查看到的数据。在表单中插入隐藏元素后，是以图标显示的，而且该元素只有Name、Value和Form 3个属性。

6. 插入标签和域集

在表单中插入标签可以在其中输入文本，但Dreamweaver CC只能在“代码”视图中使用HTML代码进行编辑。而域集可以将表单的一部分打包，生成一组与表单相关的字段。

8.1.5　使用 jQuery UI 的表单部分

在Dreamweaver CC中，使用jQuery UI取代了旧版本中的Spry控件。jQuery UI是以DHTML和JavaScript等语言编写的小型Web应用程序，在Dreamweaver CC中可以直接插入并使用，下面将介绍jQuery UI 各特效组件的使用。

1. 使用Datepicker组件

Datepicker元素是一个从弹出的日历窗口中选择日期的jQuery UI。该元素可以帮助用户快速创建一个高效的日历功能。在Dreamweaver CC中插入Datepicker元素很方便，只需选择【插入】/【jQuery UI】/【Datepicker】命令即可插入Datepicker组件。并且在“代码”视图中，会自动添加与jQuery UI相关的文件及JavaScript脚本语言，如图8-37所示。插入Datepicker组件后，即可在“属性”面板中对Datepicker组件的相关属性进行设置，如图8-38所示。

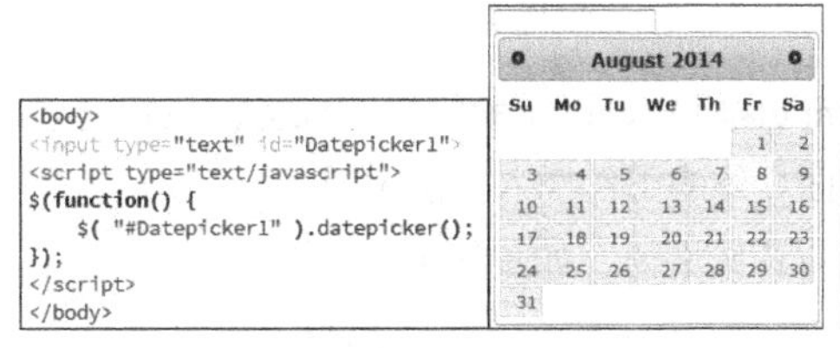

图8-37 Datepicker代码及效果

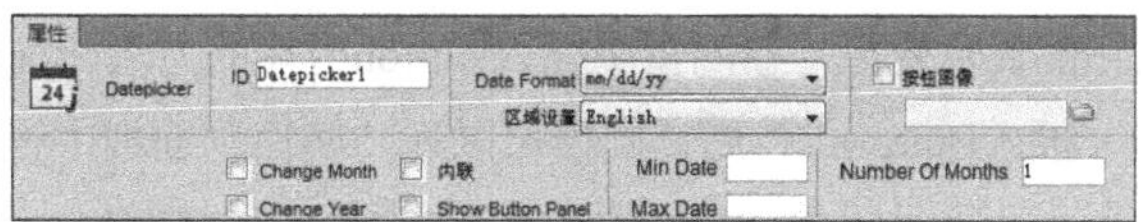

图8-38 Datepicker“属性”面板

Datepicker“属性”面板中相关选项的含义如下。

- ID：主要用来设置Datepicker的名称。
- Date Format：主要用来选择日期的显示格式。
- “按钮图像”复选框：主要用来设置按钮图像的表示形式，单击选中该复选框，则可在下方单击“浏览文件”按钮，在打开的对话框中选择图像。
- 区域设置：主要用来设置日期控件的显示语言。
- “Change Month”复选框：设置是否允许通过下拉列表框选择月份。
- “内联”复选框：设置使用DIV元素而不是表单显示控件。
- “Chanoe Year”复选框：设置是否允许通过下拉列表框选择年份。
- “Show Button Panel”复选框：设置是否在控件下方显示按钮。
- Min Date：用来设置一个最小的可选日期。
- Max Date：用来设置一个最大的可选日期。
- Numer Of Months：用来设置一次要显示多少个月份。

2. 使用AutoComplete组件

AutoComplete组件是一个在文本输入框中实现自动完成的jQuery UI控件。要在页面中插入AutoComplete组件，可以在“插入”面板的“jQuery UI”分类列表中单击“AutoComplete”按钮或选择【插入】/【jQuery UI】/【AutoComplete】命令。

插入AutoComplete组件后，则可在“属性”面板中设置该组件的各种属性，如图8-39所示。

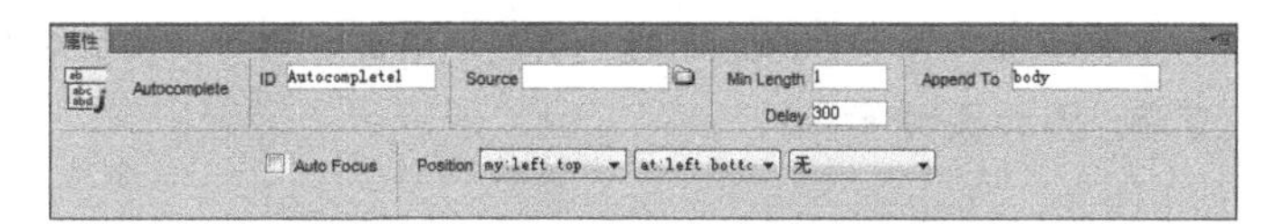

图8-39 AutoComplete“属性”面板

AutoComplete“属性”面板中相关选项的含义如下。

- ID：主要用来设置AutoComplete的名称。

- Source：用来选择脚本源文件。
- Min Length：设置在触发AutoComplete前用户至少需要输入的字符数。
- Delay：设置单击键盘后激活AutoComplete的延迟时间，其单位为毫秒。
- Append To：用来设置菜单必须追加到的元素。
- “Auto Focus”复选框：单击选中该复选框，焦点将自动设置到第一个项目。
- Position：用来设置自动建议相对于菜单的对齐方式。

3. 使用 Button 组件

Button组件主要可以用来增强表单中的Buttons、Inputs和Anchor元素的显示风格，使其更具有按钮的显示效果。在网页中插入Button组件的方法与前面介绍的组件插入方法相同。

插入Button组件后，同样可以在“属性”面板中设置各属性值，如图8-40所示。

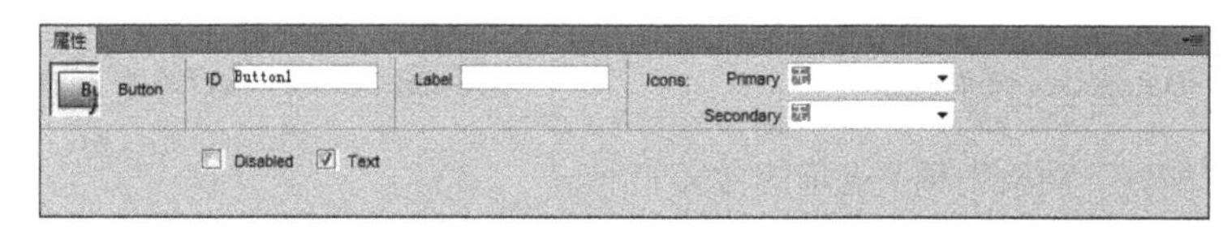

图8-40 “Button属性”面板

Button“属性”面板中相关选项的含义如下。

- ID：主要用来设置Button的名称。
- Label：主要用来设置按钮上显示的文本。
- Icons：主要用来显示在标签文本左侧和右侧的图标。
- “Disabled”复选框：单击选中该复选框，禁用按钮的使用。
- “Text”复选框：单击选中该复选框，则会隐藏标签；相反，则会显示标签。

4. 使用 Buttonset 组件

Buttonset组件是jQuery Button的组合，其插入方法与其他组件相同，效果如图8-41所示。

插入该组件后，同样可以在“属性”面板中设置其属性值，如图8-42所示。

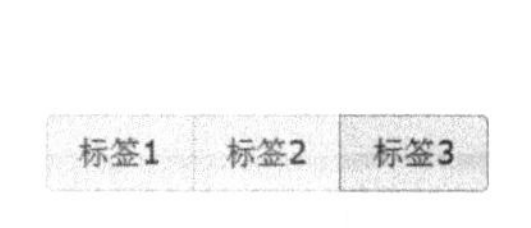

图8-41 Buttonset组件效果

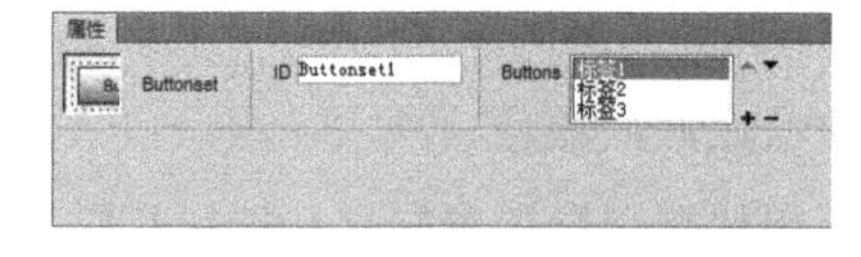

图8-42 Buttonset“属性”面板

Buttonset“属性”面板中相关选项的含义如下。

- ID：用来设置Buttonset的名称。
- “Buttons”栏：在列表框中显示Buttonset的各项目，单击右侧的各按钮则可以将列表中的项目进行上移、下移、添加或删除操作。

5. 使用 Checkbox Buttons 组件

Dreamweaver CC中的jQuery UI除了支持基本的按钮外，还可以把类型为Checkbox的input元素变为按钮，此类型的按钮主要有两种状态：一种是保持原始状态；另一种则是按下按钮后的状态。该组件的插入方法与其他组件的插入方法相同。

在Dreamweaver CC中插入Checkbox Buttons组件后，同样可以在“属性”面板中设置其属性值，并且其外观和“属性”面板都与Buttonset组件的相同。

6. 使用 Radio Buttons 组件

jQuery UI中除了复选框按钮外，同样存在单选项按钮，即Radio Buttons组件，它可以将表单中Type类型为Radio的组组成一组单选按钮组。同样只能在Radio Buttons组中选择一个选项作为当前状态。

该组件的插入方法及“属性”面板都与Buttonset组件的相同。

课堂练习——制作“宠物网注册”网页

本练习将为“宠物网”制作注册页面（素材\第8章\课堂练习\chww_zc.html），要求该网页能让用户注册为本网站的会员，能够收集用户的基本信息，了解用户的一些使用习惯，完成后的参考效果如图8-43所示（效果\第8章\课堂练习\chww_zc.html）。

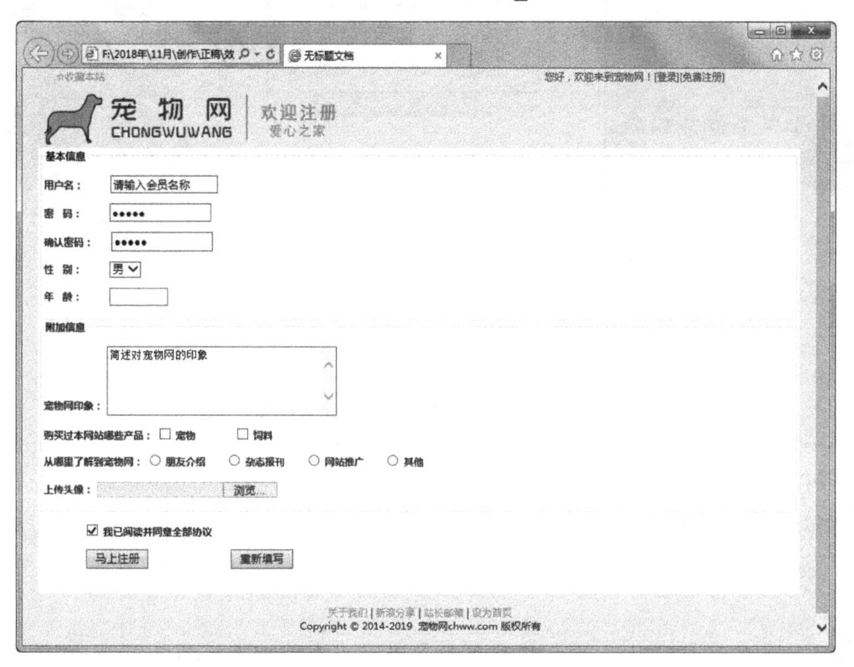

图8-43 “宠物网注册”网页效果

8.2 应用JavaScript行为

大多数优秀的网页中，不只包含文字和图像，还有许多其他交互式效果，其中就包含了JavaScript行为。行为可以将事件与动作进行结合，以让页面实现许多特殊的交互效果，本小节就针对JavaScript行为的各种效果进行介绍。

8.2.1 课堂案例——完善“植物网注册”页面的效果

视频教学
完善“植物网注册”效果

案例目标： 许多网页为了提高用户和网站的交互性，会使用行为来设计网页的视觉效果，本例主要为“花火植物家居馆”网页首页添加一个登录行为，使其打开“登录”页面，然后继续为该页面添加检查表单行为，完成后的参考效果如图 8-44 所示。

知识要点： 打开浏览器窗口行为；检查表单行为。

素材文件： 素材 \ 第 8 章 \ 课堂案例 \ images、hhzwjjgsy.css、index.html、dl.html

效果文件： 效果 \ 第 8 章 \ 课堂案例 \ index.html、dl.html

图8-44 完善“植物网注册”页面的效果

其具体操作步骤如下。

STEP 01 打开“index.html”网页，选择网页上方的“登录”文本，按【Shift+F4】组合键打开“行为”面板，单击“添加行为”按钮+，在打开的下拉列表中选择“打开浏览器窗口”选项，如图8-45所示。

STEP 02 打开“打开浏览器窗口”对话框，单击“要显示的 URL”文本框右侧的 浏览... 按钮，如图8-46所示。

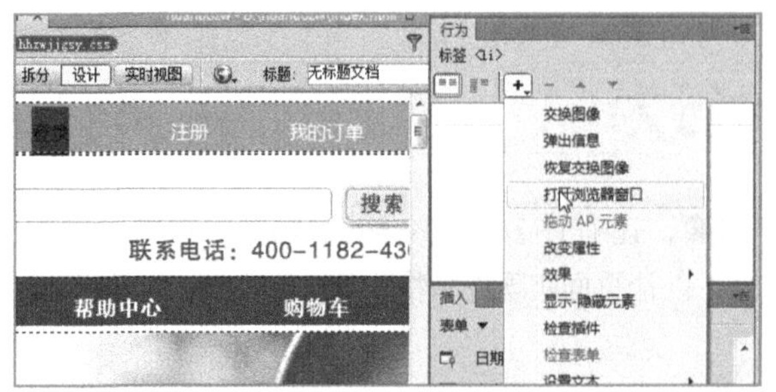

图8-45 选择行为

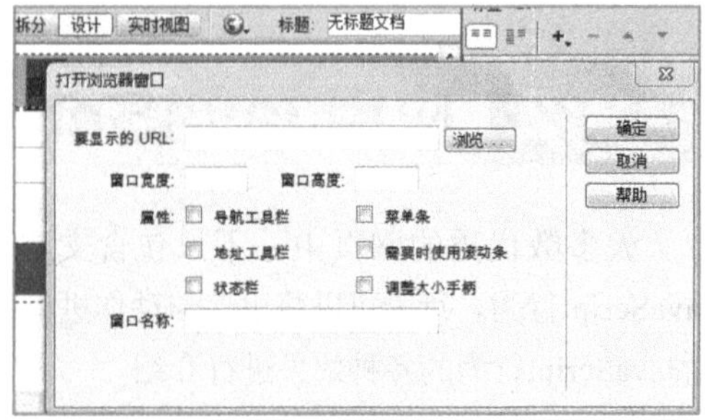

图8-46 设置要显示的窗口文件

STEP 03 打开“选择文件”对话框，选择“dl.html”网页文件，单击 确定 按钮，如图8−47所示。

STEP 04 返回“打开浏览器窗口”对话框，将窗口宽度和窗口高度分别设置为“450”和“385”，在“窗口名称”文本框中输入“花火植物家居馆登录”文本，单击 确定 按钮，如图8−48所示。

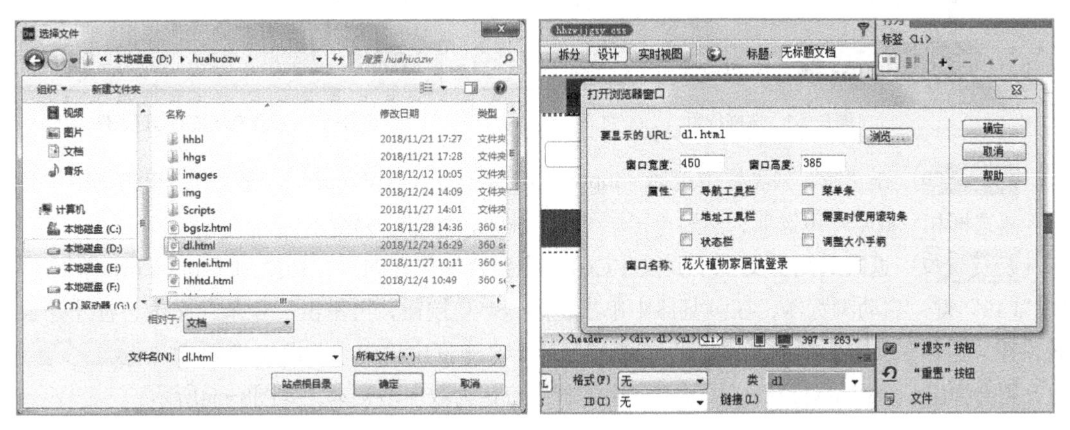

图8−47 选择网页文件　　图8−48 设置窗口属性

STEP 05 选择“行为”面板中已添加行为左侧的事件选项，单击出现的下拉按钮，在打开的下拉列表中选择“onClick”选项，如图8−49所示。

STEP 06 保存并预览网页，单击标签信息区域后将打开大小为450像素×385像素的窗口，并显示“dl.html”网页中的内容，效果如图8−50所示。

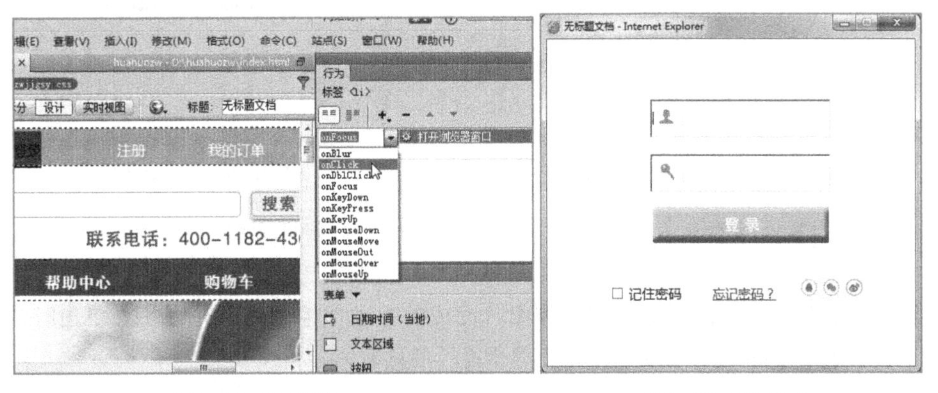

图8−49 设置事件　　图8−50 预览效果

STEP 07 打开“dl.html”网页，然后选择整个表单，在“行为”面板中单击“添加行为”按钮+，在打开的下拉列表中选择“检查表单”选项，如图8−51所示。

STEP 08 打开“检查表单”对话框，在“域”列表框中选择“input ‘textfield’（R）”选项，然后再单击选中“必需的”复选框和“任何东西”单选项，如图8−52所示。

图8-51　选择行为

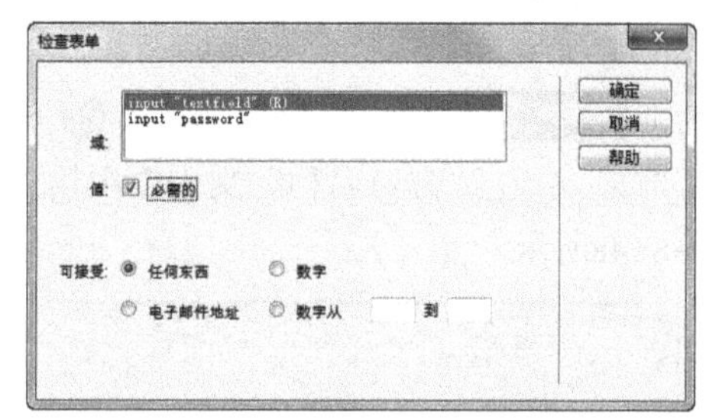

图8-52　设置文本域的验证条件

STEP 09 在“域”列表框中选择“input ‘password’（RisNum）”选项，再单击选中“必需的”复选框和“数字”单选项，然后单击 确定 按钮，如图8-53所示。

STEP 10 返回到网页文本中，按【Ctrl+S】组合键保存网页，切换到“index.html”网页，按“F12”键，启动浏览器，在浏览器中单击 允许阻止的内容(A) 按钮，再单击“登录”文本，打开登录页面，在“昵称”文本框中输入“aaa”，在“密码”文本框中输入“aaa”，然后单击 登录 按钮，则会弹出一个提示对话框，提示密码文本框中应该为数字型文本，如图8-54所示。

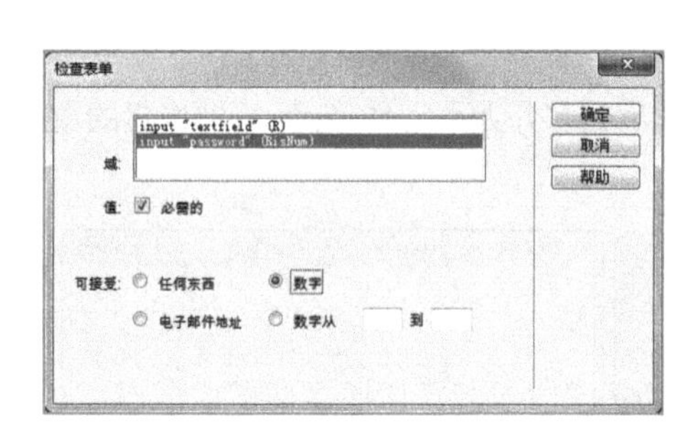

图8-53　设置密码域的验证条件

图8-54　提示对话框

8.2.2　认识行为

行为是由事件和该事件所触发的动作组合而成的。动作控制何时执行（如单击时开始执行等），事件控制执行的内容（如弹出对话框显示提示信息等）。

1. 事件

一般情况下，每个浏览器都提供一组事件，不同的浏览器有不同的事件，但常用的事件大部分的浏览器都支持。常用的事件及作用说明如下。

- onLoad：当载入网页时触发。
- onUnload：当用户离开页面时触发。
- onMousOver：当鼠标指针移入指定元素范围时触发。
- onMouseDown：当用户按下鼠标左键但没有释放时触发。
- onMouseUp：当用户释放鼠标左键后触发。

- onMouseOut：当鼠标指针移出指定元素范围时触发。
- onMouseMove：当用户在页面上拖动鼠标时触发。
- onMouseWheel：当用户使用鼠标滚轮时触发。
- onClick：当用户单击了指定的页面元素，如链接、按钮或图像映像时触发。
- onDblClick：当用户双击了指定的页面元素时触发。
- onKeyDown：当用户任意按下一键时，在没有释放之前触发。
- onKeyPress：当用户任意按下一键，然后释放该键时触发。该事件是onKeyDown和onKeyUp事件的组合事件。
- onKeyUp：当用户释放了被按下的键后触发。
- onFocus：当指定的元素（如文本框）变成用户交互的焦点时触发。
- onBlur：和onFocus事件相反，当指定元素不再作为交互的焦点时触发。
- onAfterUpdate：当页面上绑定的数据元素完成数据源更新之后触发。
- onBeforeUpdate：当页面上绑定的数据元素已经修改并且将要失去焦点时，也就是数据源更新之前触发。
- onError：当浏览器载入页面发生错误时触发。
- onFinish：当用户在选择框元素的内容中完成一个循环时触发。
- onHelp：当用户选择浏览器中的“帮助”菜单命令时触发。
- onMove：当移动浏览器窗口或框架时触发。

2. 行为

行为是预先编写好的一组JavaScript代码，执行这些代码可执行特定的任务，完成不同的特殊效果，如打开浏览器窗口、交互图像和预载图像等，而添加各行为的操作都需要通过“行为”面板进行实现，选择【窗口】/【行为】命令或按【Shift+F4】组合键皆可打开“行为”面板，如图8-55所示。

“行为”面板中相关选项的含义如下。

- “显示设置事件”按钮：单击该按钮只显示已设置的事件列表。
- “显示所有事件”按钮：单击该按钮显示所有事件列表。
- “添加行为”按钮：单击该按钮，在打开的下拉列表中可进行行为的添加操作。
- “删除事件”按钮：单击该按钮可进行行为的删除。
- “增加事件值”按钮：单击该按钮将向上移动所选择的动作，若该按钮为灰色，则表示不能移动。
- “降低事件值”按钮：单击该按钮将向下移动所选择的动作。

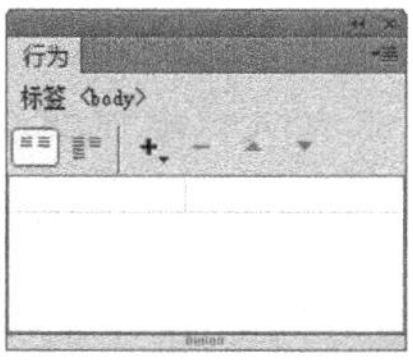

图8-55 “行为”面板

8.2.3 “弹出窗口信息”行为

如果在网页中添加了“弹出窗口信息”行为，则在预览时，会在某个事件触发时弹出一个信息窗口，给浏览者一些提示性信息。

创建“弹出窗口信息”行为的方法为：在“行为”面板中单击“添加行为”按钮，在打开的下拉列表中选择“弹出窗口信息”选项，打开“弹出信息”对话框，在“消息”列表框中输入文本，单击确定按钮，如图8-56所示。返回到网页文档中，则可在“行为”面板的列表值中查看到添加的行为，并且可以单击左侧的事件，在打开的下拉列表中选择“事件”列表选项“onLoad”，即修改默认的事件，如图8-57所示。

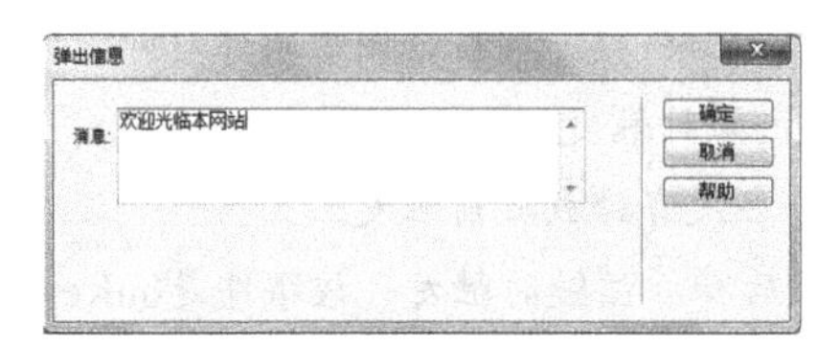

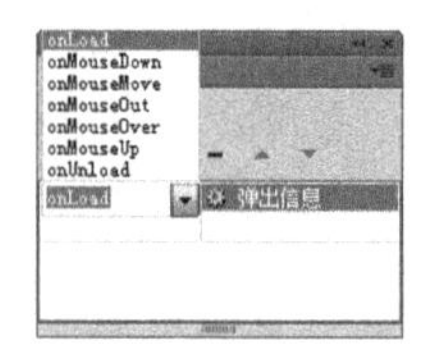

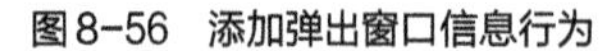

图8-56　添加弹出窗口信息行为　　图8-57　修改事件

8.2.4 “打开浏览器窗口”行为

在浏览一些网页时，通常会弹出一个窗口，里面都是广告或通告等内容，这些窗口通常都可以使用“打开浏览器窗口”行为进行制作。

在添加“打开浏览器窗口”行为时，会打开“打开浏览器窗口”对话框，在该对话框中可设置打开浏览器窗口的大小、窗口名称等信息，如图8-58所示。

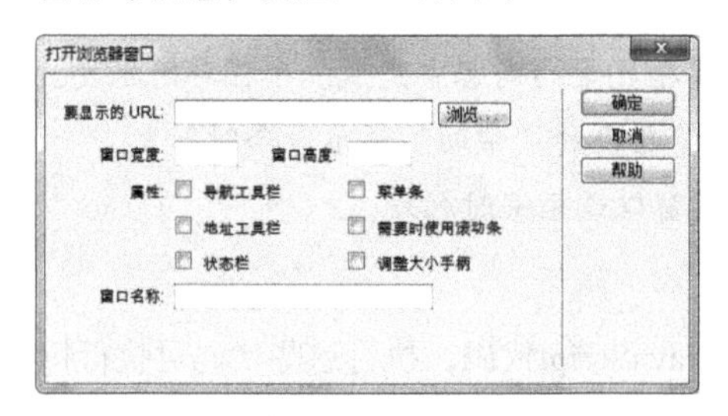

图8-58　“打开浏览器窗口”对话框

“打开浏览器窗口”对话框中相关选项的含义如下。

- 要显示的URL：主要用于输入链接的文件名称或网络地址，在链接时，可以直接在文本框中输入，也可以单击浏览...按钮进行链接。
- 窗口宽度、窗口高度：主要用于设置打开浏览器窗口的宽度或高度，默认情况下单位为像素。
- “属性”栏：“属性”栏中的各复选框，主要用于设置打开浏览器窗口是否有导航工具栏、菜单栏、地址工具栏、滚动条、状态栏和调整大小手柄等元素。
- 窗口名称：用于指定窗口的名称，如果添加该行为时输入同样的窗口名称，则打开一个新窗口，显示新的内容。

8.2.5 “调用 JavaScript”行为

“调用JavaScript”行为主要是在“调用JavaScript”对话框中输入简单的脚本语言，执行某个动作。使用该行为，需要用户有一定的脚本语言基础。

“调用JavaScript”行为的方法为：在“行为”面板中，单击“添加行为”按钮，在打开的下拉列表中选择“调用JavaScript行为”选项，打开“调用JavaScript”对话框，在其文本框中输入脚本代码，如“setTimeout("self.close()",2000)”，单击确定按钮完成行为调用操作，如图8-59所示。

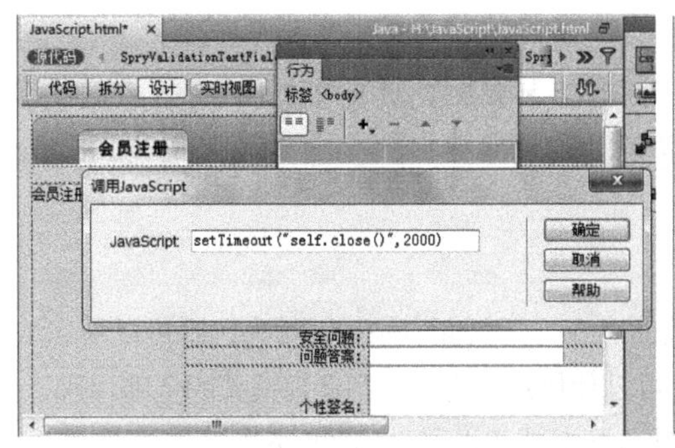

图8-59 调用自动关闭网页的JavaScript行为

8.2.6 “转到URL”行为

在网页中使用“转到URL”行为可以在当前窗口或指定的框架中打开一个新页面。此行为适用于通过一次单击更改两个或多个框架的内容。

在添加“转到URL”行为时，会打开“转到URL”对话框，如图8-60所示。

“转到URL”对话框中相关选项的含义如下。

- 打开在：主要是从列表框中选择URL的目标，在该列表框中会自动列出当前框架集中所有框架的名称及主窗口，如果无任何框架，则只显示主窗口，也是唯一的选项。
- URL：在文本框中可以直接输入链接文本或文件的路径，也可以单击文本框后的浏览...按钮进行链接。

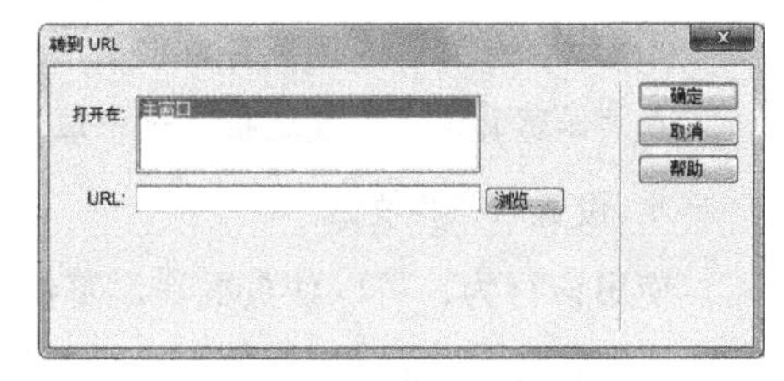

图8-60 “转到URL”对话框

8.2.7 “显示文本”行为

在Dreamweaver CC中，使用行为显示文本主要包括设置容器文本、设置文本域文本、设置框架文本和设置状态栏文本。不同的文本行为实现不同的效果。添加这些行为，只需在“行为”面板中单击“添加行为”按钮+，在打开的下拉列表中选择“显示文本”选项，在打开的下一级子列表中选择不同的子选项进行添加。下面将分别介绍各种文本行为。

1. 设置容器文本

“设置容器文本”行为是指以用户指定的内容替换网页上现有层的内容和格式设置。在添加该行为时，会打开“设置容器的文本”对话框，如图8-61所示。

“设置容器的文本”对话框中相关选项的含义如下。

- 容器：在该下拉列表框中列出了所有带有id属性的容器名称，可以选择容器名称为其添加行为。
- 新建HTML：可在该列表框中输入替换内容的文本或HTML代码。

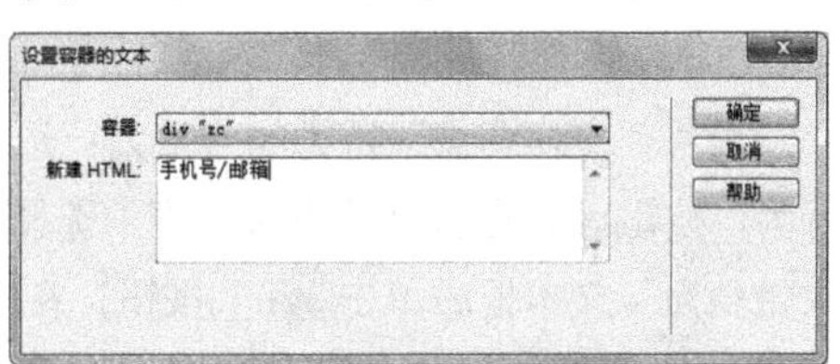

图8-61 “设置容器的文本”对话框

2. 设置文本域文本

该行为的功能与“设置容器文本”行为的功能基本相同，只是所针对的对象不同。“设置容器文本”行为是针对网页中所有带有id属性的窗口，如DIV、p和span等元素，而“设置文本域”行为是针对表单中的输入元素或文本元素等。

3. 设置框架文本

“设置框架文本”行为主要用于包含框架结构的页面。在框架页面中添加该行为，则可以动态地改变框架的文本、转变框架的显示和替换框架的内容，可以让用户动态地改写任何框架的全部代码。

在添加该行为时，需在打开的“设置框架文本”对话框中进行设置，如图8-62所示。

图8-62 “设置框架文本”对话框

“设置框架文本”对话框中相关选项的含义如下。

- 框架：在该下拉列表框中显示了当前网页中所有的框架页面，可选择显示设置文本的框架选项。
- 新建HTML：主要用于设置选择框架中需要显示的HTML代码或文本。
- 获取当前 HTML按钮：为所选框架添加了该行为后，单击该按钮可以在浏览窗口中显示框架中<body></body>标记之间的所有代码。
- “保留背景色”复选框：选中该复选框可以保留框架中原有的背景色。

4. 设置状态栏文本

使用该行为，可以使页面在浏览器左下方的状态栏上显示一些需要的文本信息，如链接内容、欢迎信息和跑马灯等效果。在添加该行为时，会打开“设置状态栏文本”对话框，只需在“消息”文本框中输入要在状态栏中显示的文本即可，如图8-63所示。

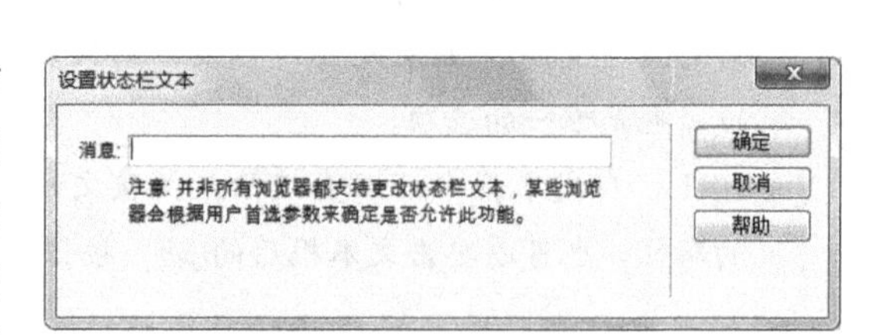

图8-63 “设置状态栏文本”对话框

8.2.8 图像与多媒体的行为

Dreamweaver CC利用各图像和多媒体行为，可制作出富有动感的网页效果，如交换图像、恢复交换图像、预先载入图像、拖动AP元素和显示-隐藏元素等。下面将分别进行介绍。

1. “交换图像”行为

“交换图像”行为与鼠标指针经过图像功能相似，都可以实现在鼠标指针经过（onMouseOver）图像时，变换为另一张图像。不同的是，“交换图像”行为可以设置其事件，即可以在使用鼠标单击（onClick）图像时进行变换。

设置“交换图像”行为的方法为：选择需添加该行为的图像，再在“行为”面板中单击“添加行为”按钮+，在打开的下拉列表中选择“交换图像”选项，打开“交换图像”对话框，在“设定原始档为”文本框后单击浏览...按钮，在“选择图像源文件”对话框中选择图像。然后单击确定按钮，返回到“交换图像”对话框中，则可看到所选图像路径，单击确定按钮完成“交换图像”行为的添加。在“行为”面板中可查看到添加的“交换图像”行为，在“交换图像”行为前选择onMouseOver事件，单击其后的下拉按钮，在弹出的下拉列表中选择“onClick”选项，将事件修改为单击原始图像后交换图像。

2. “恢复交换图像”行为

一般情况下，在添加“交换图像”行为时，将会自动添加“恢复交换图像”行为，如果没有添加“恢复交换图像”行为，则可在“行为”面板中单击“添加行为”按钮，在打开的下拉列表中选择“恢复交换图像”选项，在打开的对话框中直接单击按钮即可。

3. “预先载入图像”行为

“预先载入图像”行为主要用来预先导入图像。一般情况下，在加载网页时，都不会直接显示图像，而是要等网页加载完成后才会读取图像，为了在加载网页前预先读取图像，可以使用该行为。一般网页较大时才会有明显的区别。

添加该行为只需在“行为”面板中单击“添加行为”按钮，在打开的下拉列表中选择“预先载入图像”选项，在打开的“预先载入图像”对话框的“图像源文件”文本框中添加预先载入图像的路径后，单击按钮即可，如图8-64所示。

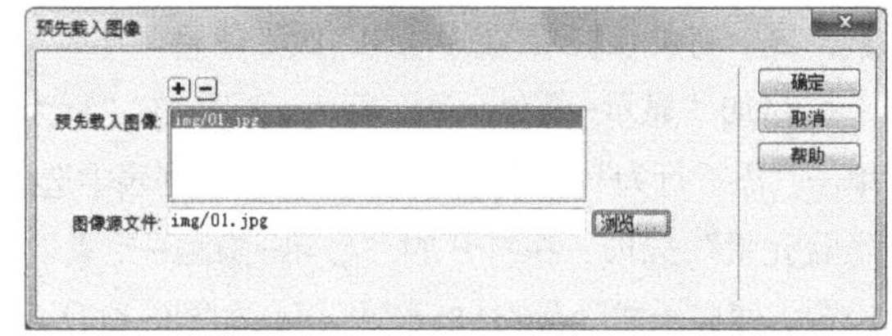

图8-64 “预先载入图像”对话框

4. “拖动AP元素”行为

AP元素与DIV元素具有相同的性质，都可以将其作为容器，而使用“拖动AP元素”行为，则可在浏览器上拖动鼠标将图层移动到所需的位置上。如在换装小游戏中，给模特换装、换发型等，就可使用该行为进行制作。

在网页中添加该行为只需在“行为”面板中单击“添加行为”按钮，在打开的下拉列表中选择“拖动AP元素”选项，打开“拖动AP元素”对话框，如图8-65所示。在该对话框中包括“基本”选项卡和“高级”选项卡，用户可以根据情况在不同的选项卡中进行设置。

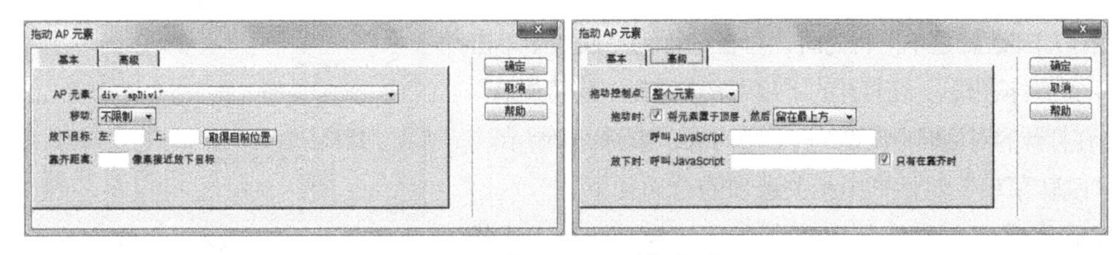

图8-65 “拖动AP元素”对话框

“拖动AP元素”对话框中相关选项的含义如下。

- AP元素：在该下拉列表框中可选择移动的AP层。
- 移动：主要用来设置AP层的移动，包括“限制”和“不限制”两个选项，限制表示在设置的范围内进行移动；不限制则可任意移动。
- 放下目标：主要用来指定图像碎片正确进入的最终坐标值，如拼图游戏。
- 靠齐距离：主要用来设置当拖动的层与目标位置的距离在此范围内时，自动将层对齐到目标位置上。
- 拖动控制点：用来选择鼠标对AP元素进行拖动时的位置，如果选择“整个元素”选项，则可以在单击AP元素的任何位置后再进行拖动；如果选择“元素内的区域”选项，则只有鼠标指针在指定范围内时，才可以拖动AP元素。

- 拖动时：如果单击选中“将元素置于顶层”复选框，在拖动AP元素的过程中经过其他AP元素上方时，可以选择显示在其他AP元素上面还是下面。
- 放下时：如果在正确的位置上放置了AP元素后，需要发出效果声音或消息，则可在“呼叫JavaScript”文本框中输入运行的JavaScript函数；如果只有在AP元素到达拖放目标时才执行该JavaScript，则需要选中“只有在靠齐时”复选框。

5. “显示－隐藏元素”行为

“显示-隐藏元素”行为主要用来显示、隐藏或恢复一个或多个AP元素的默认可见性。例如，当浏览者将鼠标指针滑过栏目图像时，可以显示一个AP元素，提示有关该栏目的说明或图像等信息。

添加“显示-隐藏元素”行为，只需在“行为”面板中单击“添加行为”按钮+，在打开的下拉列表中选择“显示-隐藏元素”选项，在打开的“显示-隐藏-元素”对话框中设置需要显示或隐藏的AP元素即可，如图8-66所示。

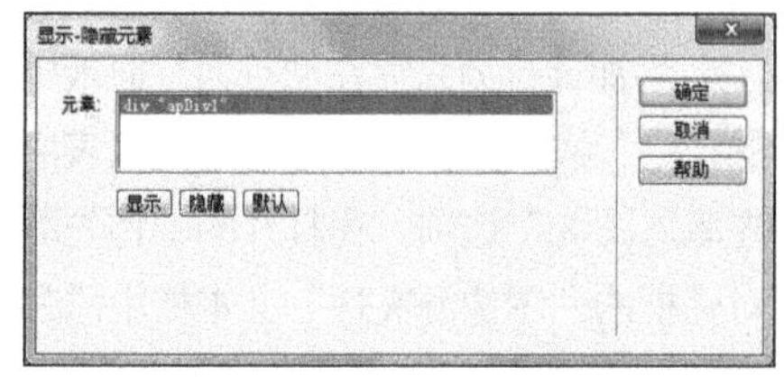

图8-66 “显示－隐藏”对话框

8.2.9 用行为控制表单

在Dreamweaver CC中可以使用行为控制表单元素，如常用的跳转菜单、表单验证等。在网页中制作出表单后，提交前首先需要确认是否在必填区域上按照要求的格式输入信息。下面将对菜单的跳转和表单的验证进行介绍。

1. 跳转菜单

“跳转菜单”行为主要是用来编辑跳转菜单对象，与链接功能相似。

在添加“跳转菜单”行为时，可在“行为”面板中单击“添加行为”按钮+，在打开的下拉列表中选择“跳转菜单”选项，在打开的对话框中设置跳转菜单对象，如图8-67所示。

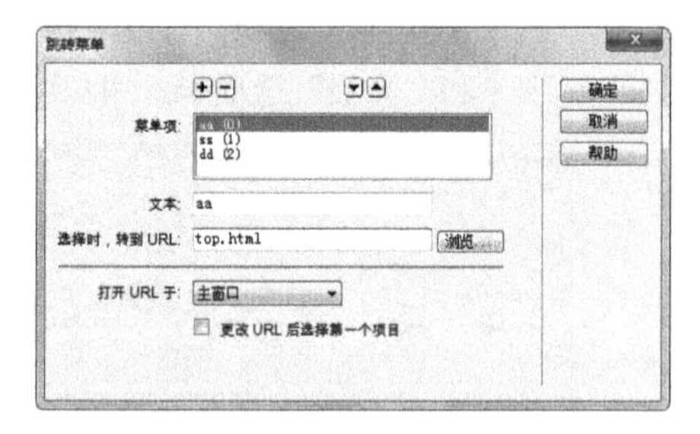

图8-67 “跳转菜单”对话框

“跳转菜单”对话框中相关选项的含义如下。

- 菜单项：主要用来显示作为“文本”栏和“选择时，转到URL”栏的显示对象。
- 文本：用来输入显示在跳转菜单中的菜单名称，并且还可以使用中文和空格。
- 选择时，转到URL：主要用来输入转到下拉菜单项目的文件路径。
- 打开URL于：主要用于框架组成文档时，选择显示框架文件的框架名称，若没有使用框架，则只能使用“主窗口”选项。
- “更改URL后选择第一个项目”复选框：在跳转菜单中单击菜单，跳转到链接网页中，跳转菜单上也依然显示指定为基本项目的菜单。

2. 检查表单

在网页中添加表单后，可能会漏填、误填一些信息，这样会在接收与处理信息时产生许多麻烦，为了避免这种麻烦，可在提交表单前，对表单进行检查，再对错误或漏填的信息进行修改或补充。这样就需使用到“检查表单”行为。

使用“检查表单”行为的方法为：选择整个表单，然后在“行为”面板中单击“添加行为”按钮 ，在打开的下拉列表中选择“检查表单”选项，打开“检查表单”对话框，在其中进行相关设置即可，如图8-68所示。

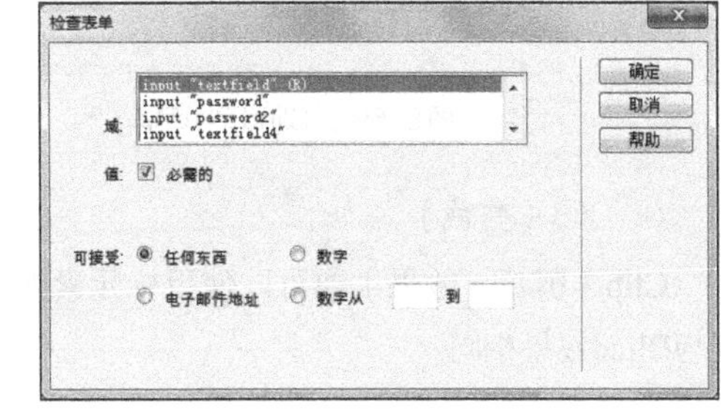

图8-68 “检查表单”对话框

“检查表单”对话框中相关选项的含义如下。

- 域：在该列表框中显示表单中所有的文本域名称，如果用户想要验证单个区域，则在该列表框中选择需要验证的对象即可。
- “必需的”复选框：如果单击选中该复选框，则表示需要验证的对象是必填项。
- “任何东西”单选项：单击选中该单选项，表示验证对象可接受任何输入类型。
- “数字”单选项：单击选中该单选项，表示验证对象只能输入数字类型，即不能输入数字类型以外的类型，如字母或符号等。
- “电子邮件地址”单选项：单击选中该单选项，表示验证对象只能输入一个电子邮件地址形式的文本，即要带有一个@符号的电子邮件地址。
- “数字从”单选项：单击选中该单选项，表示验证对象要输入在某个范围内的数字型值，即需要在其后的文本框中输入数字范围。

8.2.10 使用行为添加 jQuery 效果

在Dreamweaver CC中除了可以使用前面讲解的行为来为网页设计交互外，还可使用行为来制作jQuery效果从而美化网页。下面将分别介绍Blind（百叶窗）、Bounce（晃动）、Clip（剪裁）、Fade（渐显/渐隐）、Fold（折叠）、Highlight（高亮颜色）、Puff（膨胀）、Pulsate（闪烁）、Scale（缩放）、Shake（震动）和Slide（滑动）效果。

1. Blind（百叶窗）

使用Blind特殊效果可以使目标元素沿某个方向收起来，直至完全隐藏。添加该效果只需要在“行为”面板中单击“添加行为”按钮 ，在打开的下拉列表中选择【效果】/【Blind】选项，打开“Blind”对话框，如图8-69所示。设置特效参数，如效果实现的时间、可见性和方向等，下面分别进行介绍。在预览时，单击添加Blind效果的对象，则会按百叶窗的方式收缩对象。

- 目标元素：主要设置产生特效的目标元素。
- 效果持续时间：主要用来设置产生特效的延迟时间，单位为毫秒。
- 可见性：主要用来设置目标元素是显示或隐藏。
- 方向：主要用来设置目标元素的运动方向。

2. Bounce（晃动）

Bounce（晃动）效果可以使目标元素进行上下晃动。其添加方法与Blind效果相同，并且在添加时会打开“Bounce”对话框，如图8-70所示。在该对话框中有与Blind效果不同的参数，即距离和次参数，其作用分别为设置目标元素运动的距离和目标元素运动的次数。

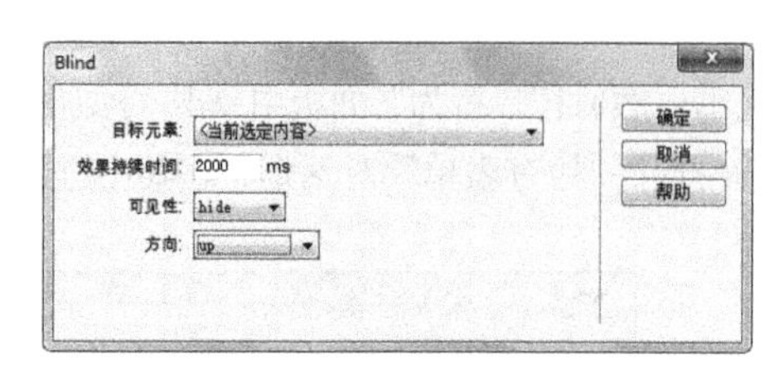

图8-69 “Blind”对话框

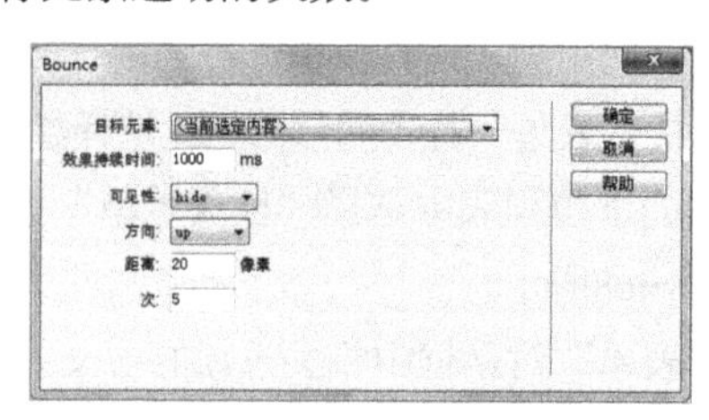

图8-70 “Bounce”对话框

3. Clip（剪裁）

Clip（剪裁）效果主要可以使目标元素上下同时收起来，直至隐藏。其添加方法和打开的对话框与Blind效果相同。

4. Fade（渐显/渐隐）

Fade效果主要用来使目标元素实现渐渐显示或隐藏的效果，该效果的添加方法与其他效果的添加方法相同，不同的是，所打开的对话框中没有方向参数的设置。

5. Fold（折叠）

Fold效果主要可以使目标元素向上收起后，再向左收起，直至完成隐藏为止。该效果与Blind效果有点相似，只是Blind效果不会向左收起，就直接进行隐藏。在添加Fold效果时，在打开的“Fold”对话框中除了可设置目标元素、效果持续时间和可见性外，还可以设置水平优先和大小，其作用分别为设置目标元素是否先向水平方向折叠和目标元素收起时折叠的大小，默认为15，如图8-71所示。

6. Highlight（高亮颜色）

Highlight效果主要可以设置以高亮颜色的形式显示目标元素，该效果除了可设置目标元素、效果持续时间和可见性外，还可设置颜色参数，即设置目标元素高亮显示的颜色，如图8-72所示 。

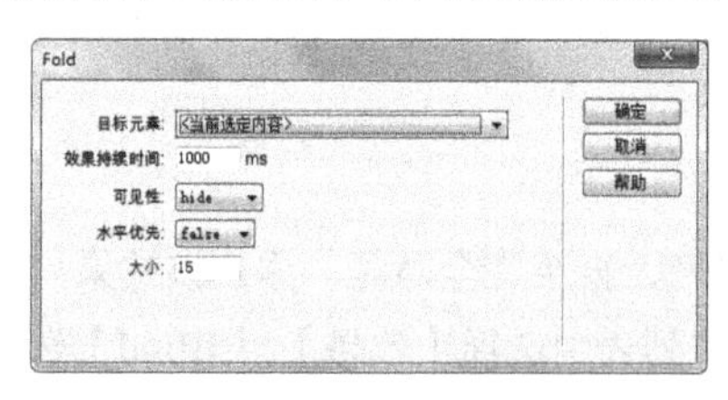

图8-71 “Fold”对话框

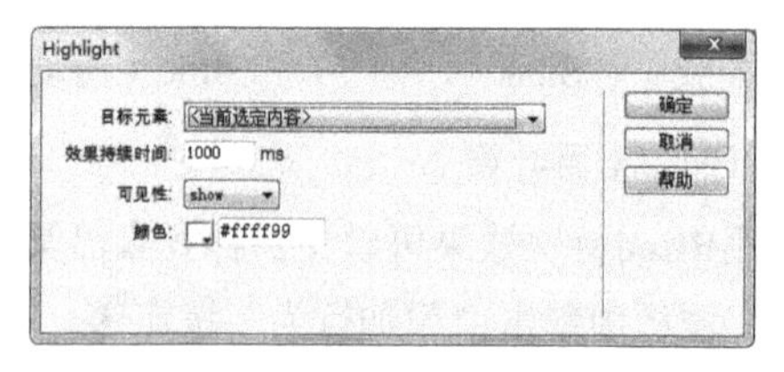

图8-72 “Highlight”对话框

7. Puff（膨胀）

Puff效果主要可以扩大目标元素的宽度并升高透明度，直到隐藏。在添加该效果时将打开“Puff”对话框，该对话框与Highlight效果的对话框相比，将颜色改成了百分比参数，主要用于设置目标元素膨胀的比例，默认为150%。

8. Pulsate（闪烁）

Pulsate效果主要可以使目标元素闪烁。在添加时将打开“Pulsate”对话框，与“Blind”对话框相比，将方向参数改成了次参数，主要用于设置目标元素闪烁的次数，默认为5次。

9. Scale（缩放）

Scale效果主要可以使目标元素从右下方向左上方进行收起，直到完全隐藏。在添加该效果时，可打开“Scale”对话框。该对话框与“Blind”对话框相比，多了原点X、原点Y、百分比和小数位数等参数，如图8-73所示。下面分别进行介绍。

- **原点X：**主要用于设置目标元素开始缩放的X轴原点。
- **原点Y：**主要用于设置目标元素开始缩放的Y轴原点。
- **百分比：**主要用于设置缩放的百分比。
- **小数位数：**主要用于设置缩放的小数位数。

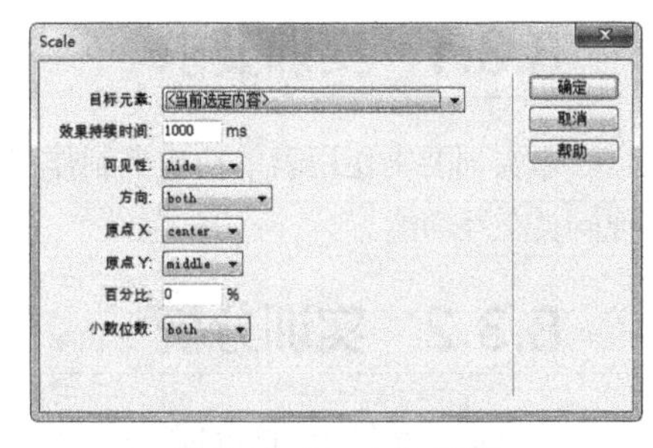

图8-73 “Scale”对话框

10. Shake（震动）

Shake效果主要用来设置目标元素左右震动。该效果打开的对话框中主要有目标元素、效果持续时间、方向、距离和次参数。

11. Slide（滑动）

Slide效果主要可以使目标元素从左往右滑动，直到全部显示或隐藏。添加时打开的对话框与Shake效果的对话框相同。

课堂练习——为网页添加行为

本练习为“墨韵婚纱网”（素材\第8章\课堂练习\imge、xqy.html）的详情页添加行为，要求为图像添加动态效果和替换图像效果，完成后的参考效果如图8-74所示（效果\第8章\课堂练习\xqy.html）。

图8-74 为网页添加行为

8.3 上机实训——制作“用户注册”网页

8.3.1 实训要求

本实训要求使用表单功能来制作“用户注册”网页，让用户通过该页面注册为网站会员，并实现网页交互功能。

8.3.2 实训分析

注册页面是每个网站的必备页面，注册页面中不只包含文本和图像，还包含一些交互式效果，使用行为可以让页面实现许多特殊的交互效果。本实训需要在网页中通过表单来制作注册页面的基本内容，然后使用行为实现交互功能，完成后的参考效果如图8-75所示。

视频教学
制作“用户注册”网页

素材所在位置：素材 \ 第8章 \ 上机实训 \ img、gsw_dl.html、gsw_zc.html

效果所在位置：效果 \ 第8章 \ 上机实训 \ gsw_dl.html、gsw_zc.html

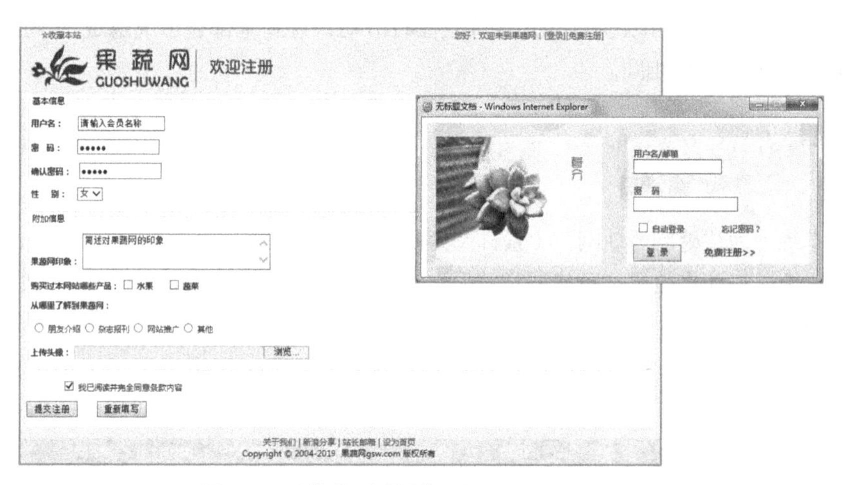

图8-75 制作“用户注册”网页

8.3.3 操作思路

完成本实训需要先创建表单并设置属性，然后插入表单对象并进行验证，最后为该页面添加相关的行为，并将其链接到主页上，其制作思路如图8-76所示。

① 创建表单

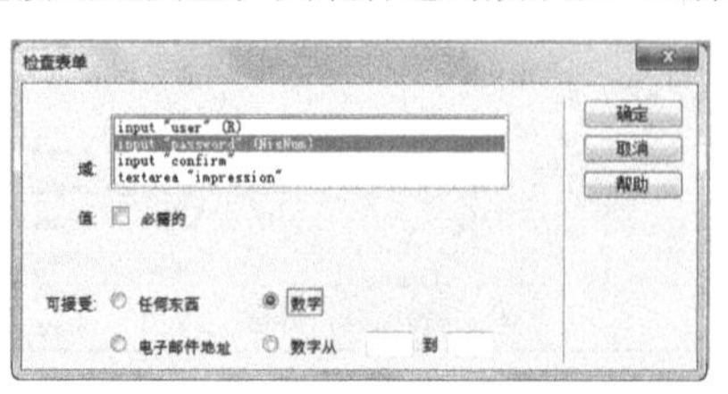

② 添加“检查表单”行为

③ 添加“打开浏览器窗口”行为

图8-76 “会员注册”网页的制作思路

【步骤提示】

STEP 01 打开“gsw_zc.html”网页文件，在其中创建一个表单，然后向其中添加相关的表单元素，并设置相关参数。

STEP 02 在表单区域中选择“用户名”表单对象，对其添加“检查表单”行为。

STEP 03 选择上方的“gsw_bz.png”图像，在“行为”面板中单击“添加行为”按钮 +，在打开的下拉列表中选择“弹出信息”选项，在打开的对话框中进行设置。

STEP 04 选择“[登录]”文本，在“行为”面板中单击“添加行为”按钮 +，在打开的下拉列表中选择“打开浏览器窗口”选项，打开“打开浏览器窗口”对话框，单击“要显示的URL”文本框右侧的 浏览... 按钮，在打开的对话框中设置其打开的网页为“gsw_dl.html”网页文件，然后保存即可。

8.4 课后练习

1. 练习1——制作“小儿郎注册”网页

本练习要求为“小儿郎”培训班制作一个用户注册网页，该网页主要由用户注册页面和使用协议页面组成，要求使用Dreamweaver的表单和行为功能来实现，完成后的参考效果如图8-77所示。

素材所在位置： 素材 \ 第8章 \ 课后练习 \ xelzc.html、bj.gif、fwtk.html

效果所在位置： 效果 \ 第8章 \ 课后练习 \ xelzc.html

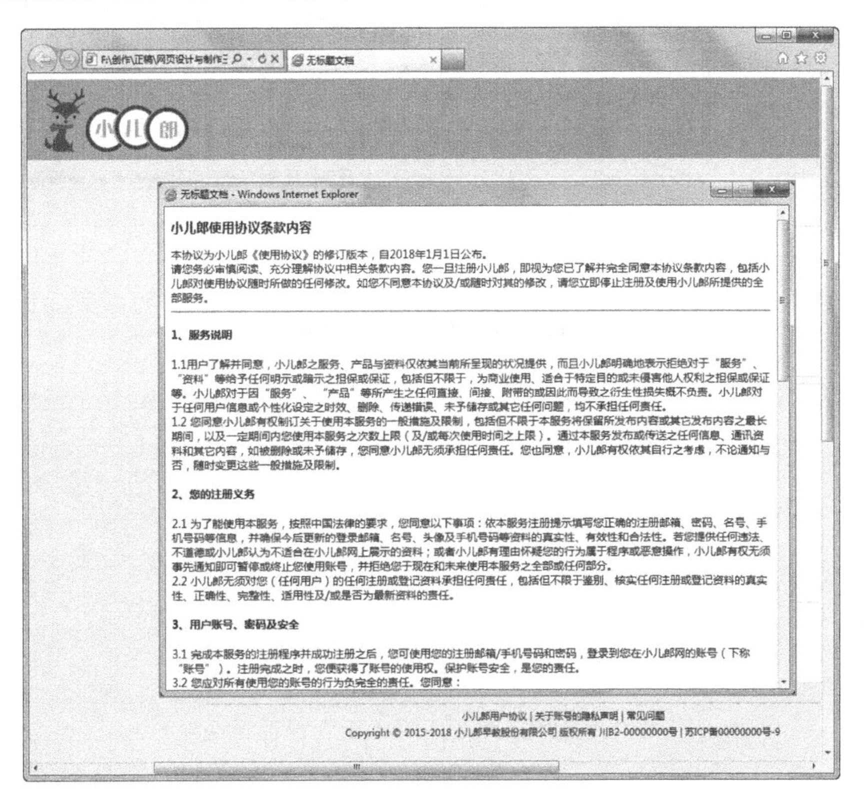

图8-77 制作“小儿郎注册”网页

2. 练习2——制作“宅粉注册”网页

本练习要求为宅家商城网站制作一个用户注册页面，要求该页面能够为网站收集用户的相关基本信息、实现用户与网站的交互，制作完成后的参考效果如图8-78所示。

素材所在位置：素材\第8章\课后练习\fwtk.html、zfzc.html

效果所在位置：效果\第8章\课后练习\zfzc.html

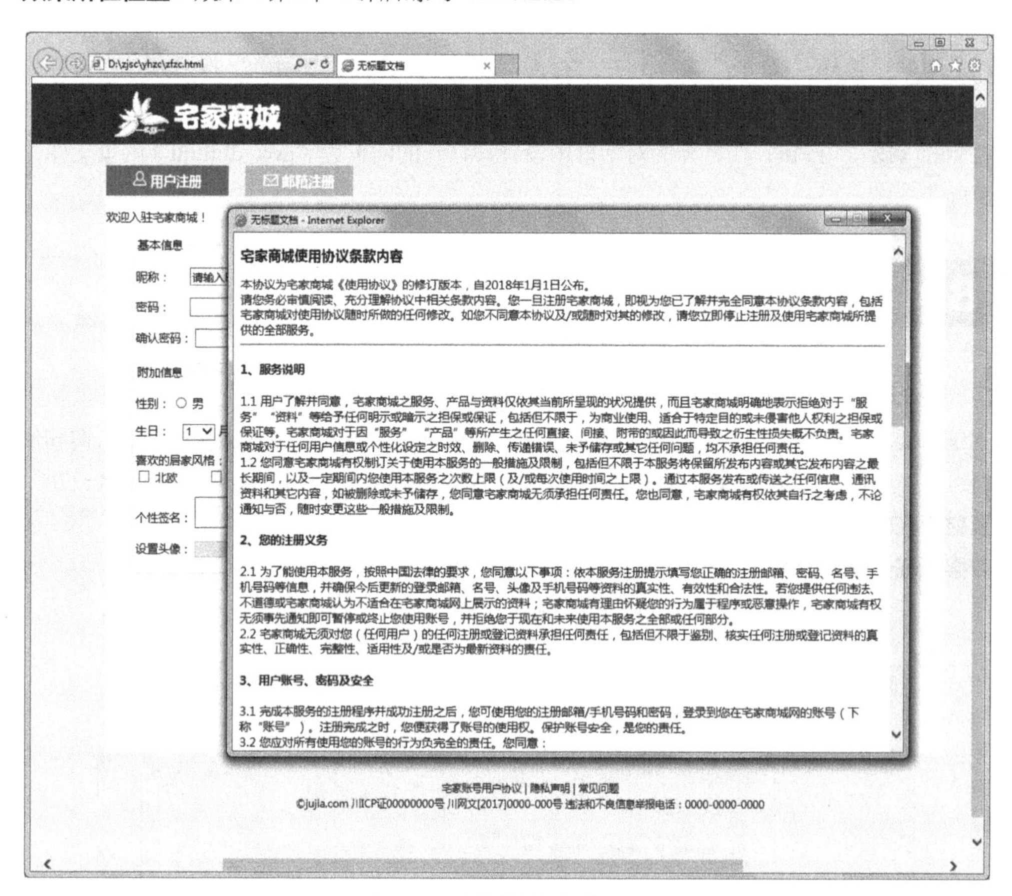

图8-78 制作“宅粉注册”网页

CHAPTER 9

第9章 制作移动端网页

随着互联网的发展，使用手机、平板电脑等移动电子设备浏览网页已经非常普遍，并且由于移动设备的便携性和无线网络的助推，移动端的应用得到飞速发展。为了顺应互联网发展的需求，Dreamweaver CC中首次置入了移动设备网页的创建和编辑功能。本章将详细介绍在Dreamweaver中创建和编辑移动设备网页的方法。

课堂学习目标

- 掌握使用jQuery Mobile的方法
- 熟悉PhoneGap Build打包移动应用的方法

课堂案例展示

美食App主页

App个人信息页面

9.1 使用jQuery Mobile

jQuery Mobile是jQuery在手机和平板电脑等移动设备上推出的版本。jQuery Mobile不仅可以给主流移动平台带来jQuery核心库，还可以发布一个完整、统一的jQuery移动UI框架，本节将详细介绍相关使用方法。

9.1.1 课堂案例——制作美食 App 主页

案例目标：随着移动互联网的发展，越来越多的用户生活方式也转移到互联网上，商家为了顺应发展趋势，也需要推出移动端的 App。本案例将为某美食 App 设计一个首页界面，完成后的参考效果如图 9-1 所示。

知识要点：创建页面；添加 jQuery Mobile 组件；添加图像；设计 CSS 样式。

素材文件：素材 \ 第 9 章 \ 课堂案例 \ images

效果文件：效果 \ 第 9 章 \ 课堂案例 \ UI-msapp.html

图9-1 制作美食App主页

其具体操作步骤如下。

视频教学
制作美食 App 主页

STEP 01 在Dreamweaver CC中选择【文件】/【新建】命令，在打开的“新建文档”对话框中选择“空白页”选项，并选择页面类型为“HTML”，在右下角的“文档类型”下拉列表框中选择“HTML5”选项，单击 创建(R) 按钮创建新的页面，如图9-2所示。

STEP 02 在“插入”面板的下拉列表框中选择“jQuery Mobile”选项，切换到“jQuery Mobile”插入面板，单击“页面”按钮，如图9-3所示。

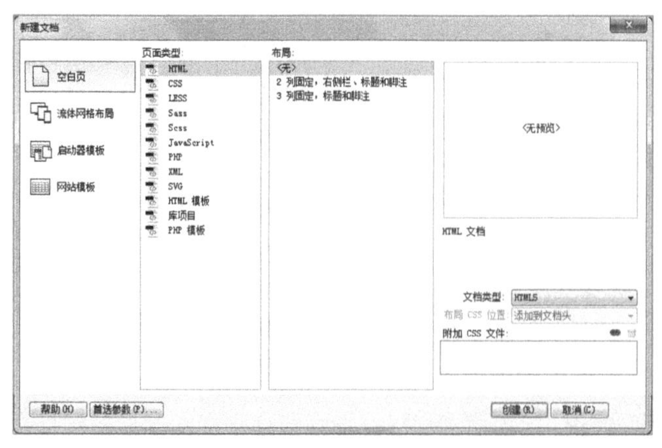

图9-2 创建jQuery Mobile页面

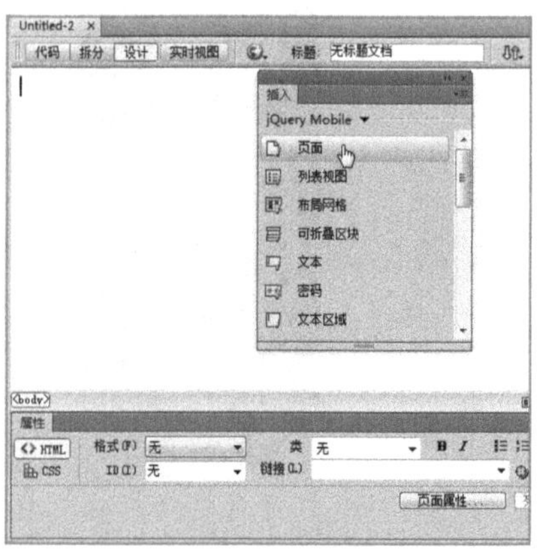

图9-3 单击“页面”按钮

STEP 03 打开“jQuery Mobile文件”对话框，保持默认设置，然后单击 确定 按钮，如图9-4所示。

STEP 04 打开“jQuery Mobile页面”对话框，直接单击 确定 按钮，如图9-5所示。

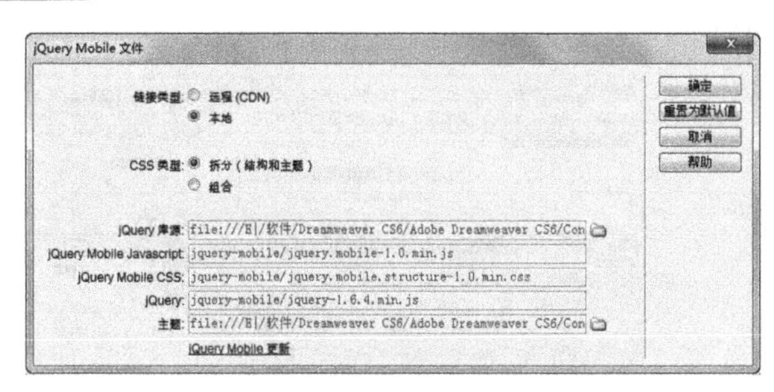

图9-4 “jQuery Mobile文件”对话框

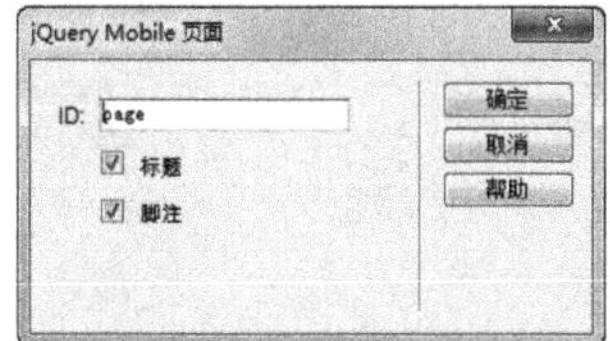

图9-5 设置页面名称

STEP 05 完成简单的jQuery Mobile创建，然后保存为“UI-msapp.html”页面，如图9-6所示。

STEP 06 选择整个页面，在“CSS设计器”面板的“源”列表中创建一个在页面中定义的源，新建“#page”选择器，然后设置相关属性，再创建一个名称为“.header”的选择器，相关属性设置如图9-7所示。

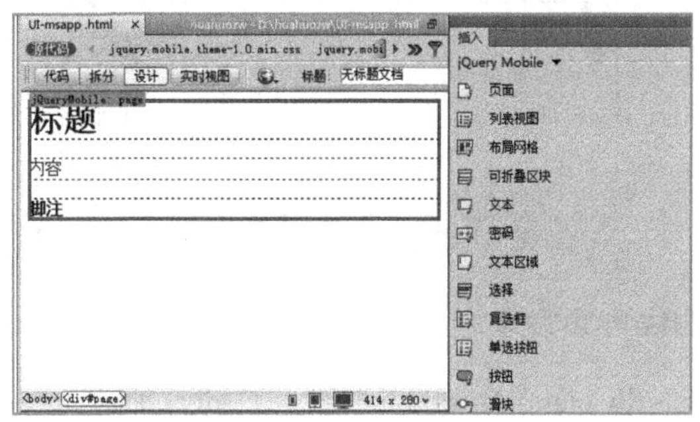

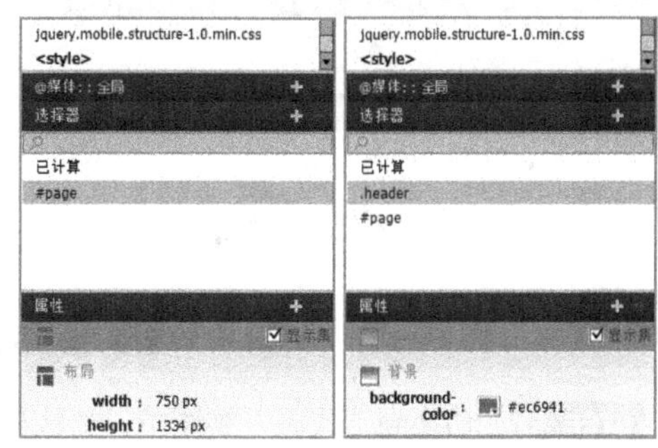

图9-6 查看效果

图9-7 设置CSS样式

STEP 07 将插入点定位到“标题”DIV中，删除“标题”文本，在“插入”面板中单击“布局网格”按钮，打开“布局网格”对话框，直接单击 确定 按钮，如图9-8所示。

STEP 08 在第1个区块中定位插入点，删除其中的文本，然后在“插入”面板中单击“选择”按钮，即可在插入点处添加一个下拉列表框，删除其中的说明文本，双击添加的下拉列表框，在“属性”面板中单击 列表值... 按钮，如图9-9所示。

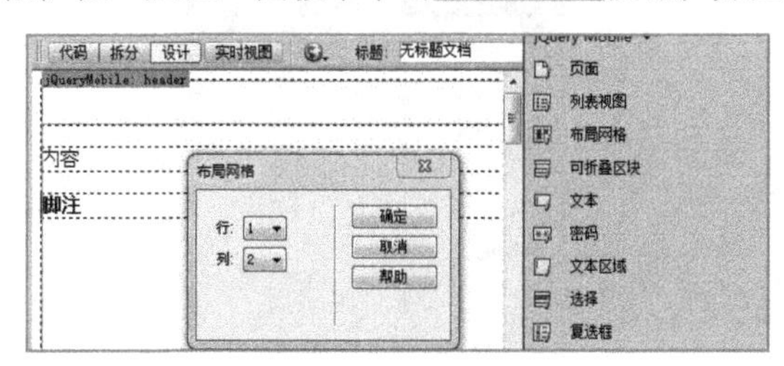

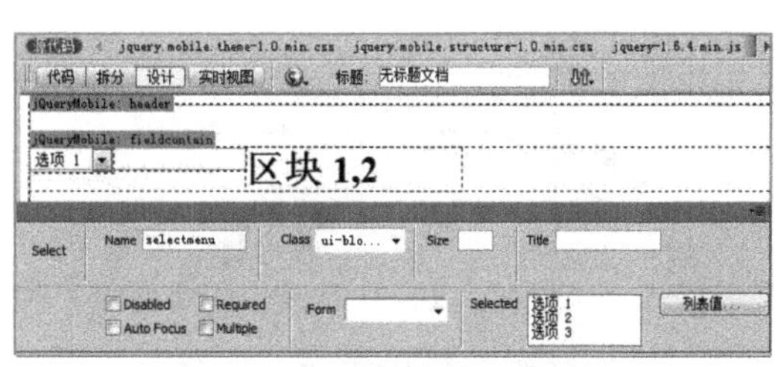

图9-8 添加布局网格

图9-9 设置“选择”按钮的属性

STEP 09 打开“列表值”对话框，在其中设置列表的值，如图9-10所示。

STEP 10 单击 确定 按钮，将插入点定位到第2个区块中，删除其中的文本，在“插入”面板中单击“搜索”按钮，添加搜索框。删除说明文本，双击搜索框，在“属性”面板的“Value”文本框中输入“搜索”文本，如图9-11所示。

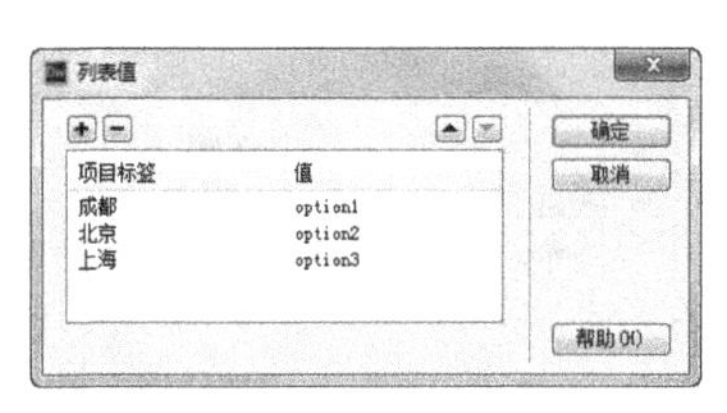

图9-10 “列表值”对话框

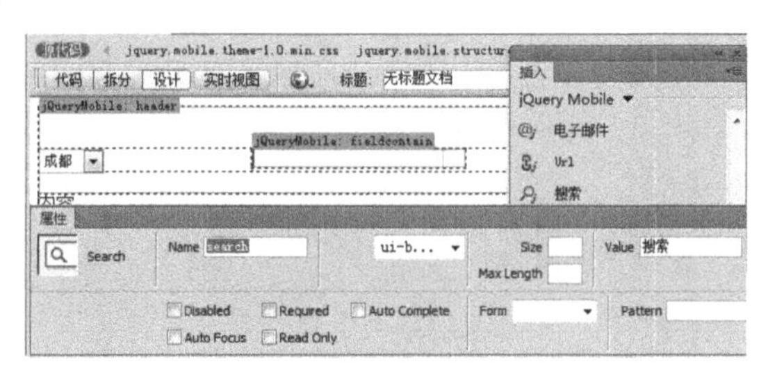

图9-11 添加搜索框

STEP 11 分别选择添加的“选择框”和“搜索框”，在“Class”下拉列表中选择“ui-body-c”选项，为其应用该样式，然后创建“.fleld”和“.fleld1”两个样式，并分别应用到两个区块中，如图9-12所示。

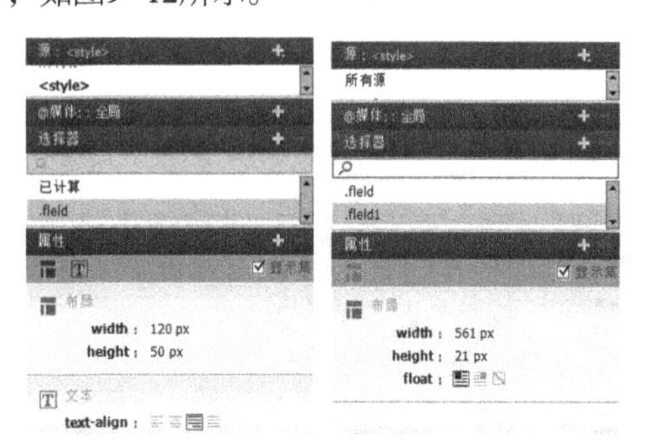

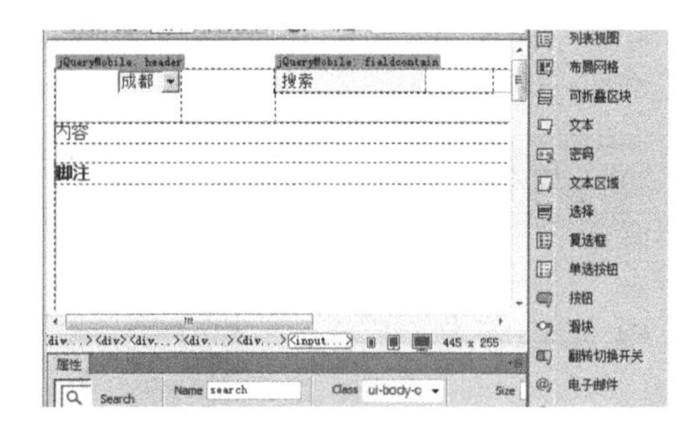

图9-12 设计并应用CSS样式

STEP 12 切换到“代码”视图中，将代码“<div class="ui-grid-a ">改为“<div class="ui-grid-a header">”，如图9-13所示。

STEP 13 新建一个“.content”CSS样式，然后将其应用到中间的内容DIV上，并设置相关的属性，如图9-14所示。

图9-13 修改代码

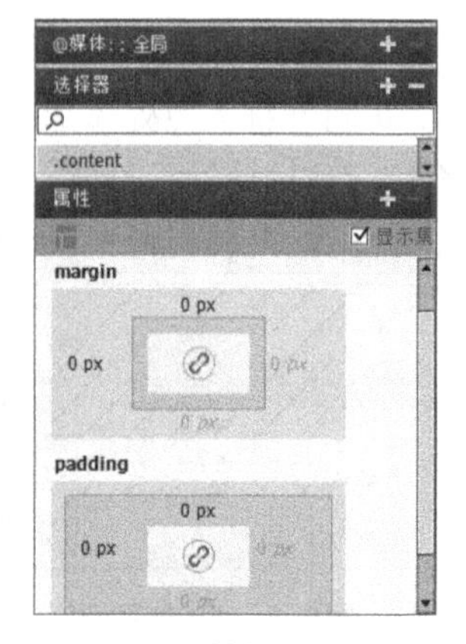

图9-14 创建CSS样式

STEP 14 删除“内容”所在的DIV中的文本，在其中插入“app_02.png”图像，效果如图9-15所示。

STEP 15 选择“脚注”DIV标签，在“Class”下拉列表中选择“ui-body-b”选项，为其应用该样式，效果如图9-16所示。

图9-15　添加图像内容

图9-16　为脚注添加CSS样式

STEP 16 删除“脚注”文本，在“插入”面板中单击“布局网格”按钮，打开“布局网格”对话框，在其中按照图9-17所示进行设置。

STEP 17 单击 确定 按钮可在页面查看效果，如图9-18所示。

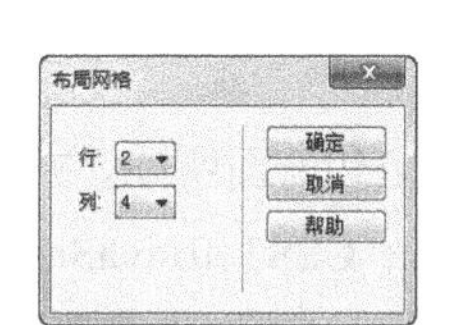

图9-17　设置“布局网格”对话框

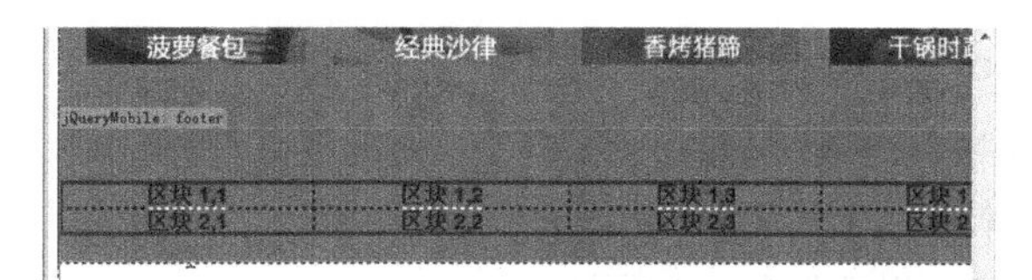

图9-18　查看区块效果

STEP 18 删除表格中的文本内容，在第1行表格中分别添加提供的图像文件，然后在第2行表格中修改文本，效果如图9-19所示。

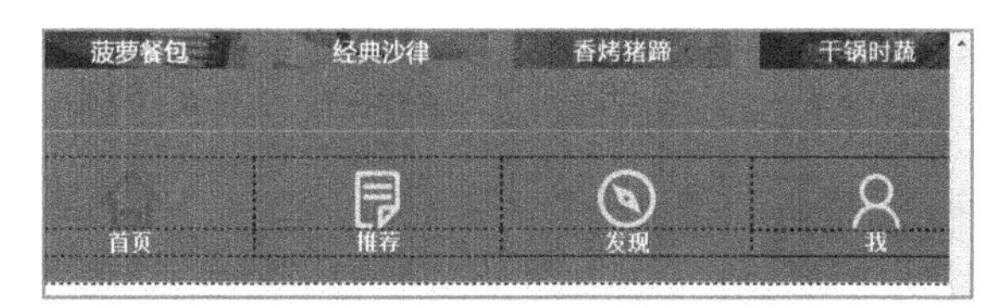

图9-19　制作页脚部分

STEP 19 按【Ctrl+S】组合键保存网页，按【F12】键预览网页效果。

9.1.2　认识jQuery Mobile

jQuery是继prototype之后的又一个优秀的JavaScript框架，是一个兼容多浏览器的JavaScript库，同时也兼容CSS3。jQuery可以让用户更方便地处理HTML documents、events，实现动画效果，并且为网站提供AJAX交互，同时还有许多成熟的插件可供选择。

jQuery是一种免费、开源的应用，其语法设计使开发者的操作更加便捷，如操作文档对象、选择DOM元素、制作动画效果、事件处理、使用AJAX及其他功能等。其模块化的使用方式使开发者可以很轻松地开发出功能强大的静态或动态网页，终端与模板处于连接状态，并且在修改时，只需对模板进行修改，就可更改其他网页文件。

jQuery Mobile支持全球主流的移动平台，不仅给主流移动平台带来jQuery核心库，而且会发布一个完整、统一的jQuery移动UI框架。

1. jQuery Mobile 的基本特性

jQuery Mobile的基本特性主要有以下几点。

- 简单：jQuery Mobile框架简单易用，主要表现在页面的开发上，页面主要使用标签，无需或很少使用JavaScript。
- 持续增强和优雅降级：尽管jQuery Mobile利用最新的HTML5、CSS3和JavaScript，但并不是所有移动设备都提供这样的支持。因此，jQuery Mobile的目标是同时支持高端和低端设备，如为没有JavaScript支持的设备尽量提供最好的体验。
- 易于访问：jQuery Mobile在设计时考虑到了访问能力，因此，它拥有Accessible Rich Internet Applications(WAIARIA)支持，可以辅助残障人士访问Web网页。
- 规模小：jQuery Mobile的整体框架就比较小，JavaScript库为12 KB，CSS为6 KB，其中还包括一些图标。
- 主题：在此框架中还提供了一个主题系统，允许用户提供自己的应用程序样式。

2. jQuery Mobile 支持的浏览器

jQuery Mobile在移动设备浏览器支持方面取得了大规模的进步，但如前面所述，并非所有的移动设备都支持HTML5、CSS3和JavaScript。因此，在没有支持HTML5、CSS3和JavaScript的设备持续增强中包含了以下几个核心原则。

- 所有的浏览器都应该能够访问全部基本内容。
- 所有的浏览器都应该提供访问全部基础功能。
- 增强的布局和行为应由外部链接的CSS和JavaScrip提供。
- 所有基本内容应该在基础设备上进行渲染，而不是提供更高级的平台和浏览器，应该由额外的、外部链接的JavaScript和CSS持续增强。

9.1.3 创建 jQuery Mobile 页面

在Dreamweaver中集成了jQuery Mobile，用户可以通过Dreamweaver快速设计出适合大多数移动设备的Web应用程序。要在Dreamweaver中创建移动设备页面，可以通过两种方法：一种是在“新建文档”对话框的启动器中进行创建（参照2.3.2的第3小节）；另一种是使用HTML5进行创建。

创建方法为：打开“新建文档”对话框，选择“空白页”选项，并选择页面类型为“HTML”，在右下角的“文档类型”下拉列表框中选择“HTML5”选项，单击 创建(R) 按钮，然后在“插入”面板的下拉列表框中选择“jQuery Mobile”选项，切换到“jQuery Mobile”插入面板，单击“页面”按钮，打开“jQuery Mobile 文件”对话框，如图 9-20 所示，在其中进行设置后单击 确定 按钮即可。

“jQuery Mobile文件”对话框中相关选项的含义如下。

- “远程”单选项：表示支持承载jQuery Mobile文件的远程CDN服务器，并且尚未配置包含jQuery Mobile文件的站点。也可选择使用其他CDN服务器。
- “本地”单选项：表示用于显示Dreamweaver中提供的文件。
- “拆分”单选项，表示使用被拆分成结构和主题组件的CSS文件。
- “组合”单选项：表示使用完全CSS文件。

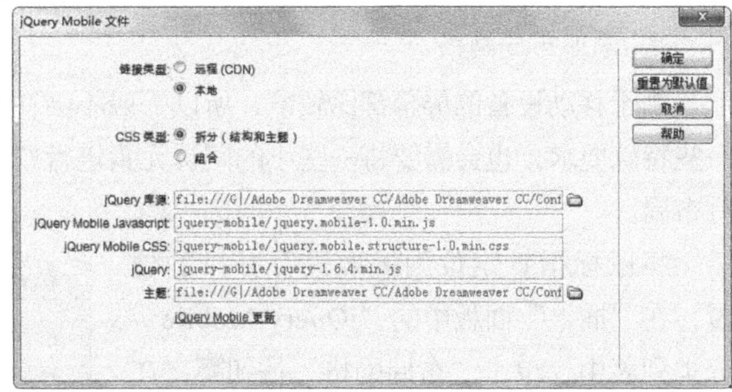

图9-20 “jQuery Mobile文件”对话框

9.1.4 使用jQuery Mobile组件

jQuery Mobile提供了多种组件，用于为移动页面添加不同的页面元素，丰富页面内容，如列表、文本区域、复选框和单选按钮等，下面分别进行介绍。

1. 添加列表视图

将鼠标指针定位到jQuery Mobile页面中，在“插入”面板中的“jQuery Mobile”分类列表中单击“列表视图”按钮，在打开的“列表视图”对话框中选择列表属性后单击 确定 按钮可创建需要的列表，如图9-21所示。

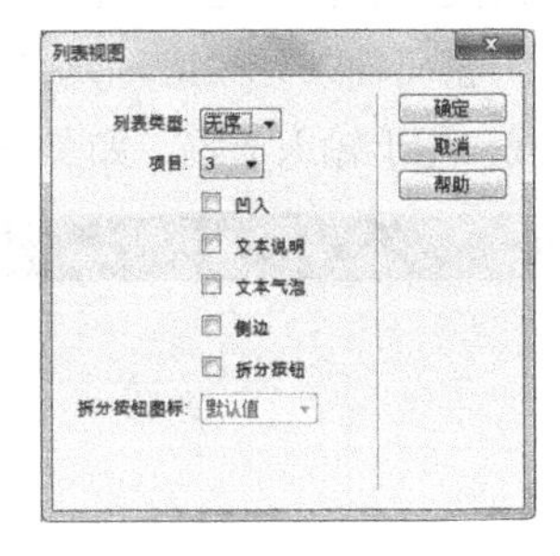

图9-21 创建列表视图

“列表视图”对话框中相关选项的含义如下。

- 列表类型：在该下拉列表框中提供了两个选项：一个是无序；另一个是有序。它与网页中的列表是相同的，都可分为无序列表和有序列表。
- 项目：在该下拉列表框中，默认提供了1～9个项目列表，可以根据需要选择项目列表的个数。
- “凹入”复选框：选中该复选框后，插入的列表视图会呈凹陷状态。
- “文本说明”复选框：选中该复选框后，可添加有层次关系的文本，同样可以用标题<h3>和段落文本<p>来强调。
- “文本气泡”复选框：选中该复选框后，会在列表项目后面添加带数字的圆圈，可用于计数气泡。
- “侧边”复选框：选中该复选框后，会在项目列表后添加补充信息，如日期信息。

- “拆分按钮”复选框：选中该复选框后，可以启用“拆分按钮图标”功能。
- 拆分按钮图标：在该下拉列表框中，可以选择列表项目后面按钮图标的样式。

2. 添加布局网格

由于移动设备的屏幕都比较窄，所以一般不会在移动设备上使用多栏布局的方式。但有时由于一些特殊要求，也会需要将一些小的网页元素进行并排放置，这时可使用布局网格功能来对网页进行布局。

将鼠标指针定位到需要进行并排的位置，在“插入”面板中的“jQuery Mobile”分类列表中，单击“布局网格”按钮，在打开的“布局网格”对话框中设置行和列的数量后单击确定按钮，可创建相应的布局，如图9-22所示。

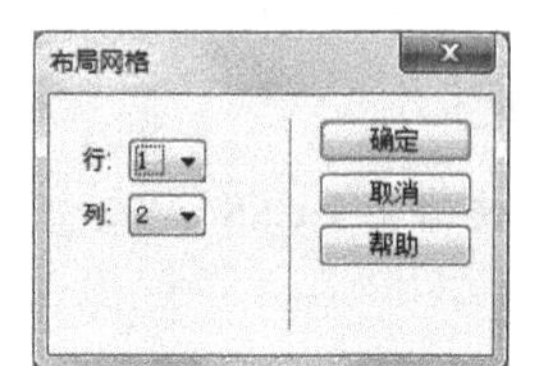

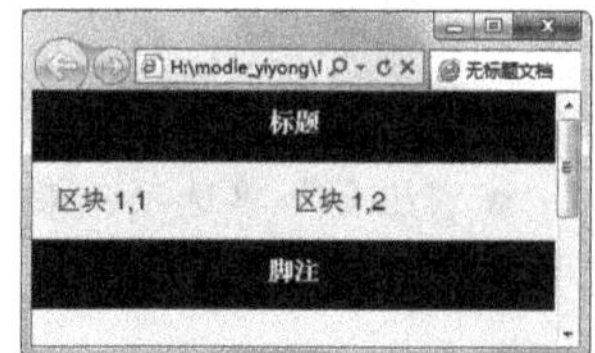

图9-22 创建布局网格

3. 添加可折叠区块

在页面中创建可折叠区块，可以通过单击其标题展开或收缩其下面的内容，达到节省空间的目的，如图9-23所示。要添加可折叠区块，可在“插入”面板中的“jQuery Mobile”分类列表中单击“可折叠区块”按钮，然后在添加的区块中输入标题和内容。

4. 添加文本类元素

同普通网页中的表单一样，移动网页也可以添加一些输入文本、密码元素。在“插入”面板中的“jQuery Mobile”分类列表中单击“文本输入”按钮、“密码输入”按钮或“文本区域”按钮，可在页面中添加相应的文本框、密码框和多行的文本域，用于输入信息，如图9-24所示。

图9-23 创建可折叠区块

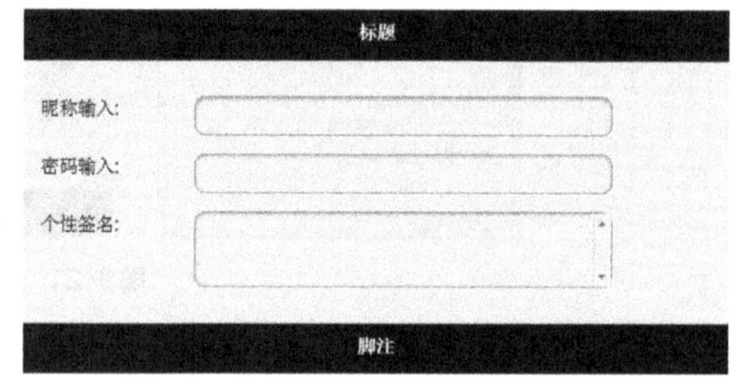

图9-24 各种文本类元素效果

5. 添加选择菜单

jQuery Mobile中的选择元素摒弃了原始的select元素的样式，原始的select元素将被隐藏，由jQuery Mobile框架自定义样式的按钮和菜单样式替代。

添加该元素，只需要在“插入”面板中的“jQuery Mobile”分类列表中单击“选择”按钮，即可在页面中插入一个选择菜单。选择该菜单，在“属性”面板中单击列表值...按钮，在打开的“列表值”对话框中可进行项目标签和值的设置，如图9-25所示。

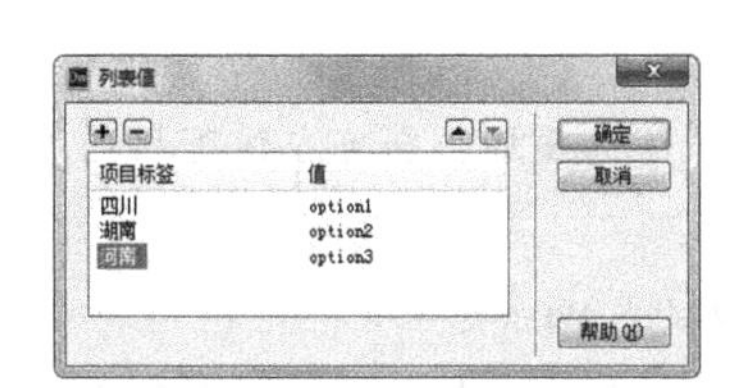

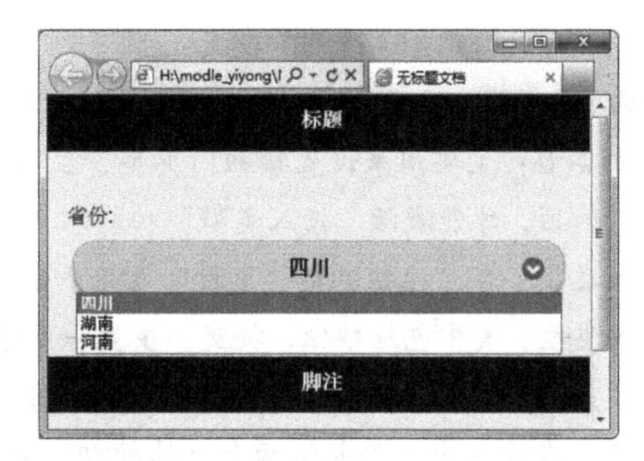

图9-25 创建选择菜单

6. 添加复选框和单选按钮

在jQuery UI中，label的样式被替换为复选框按钮，使按钮变得更长，容易点击，并且添加了自定义的一组图标来增强视觉反馈效果。另外，单选按钮与复选框的样式也做了相同的调整。

添加复选框和单选按钮，只需在“插入”面板中的“jQuery Mobile”分类列表中单击“复选框”按钮或“单选按钮”按钮，打开“复选框”或“单选按钮”对话框（两个对话框相同），如图9-26所示，然后设置名称、数量和布局方式即可，如图9-27所示。

图9-26 “复选框”对话框

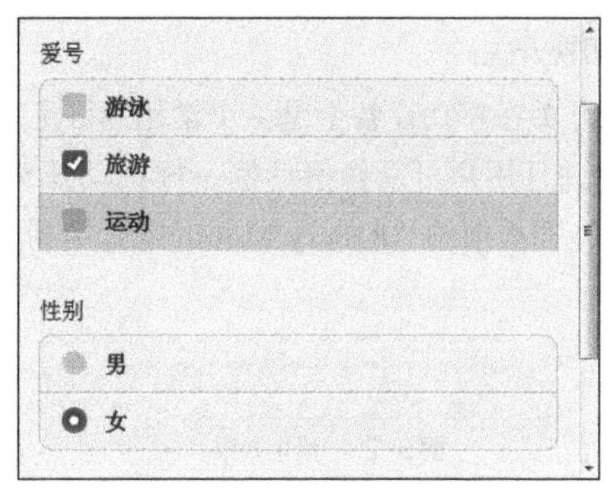

图9-27 复选框和单选按钮效果

7. 添加按钮

按钮是由标准的HTML的a标签和input元素组合而成的，jQuery Mobile的按钮外观更加吸引人且易于触摸。

添加按钮，只需在“插入”面板中的“jQuery Mobile”分类列表中单击“按钮”按钮，在打开的对话框中设置各参数后，单击确定按钮即可，如图9-28所示。

图9-28 创建按钮

“按钮”对话框中相关选项的含义如下。

- 按钮：主要用来设置按钮的个数。选择两个以上的按钮才能激活“位置”和“布局”两个功能。
- 按钮类型：主要用来设置按钮的类型，主要包括链接、按钮和输入3种类型。只有选择“输入”选项，才能激活“输入类型”功能。
- 输入类型：在“按钮类型”下拉列表框中选择“输入”选项后，则可在该下拉列表框中选择输入类型，其中包括按钮、提交、重置和图像等选项。
- 位置：主要用于设置按钮的位置，包括“组”和“内联”两个选项。
- 布局：在该栏中主要包括两个单选按钮，主要用于设置按钮是用水平还是垂直的方式进行布局。
- 图标：主要用来设置按钮的图标。
- 图标位置：主要用来设置按钮图标的位置。该功能只能在为按钮选择了图标样式后，才能被激活。

8. 添加滑块

jQuery Mobile滑块中为input设置了一个新的HTML5属性，为type="range"，其添加方法为：在“插入”面板中的“jQuery Mobile”分类列表中单击“滑块”按钮即可，如图9-29所示。

9. 翻转切换开关

翻转切换开关在移动设备上是一个常用的ui元素，用来设置二元的切换开/关或输入true/false类型的数据，并且用户可以像滑动框一样拖动开头或单击开头任意位置进行操作。其添加方法是：在“插入”面板中的“jQuery Mobile”分类列表中单击“翻转切换开关”按钮，如图9-30所示。

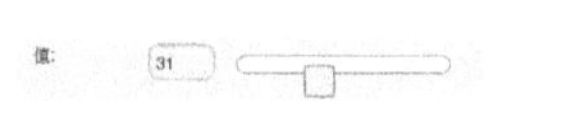

图9-29　滑块效果

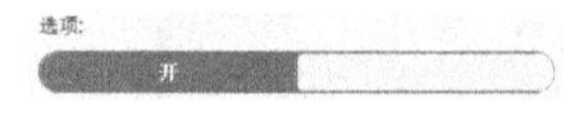

图9-30　翻转切换开关效果

10. 其他 jQuery Mobile 元素

在jQuery Mobile中，除了上述介绍的一些较为常用的jQuery Mobile元素外，还包括电子邮件、URL、搜索、数字、时间、日期、日期时间、周和月等元素，与表单元素基本相同。

其添加方法与其他jQuery Mobile元素基本相同，都是在“插入”面板中的“jQuery Mobile”分类列表中进行添加。

9.2 使用PhoneGap Build打包移动应用

使用PhoneGap服务，可以将Web应用程序作为本机移动应用程序进行打包。通过与Dreamweaver的集成，生成应用并在Dreamweaver站点中保存该应用，然后将其上传至PhoneGap Build服务。

9.2.1 认识 PhoneGap Build

PhoneGap是一个开源的开发框架，使用HTML、CSS和JavaScript来构建跨平台的移动应用程序。它使开发者能够利用iPhone、Android、Palm、Symbian、Blackberry、Windows Phone和Beda智能手机的核心功能。其功能包括地理定位、加速器、联系人、声音和振动等。它也是目前唯一的支持7个平台的开源移动框架。

9.2.2 注册 PhoneGap Build

如果要使用PhoneGap服务，还需要注册PhoneGap Build服务账户。注册账户可登录Adobe PhoneGap Build网站。

打开Adobe PhoneGap Build网站后，单击“sign in”超链接，打开注册页面进行注册，并可在打开的页面中选择免费选项，如图9-31所示。

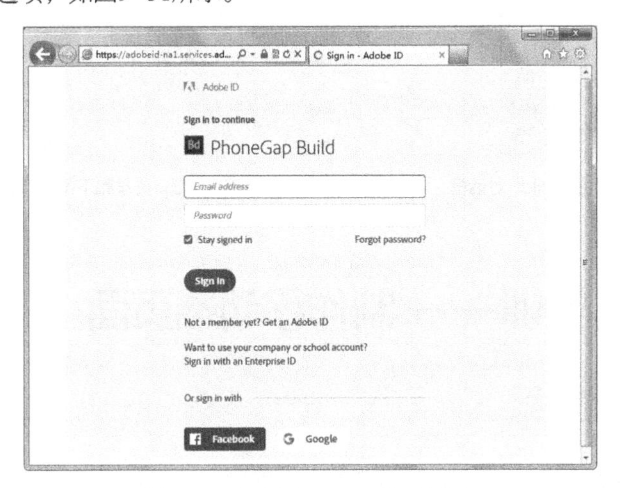

图9-31 注册PhoneGap Build账户

9.2.3 打包移动应用程序

通过Dreamweaver和PhoneGap Build的配合，可以将使用Web技术开发设计的应用上传到PhoneGap Build服务，并且PhoneGap Build会自动将其编译成不同平台的应用，包括苹果的App Store、Android Market、WebOS、Symbian和Blackberry等。

1. 前期工作

在打包移动应用程序前，应先对 PhoneGap Build 进行设置。其方法为：选择【站点】/【PhoneGap Build 服务】/【PhoneGap Build】设置”命令，打开“PhoneGap Build 设置”对话框，如图 9-32 所示，设置 SDK 的根路径。

“PhoneGap Build设置”对话框中相关选项的含义如下。

- Android BDK位置：如果是希望在本地计算机上使用Android模拟器测试Android应用程序，则需要在该文本框中设置下载Android SDK的根路径。
- webOS SDK位置：如果是希望在本地计算机上使用webOS模拟器测试webOS应用程序，则需要在该文本框中提供下载webOS SDK的根路径。

2. 打包操作

设置完PhoneGap Build服务，则可选择【站点】/【PhoneGap Build服务】/【PhoneGap Build服

务】命令，打开“PhoneGap Build服务”面板，在其中使用注册的邮件地址和密码登录，在打开的对话框中直接单击继续按钮，登录后根据移动设备的系统类型选择应用程序文件，单击下载按钮，在打开的对话框中选择下载位置将其下载到电脑中，如图9-33所示。

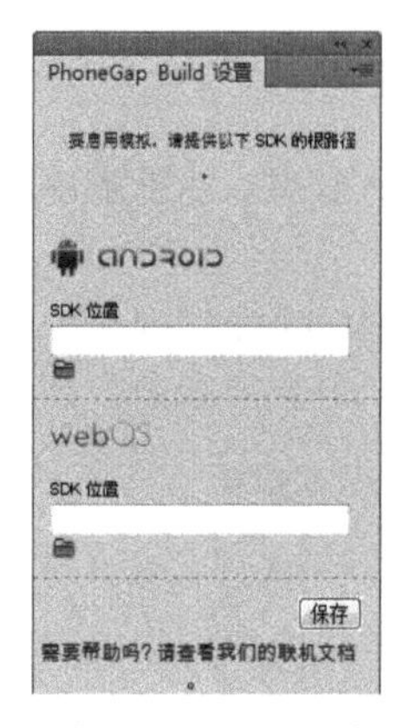

图9-32 “PhoneGap Build”对话框

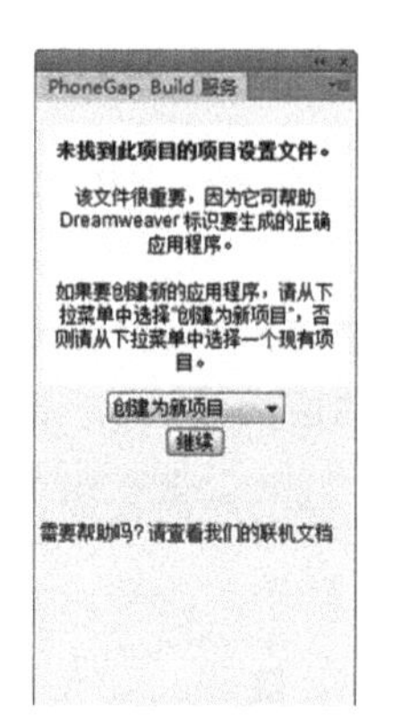

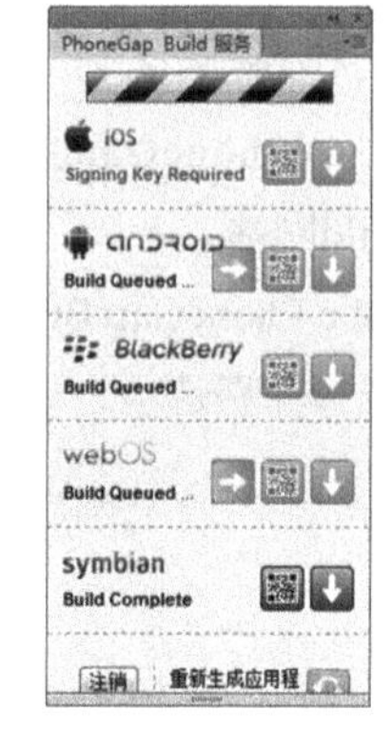

图9-33 登录和下载应用程序

9.3 上机实训——制作移动端页面

9.3.1 实训要求

本实训要求使用jQuery Mobile组件来制作移动端的网页，然后预览多屏网页效果。

9.3.2 实训分析

视频教学
制作移动端页面

随着移动网络的快速发展，移动端网页也随之大众化。本实训将使用jQuery Mobile组件来完成“快速链接”板块的制作，完成后的参考效果如图9-34所示。

效果所在位置： 效果 \ 第9章 \ 上机实训 \ mobile \ mobile.html

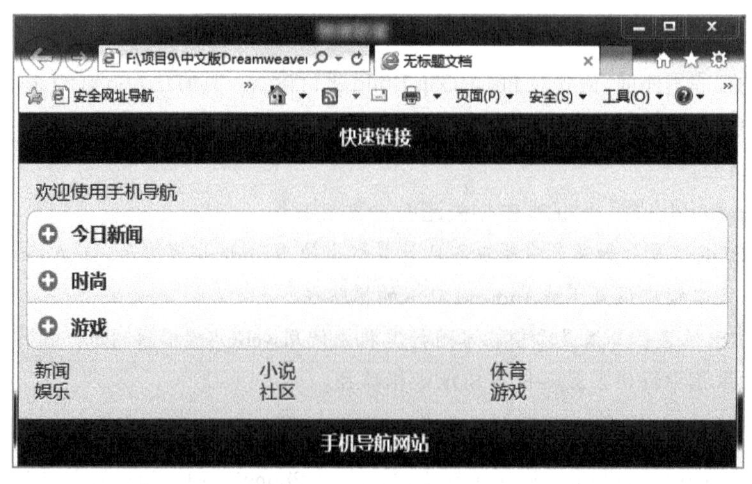

图9-34 制作移动端页面

9.3.3 操作思路

完成本实训需要先创建“jQuery Mobile”页面，并在页面中添加布局网格，然后在相应的位置输入相关内容，最后预览网页效果，其操作思路如图9-35所示。

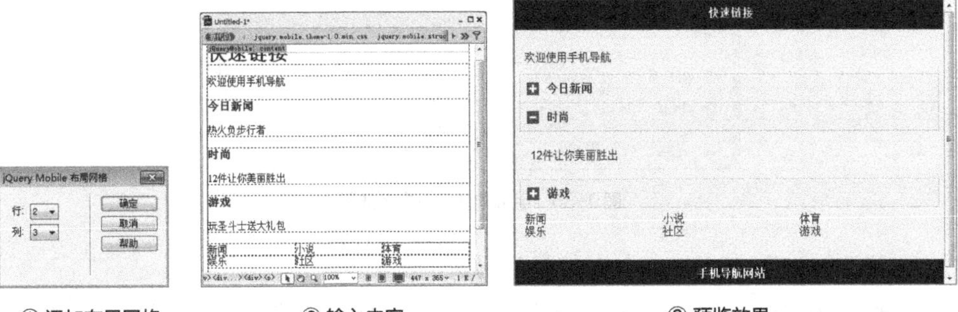

① 添加布局网格　　② 输入内容　　③ 预览效果

图9-35　移动端页面的制作思路

【步骤提示】

STEP 01 启动Dreamweaver，选择【文件】/【新建】命令，在打开的“新建文档”对话框中选择“空白页”选项，并选择页面类型为“HTML”，在右下角的“文档类型”下拉列表框中选择“HTML5”选项，单击 创建(R) 按钮创建新的页面。

STEP 02 在“jQuery Mobile”插入面板中单击“页面”按钮，打开“jQuery Mobile文件”对话框，在“链接类型”栏中单击选中“本地”单选项，在“CSS类型”栏中单击选中“拆分”单选项，单击 确定 按钮。

STEP 03 在打开的对话框中直接单击 确定 按钮插入jQuery Mobile页面，将鼠标指针定位到“内容”文本后面，单击“jQuery Mobile”插入面板中的“布局网格”选项。

STEP 04 在打开的“布局网格”对话框中设置布局网格为2行3列，单击 确定 按钮插入。

STEP 05 将鼠标指针定位到布局网格上方，单击“jQuery Mobile”插入面板中的“可折叠区块”按钮，在页面中添加可折叠区块元素。

STEP 06 然后在页面中各区块处输入标题和内容。

STEP 07 按【Ctrl+S】键保存网页，最后按【F12】键在浏览器中预览。

9.4 课后练习

1. 练习1——*制作手机软件网页*

本练习要求自行创建和设计一个jQuery Mobile页面，并在其中添加各种组件和内容，然后在浏览器中预览效果，完成后的参考效果如图9-36所示。

效果所在位置：效果＼第9章＼课后练习＼sjrj.html

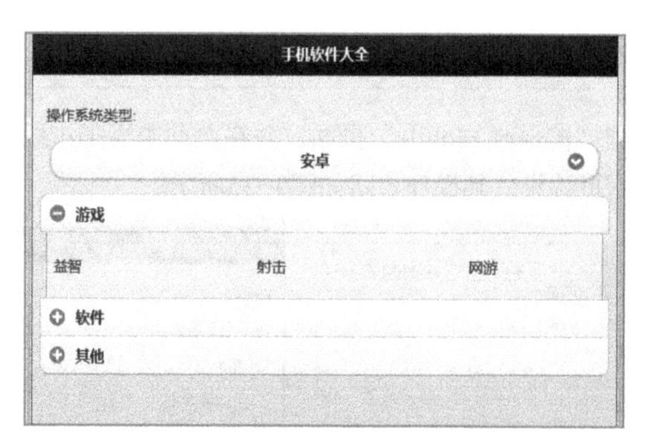

图9-36 手机软件网页参考效果

2. 练习2——制作“App个人信息”网页

本练习要求为一款App制作一个“个人信息”页面，页面内容需要包含一些App的相关信息设置选项，制作完成后的参考效果如图9-37所示。

素材所在位置： 素材 \ 第9章 \ 课后练习 \ szy \ 1 \

效果所在位置： 效果 \ 第9章 \ 课后练习 \ szy \ szy.html

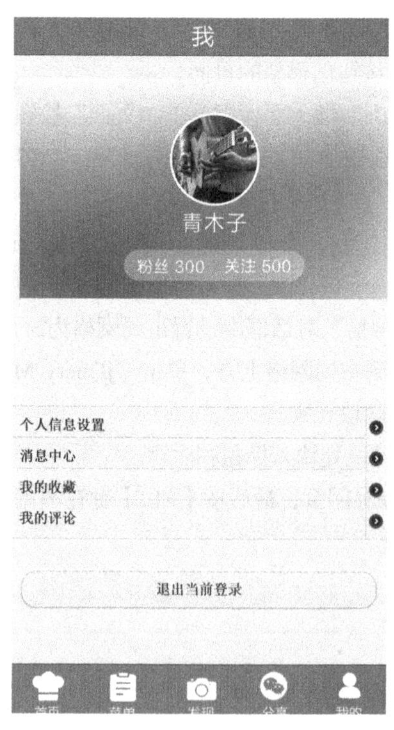

图9-37 制作“App个人信息”网页

CHAPTER 10

第10章 综合案例——制作官方网站页面

前面的章节中主要通过单个知识点的方式讲解了网页设计与制作的基础知识。本章将对所学知识点进行整合，以完成整个网站的制作。本章共安排了2个案例，一是设计与制作PC端的网站页面，二是设计与制作移动端的相关网站页面。通过对2个不同设备端的网页设计与制作，可以让读者在综合掌握Dreamweaver CC知识点的同时，熟悉相关领域的行业知识和设计知识，从而灵活地将所学知识点应用到实践中，提高软件的使用能力和设计能力。

课堂学习目标

- 掌握网站主页的设计与制作方法
- 掌握网站内页的设计与制作方法
- 掌握网站登录注册页面的设计与制作方法

课堂案例展示

御茶主页

御茶内页

10.1 制作“御茶主页”网页

主页是浏览者了解网站的入口，是网站的代表，需要设计者用心设计与制作。本例将为“御茶”产品制作一个官方网站主页，网页制作完成后的效果如图10-1所示。

知识要点：创建站点；设计布局；添加图像；添加文本；添加超链接。

素材位置：素材 \ 第 10 章 \ img

效果文件：效果 \ 第 10 章 \ index.html、ycny.html

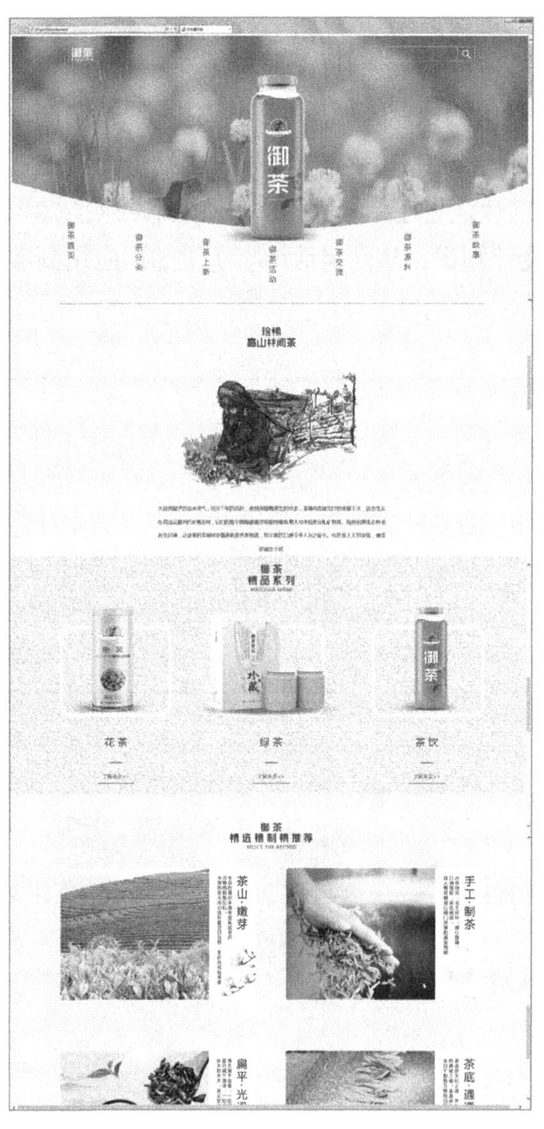

图10-1 “御茶主页”网页参考效果

10.1.1 案例分析

随着互联网的快速发展，传统企业为了适应新型的电子商务企业模式都纷纷开始转型。御茶作为历史悠久的茶品企业，主要经营茶叶的销售。为了提升品牌影响力、扩展产品种类，御茶根据市场调查开发了新的品种，如各种口味的茶饮。为了提高销量、推广新品，企业制定了一系列的营销推广计划，“御茶”官方网站就是营销计划的一部分。该官方网站要求具有电子商务功能，网站风格简洁、大方。本例制作的“御茶主页”网页就是“御茶”官方网站的首页。要制作符合要求的网页，可以从以下几个方面着手。

- 对于电子商务网站来说，首先应明确建站的目的及预期的效果。建站目的不同，需要实现的功能不同，其设计与规划就不同；然后准备相应的资料，如企业标志、企业简介、产品图像、产品目录及报价、服务项目、服务内容、地址及联系方式等。
- 做好以上准备工作后，就可以开始进行网页布局设计。设计时首先要确定网页页面的大小，目前，主流的显示器多为1 920像素 × 1 080像素的分辨率，因此，在设计网站页面时，宽度不要超过1 920像素，另外，移动端网页的宽度不要超过750像素。其次是版式的设计，要根据网站栏目等因素综合考虑。当然，不同的风格对版式的要求也不相同，因此比较灵活多变。
- 在具体设计网页内容时，首先要确定的是网页配色。网页配色主要包括主色、辅助色及背景色几个方面。色彩的确定可以参考公司标志或同行业网站的配色。确定好色彩后最好做一个色轮或色块，以方便后面设计时直接进行取色，通常可参考网页界面效果来实现。

10.1.2 设计思路

根据上面的案例分析，“御茶主页”网页的设计思路大致如下。

- 规划站点：根据案例分析需要，可对“御茶”网站的导航进行草图绘制，参考效果如图10-2所示。

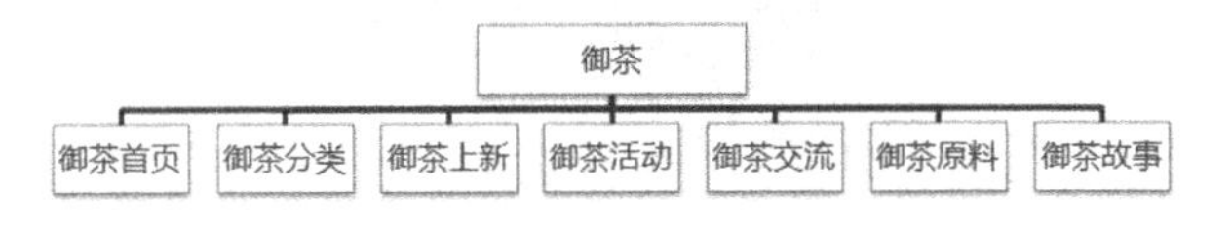

图 10-2 “御茶”网站导航草图

- 收集素材：制作网页的相关素材和资料可通过网络、公司提供或其他途径获得，还需要收集从效果图中切片得到的图像，如图10-3所示。

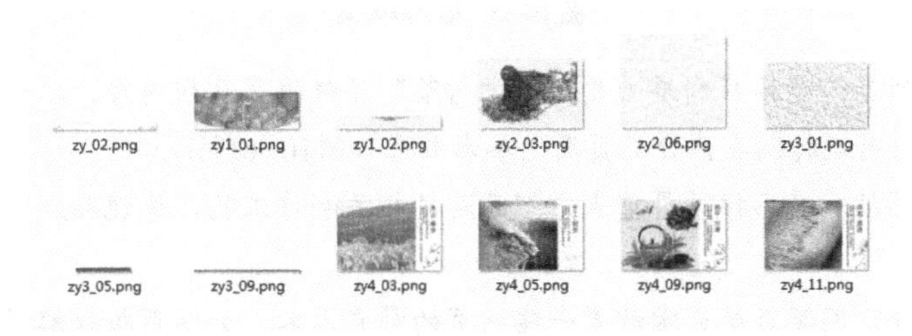

图 10-3 “御茶”网站素材图像

- 制作首屏：本例制作的首屏主要包含banner和导航区，为了页面美观，导航在制作时需要设置不同的格式来让文字实现弧形变换效果，如图10-4所示。

图10-4　首屏效果

- 制作第2屏：第2屏主要是介绍“御茶”的来源和产地等特色内容，因此需要进行文本的相关设置，并添加图像，效果如图10-5所示。

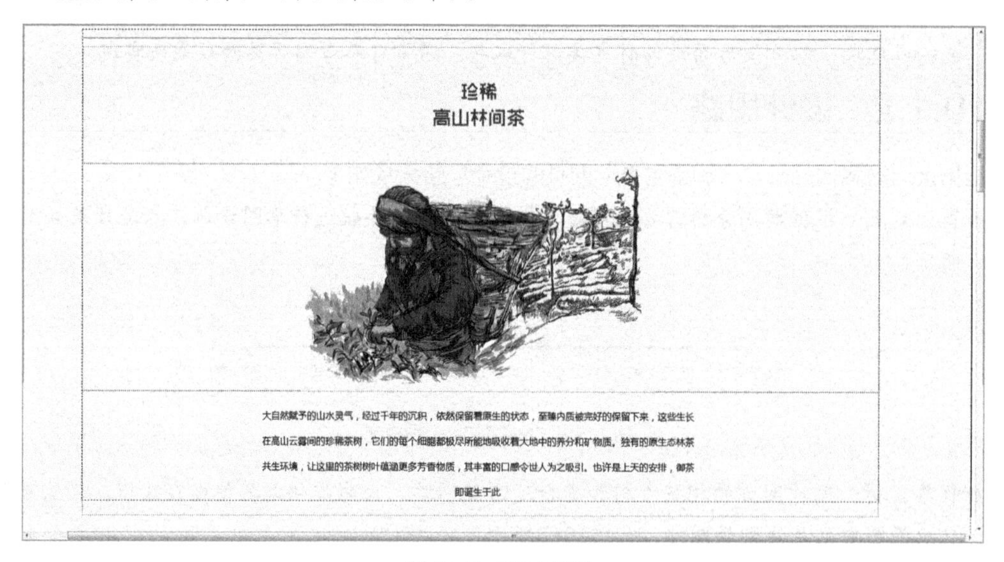

图10-5　第2屏效果

- 制作精品系列屏：精品系列屏主要介绍“御茶”品牌推荐系列内容，以为浏览者标识方向，让用户可以自行跳转到具体分类页面，参考效果如图10-6所示。
- 制作精品推荐屏：精品推荐屏重点介绍品牌的相关制作工艺，体现品牌的特色，参考效果如图10-7所示。
- 制作页尾部分：网页页尾通常放置一些网页的补充内容，如网页版权解释等，本例还在页尾部分制作了导航栏，便于用户更加方便地浏览网页，参考效果如图10-8所示。

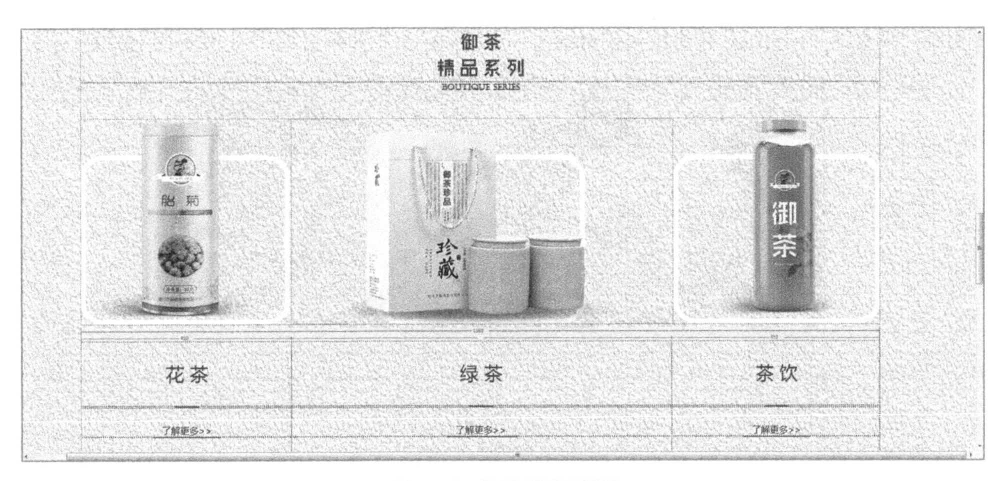

图 10-6　精品系列屏效果

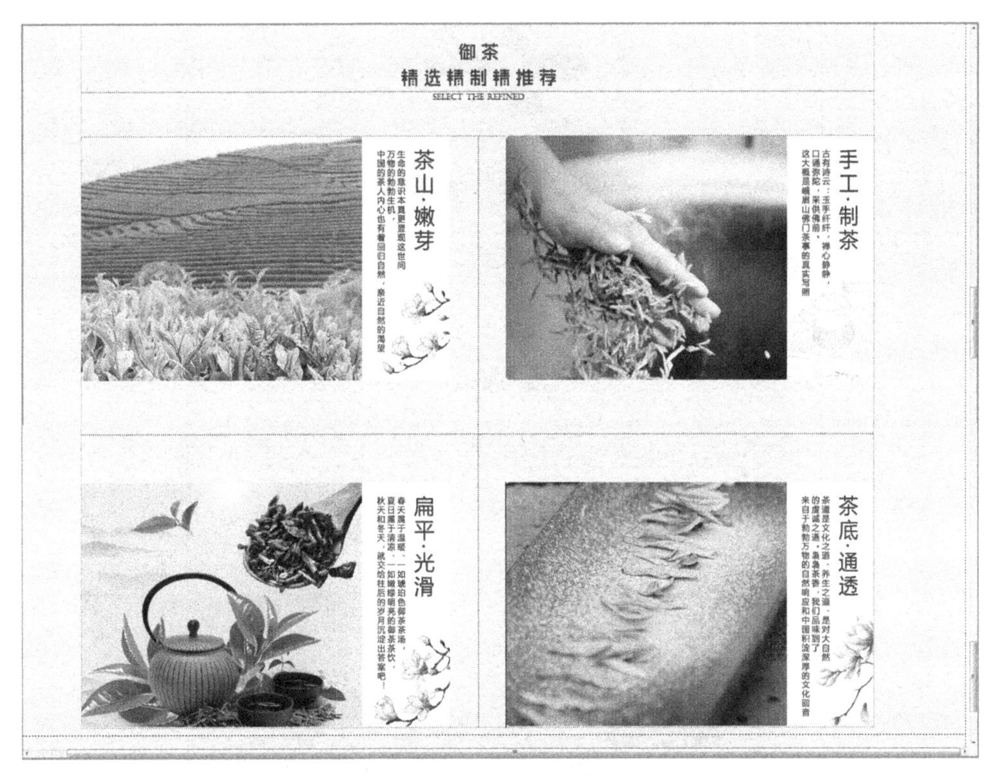

图 10-7　精品推荐屏效果

御茶首页　御茶分类　御茶上新　御茶活动　御茶交流　御茶原料　御茶故事

©yucha.com 川ICP证00000000号 川ICP备00000000号 川公网安备0000000本网站所列数据，除特殊说明，所有数据均出自我司实验室测试

图 10-8　页尾部分

● 制作“御茶”内页：使用制作主页的方法为网站制作子页面，参考效果如图10-9所示。

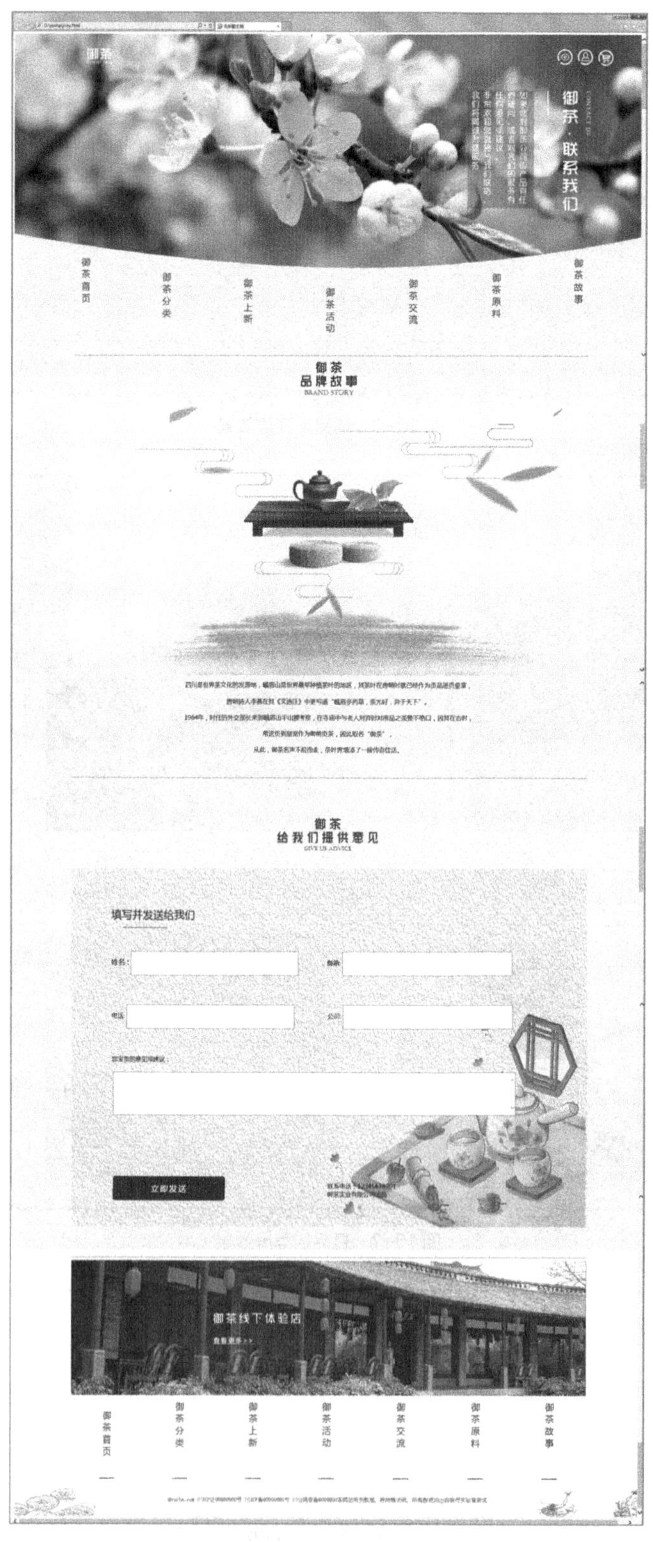

图10-9 制作“御茶”内页

10.1.3 制作过程

完成了网站前期规划后，就可以开始制作网页了。本例的制作首先要创建并编辑站点和文件，然后对网页的结构进行布局设计，最后在其中添加图像和文字，再为其添加超链接等内容，下面分别进行介绍。

1. 创建并编辑站点和文件

视频教学
创建并编辑站点和文件

其具体操作步骤如下。

STEP 01 启动Dreamweaver CC，选择【站点】/【新建站点】命令，打开“站点设置对象”对话框，在“站点名称”文本框中输入“yucha”文本，在“本地站点文件夹”文本框右侧单击“浏览文件夹”按钮，在打开的对话框中双击“yucha”文件夹，返回对话框单击 保存 按钮创建站点，如图10-10所示。

STEP 02 在“文件”面板的“站点-yucha”选项上单击鼠标右键，在弹出的快捷菜单中选择“新建文件”命令，新建一个名称为“index.html”的文件，然后继续在“站点-yucha”选项上单击鼠标右键，在弹出的快捷菜单中选择“新建文件夹”命令，新建一个名称为“img”的文件夹，如图10-11所示。

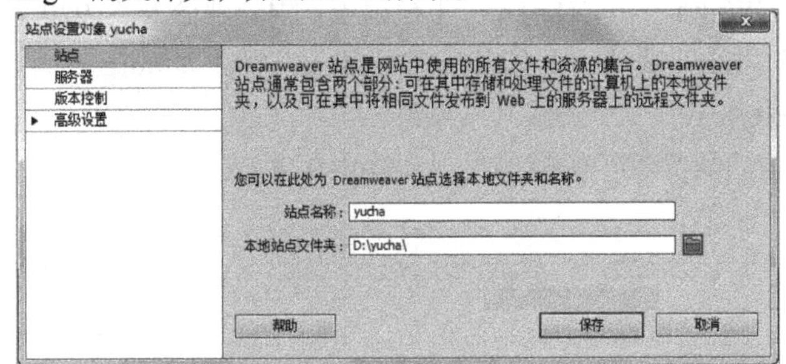

图10-10 创建站点

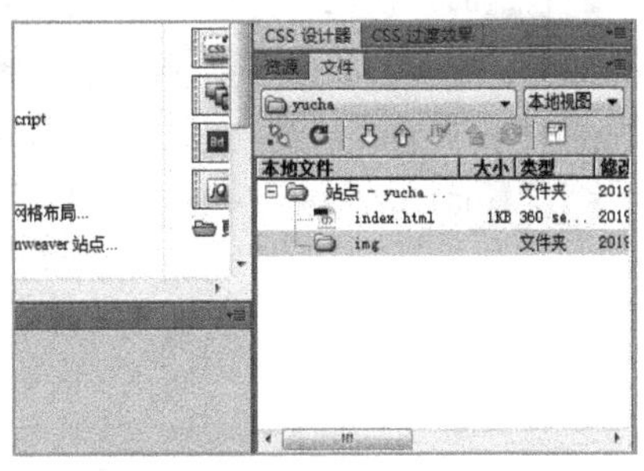

图10-11 编辑站点文件夹和文件

2. 制作首屏

视频教学
制作首屏

其具体操作步骤如下。

STEP 01 将提供的素材文件复制到“img”文件夹中，然后双击“index.html”选项打开该网页，选择【插入】/【结构】/【Div】命令，如图10-12所示。

STEP 02 打开“插入Div”对话框，在“ID”文本框中输入“all”，单击 新建 CSS 规则 按钮，如图10-13所示。

图10-12 选择命令

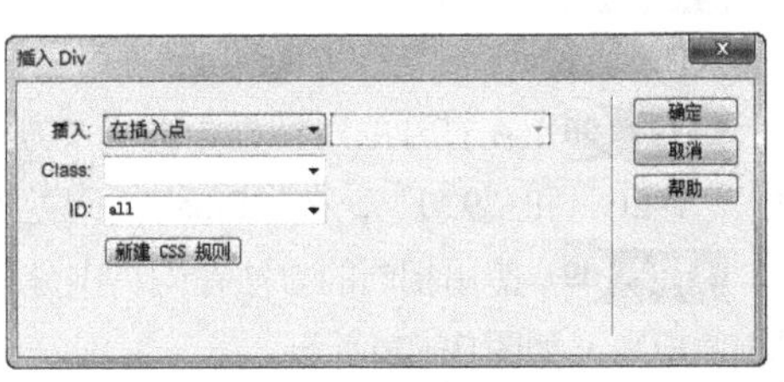

图10-13 设置Div名称

STEP 03 打开“新建CSS规则”对话框，直接单击 确定 按钮，如图10-14所示。

STEP 04 打开“#all的CSS规则定义”对话框，选择“背景”选项，单击 浏览... 按钮，在打开的对话框中选择“zy2_06.png”选项，在“Background-repeat”下拉列表中选择“repeat”选项。如图10-15所示。

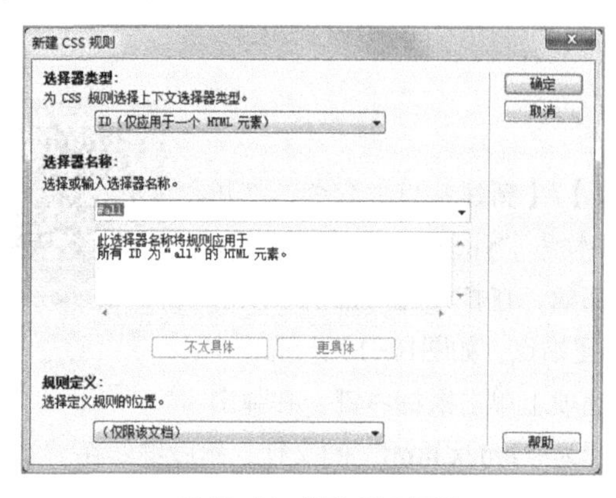

图10-14 新建CSS规则

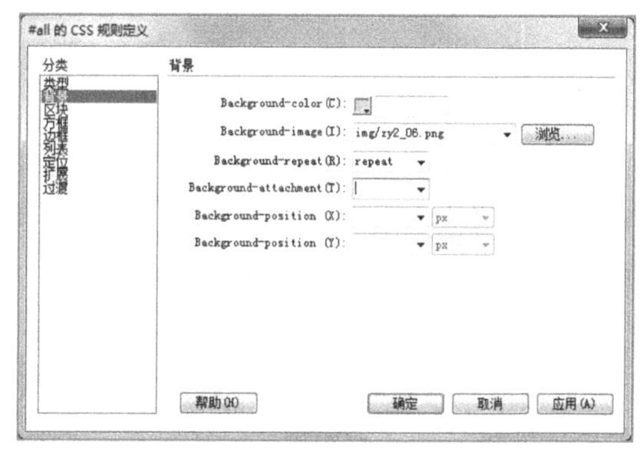

图10-15 设置“背景”CSS样式

STEP 05 选择“方框”选项，在“Width”和“Height”下拉列表框中分别输入“1920”和“4500”，在“Float”下拉列表中选择“left”选项，再分别在“Padding”栏和“Margin”栏的“Top”下拉列表中输入“0”，如图10-16所示。

STEP 06 依次单击 确定 按钮，返回网页即可查看效果，如图10-17所示。

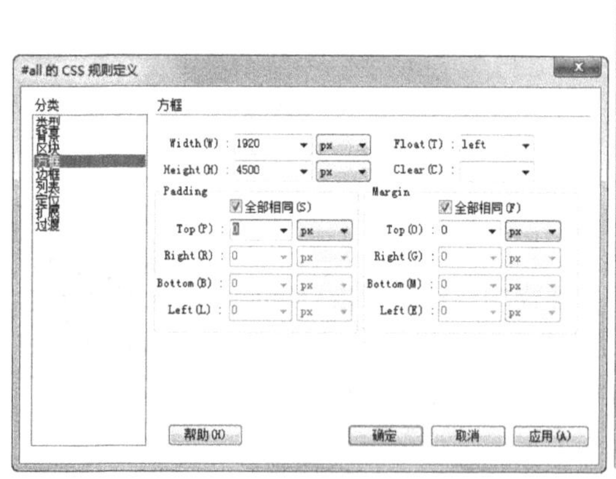

图10-16 设置“方框”CSS样式

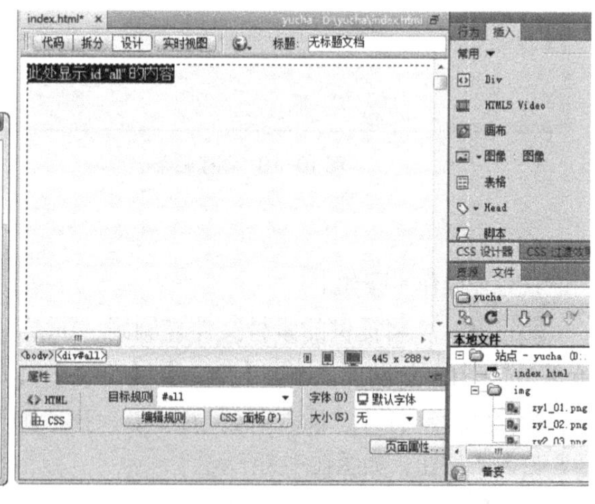

图10-17 查看效果

STEP 07 打开“插入”面板，在其中选择“常用”选项，然后再选择“Div”选项，打开“插入Div”对话框，在“Class”下拉列表框中输入“zp”，单击 新建 CSS 规则 按钮，如图10-18所示。

STEP 08 在打开的对话框中选择“方框”选项，在“Width”和“Height”下拉列表框中分别输入“1920”和“920”，在“Float”下拉列表中选择“left”选项，如图10-19所示。

STEP 09 使用相同的方法在网页中分别添加两个名称为“zpbanner”和“zpdh”的DIV，并设置相关规则，如图10-20所示。

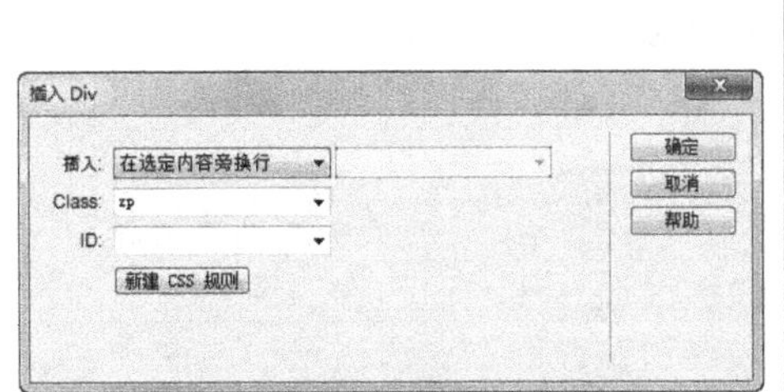

图10-18　设置DIV名称

图10-19　设置“方框”CSS样式

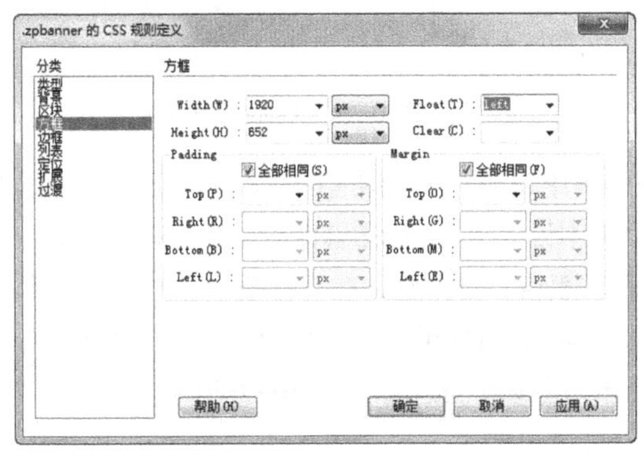

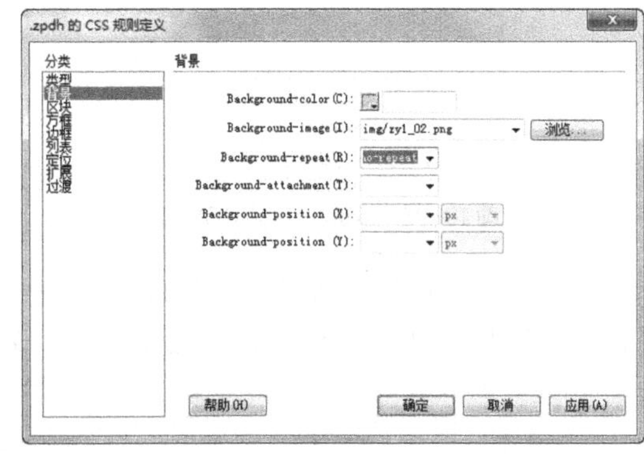

图10-20　设计并应用CSS样式

STEP 10　在“zpdh的CSS规则定义”对话框中选择“背景”选项，在其中单击 浏览... 按钮，打开“选择图像源文件”对话框，在其中双击“zy1-02.png”选项，如图10-21所示。

STEP 11　返回到“zpdh的CSS规则定义”对话框中，在“Background-repeat”下拉列表中选择“no-repeat”选项，如图10-22所示。

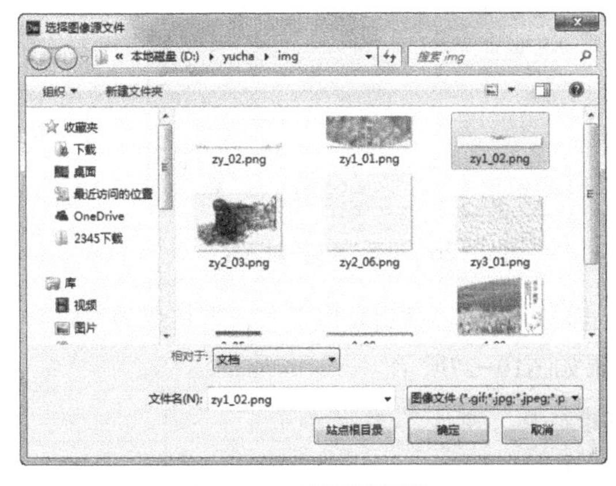

图10-21　选择背景图像

图10-22　设置背景图像的平铺方式

STEP 12　将插入点定位到“zpbanner”DIV中，删除原有的文本，选择【插入】/【图像】/【图像】命令，打开“选择图像源文件”对话框，双击“zy1_01.png”选项，如图10-23所示。

STEP 13 此时选择的图像将被插入到DIV中，效果如图10-24所示。

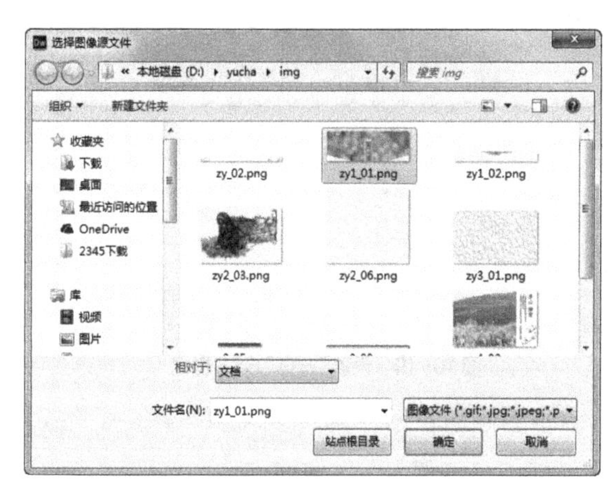
图10-23 “选择图像源文件”对话框

图10-24 添加的图像文件

STEP 14 将插入点定位到名称为“zpdh”的DIV中，删除其中原有的文本，然后在其中添加一个名称为“kong”的DIV，并在“CSS设计器”面板中设置相关的CSS属性，如图10-25所示。

STEP 15 选择【插入】/【表格】命令，打开“表格”对话框，在“行数”和“列”文本框中分别输入“1”和“7”，在“表格宽度”文本框中输入“1740”，在“边框粗细”“单元格边距”“单元格间距”文本框中分别输入“0”，然后单击 确定 按钮，如图10-26所示。

图10-25 设置“kong”CSS属性

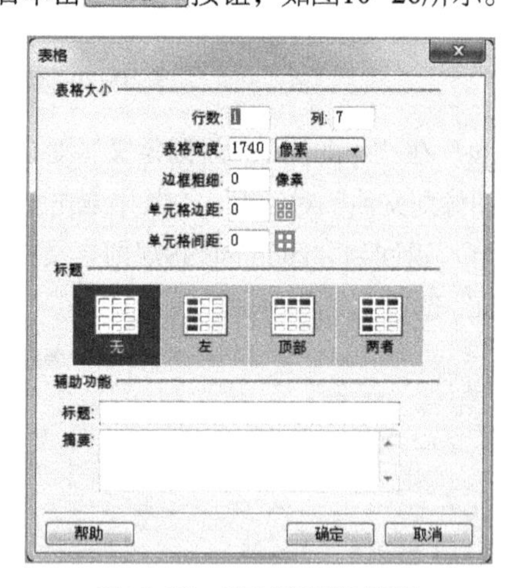
图10-26 设置“表格”对话框

STEP 16 此时，将插入一个1行7列的表格，将鼠标指针移动到表格下方，当其变为双向箭头后，向下拖动，调整表格的大小到合适的位置，效果如图10-27所示。

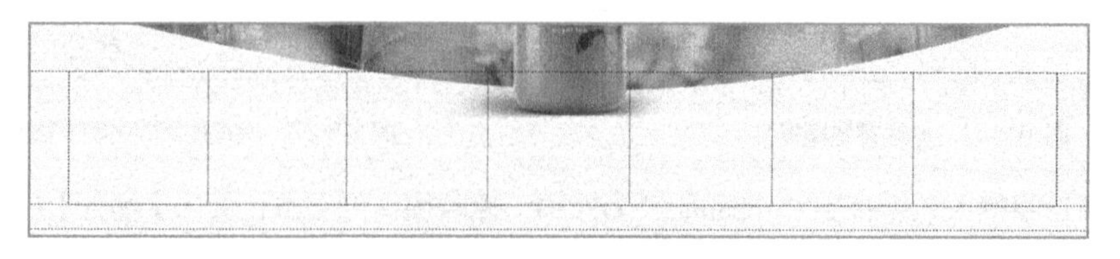
图10-27 调整表格行高

STEP 17 将插入点定位到单元格中，在其中输入相关的文本，然后通过按【Shift+Enter】组合键将文本垂直显示，再选择单元格，在“属性”面板中设置“水平”下拉列表为“居中对齐”选项，同时设置文本字符格式为“思源黑体 cn regular、20pt、#546d34”，如图10-28所示。

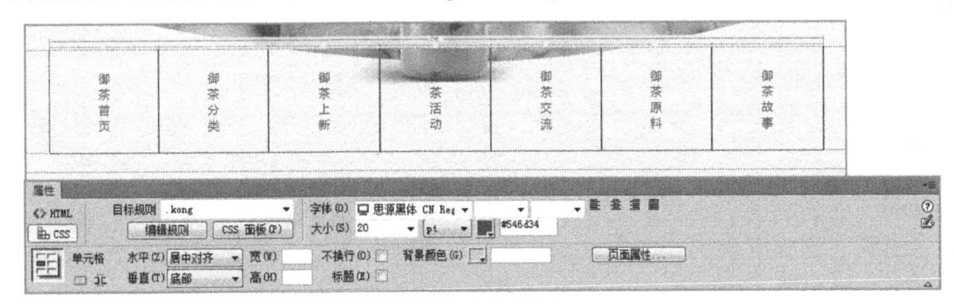

图10-28 设置单元格属性

STEP 18 选择第1个和最后1个单元格，在“属性”面板的“垂直”下拉列表中选择“顶端”选项，然后选择第4个单元格，在“垂直”下拉列表中选择“底部”选项，然后将插入点定位到第3个单元格中，在文本前定位插入点，按【Shift+Enter】组合键输入一个换行符，使用相同的方法在第5个单元格中的文本前输入一个换行符，效果如图10-29所示。

图10-29 查看首屏效果

3. 制作第 2 屏

其具体操作步骤如下。

STEP 01 将插入点定位到“zp” DIV右侧，在其中添加一个名称为“cp”的DIV，并设置CSS属性规则如图10-30所示。

STEP 02 将插入点定位到DIV中，删除原有的文本，选择【插入】/【水平线】命令，即可在DIV中添加一个水平分割线，如图10-31所示。

视频教学
制作第 2 屏

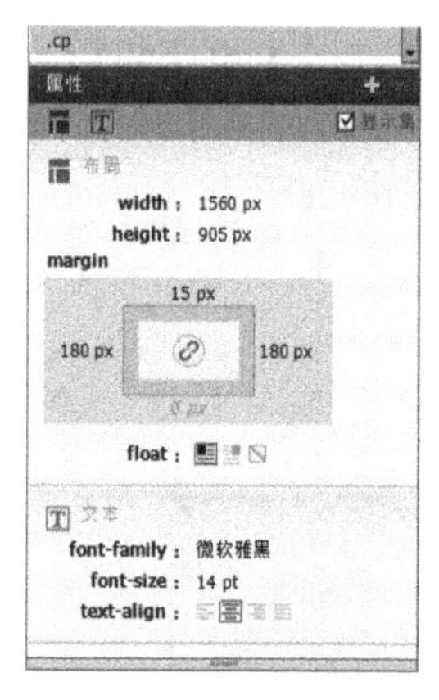
图10-30　设置CSS属性

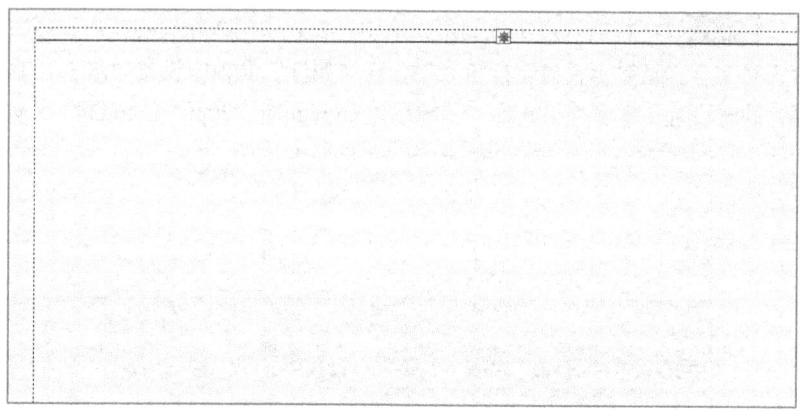
图10-31　查看添加的水平分割线

STEP 03 将插入点定位到水平分割线后，按【Ctrl+Alt+T】组合键，打开“表格”对话框，在其中设置表格的行和列，如图10-32所示。

STEP 04 分别选择第1行单元格和第2行单元格，在“属性”面板的“高”文本框中分别输入“222”和“444”，效果如图10-33所示。

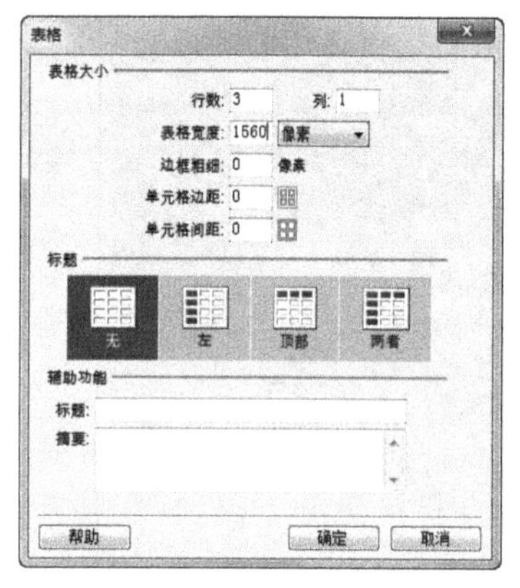
图10-32　设置“表格”对话框

图10-33　设置表格的高度

STEP 05 将插入点定位到第1行单元格中，输入“珍稀高山林间茶”文本，并按“Shift+Enter”组合键换行。选择输入的文本，在“属性”面板中设置文本格式，如图10-34所示。

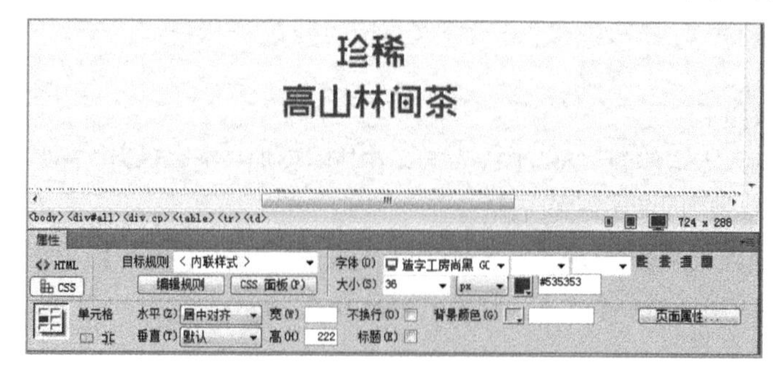

图10-34　设置文本格式

STEP 06 将插入点定位到第2行单元格中，选择【插入】/【图像】/【图像】命令，在打开的对话框中双击“zy2_03.png”图像，如图10-35所示。

STEP 07 选择插入的图像文件所在单元格，在“属性”面板的“水平”下拉列表中选择“居中对齐”选项，效果如图10-36所示。

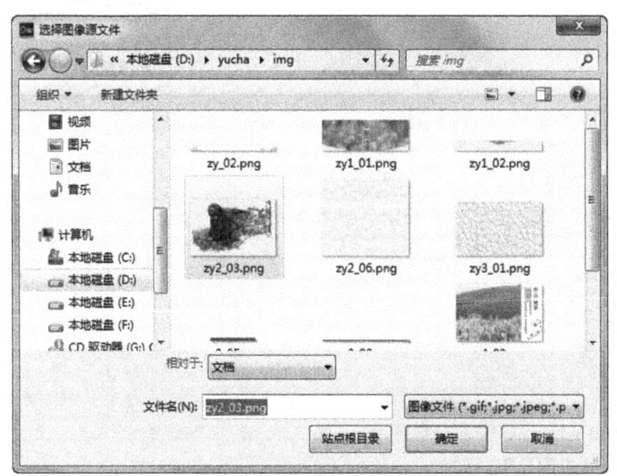

图 10-35 选择图像文件

图 10-36 设置添加的图像格式

STEP 08 将插入点定位到第3行单元格中，在其中输入相关的文本，按【Shift+Enter】组合键进行换行，然后在“属性”面板中设置格式，如图10-37所示。

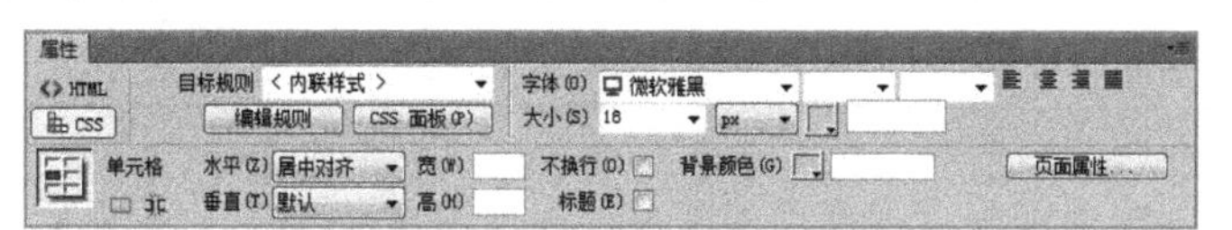

图 10-37 设置文本格式

STEP 09 此时完成第2屏页面的制作，效果如图10-38所示。

图 10-38 查看第2屏效果

4. 制作精品系列屏

其具体操作步骤如下。

STEP 01 将插入点定位到“cp”DIV右侧，在其中添加一个名称为“jpxl”的DIV，并设置CSS属性规则，如图10-39所示。

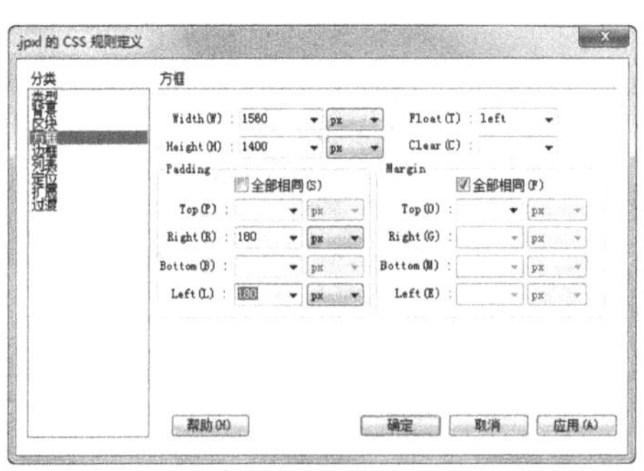

图10-39 设计并应用CSS样式

STEP 02 将插入点定位到DIV中，删除原有的文本，按【Ctrl+Alt+T】组合键，打开“表格”对话框，在其中设置表格的行和列，如图10-40所示。

STEP 03 单击 确定 按钮，分别选择3行单元格，依次在“属性”面板的“高”文本框中输入“257”“385”“275”，效果如图10-41所示。

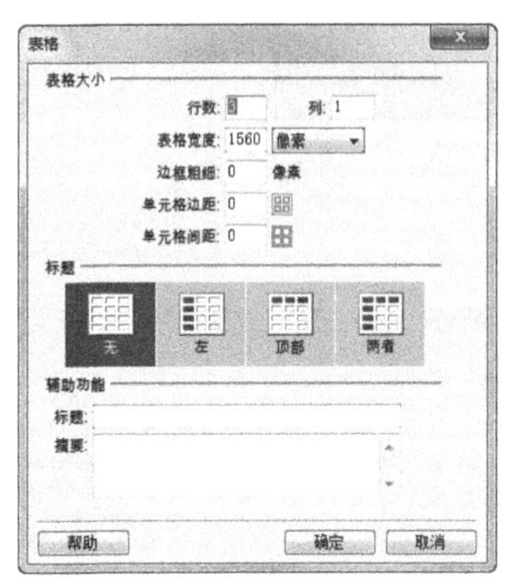

图10-40 设置“表格”对话框

图10-41 查看表格高度的设置效果

STEP 04 选择第1行单元格，在“属性”面板中单击“拆分单元格”按钮，打开“拆分单元格”对话框，直接单击 确定 按钮，如图10-42所示。

STEP 05 分别选择第1行单元格和第2行单元格，在“属性”面板的“高”文本框中分别输入“187”和“70”，效果如图10-43所示。

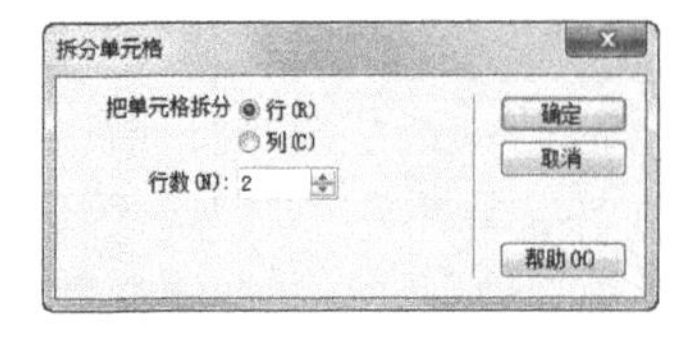

图10-42 设置“拆分单元格”对话框

图10-43 查看效果

STEP 06 将插入点定位到第1行单元格中，输入“御茶精品系列”文本，并按【Shift+Enter】组合键换行，然后通过空格来调整字间距。选择输入的文本，在“属性”面板中设置文本格式，如图10-44所示。

STEP 07 将插入点定位到第2行单元格中，输入“BOUTIQUE SERIES”文本，选择输入的文本，在“属性”面板中设置文本格式，如图10-45所示。

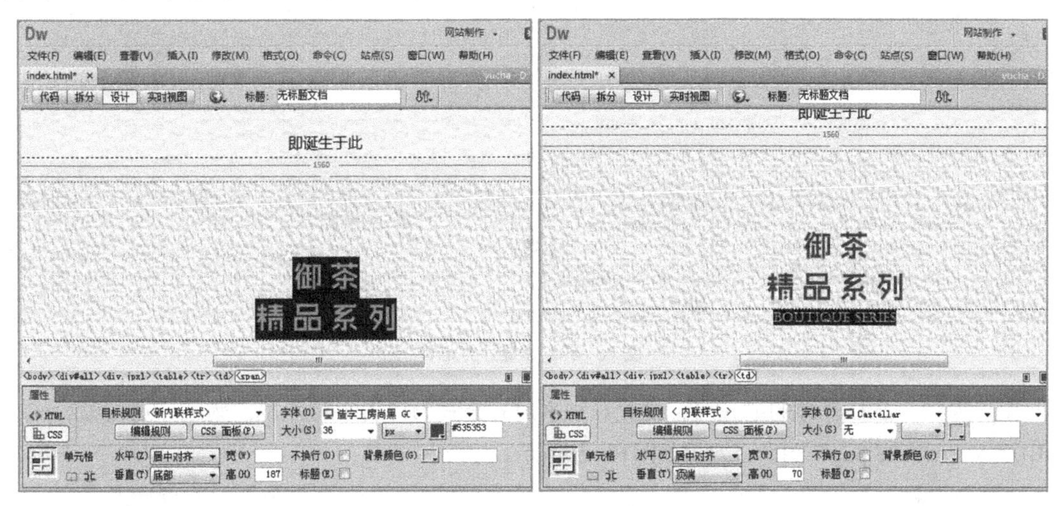

图10-44 设置中文文本格式

图10-45 设置英文文本格式

STEP 08 选择第3行单元格，在“属性”面板中单击“拆分单元格”按钮，打开“拆分单元格”对话框，在其中按照图10-46所示进行设置，单击 确定 按钮。

STEP 09 选择拆分后的中间的单元格，在“属性”面板的“水平”下拉列表中选择“居中对齐”选项，在“宽”文本框中输入“743”，然后分别在3个单元格中添加相关的图像文件，效果如图10-47所示。

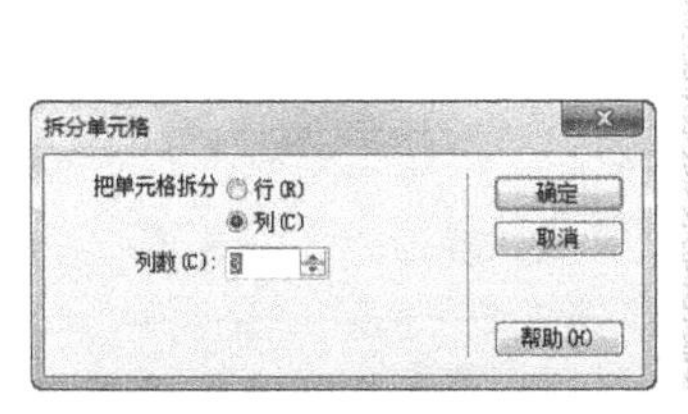

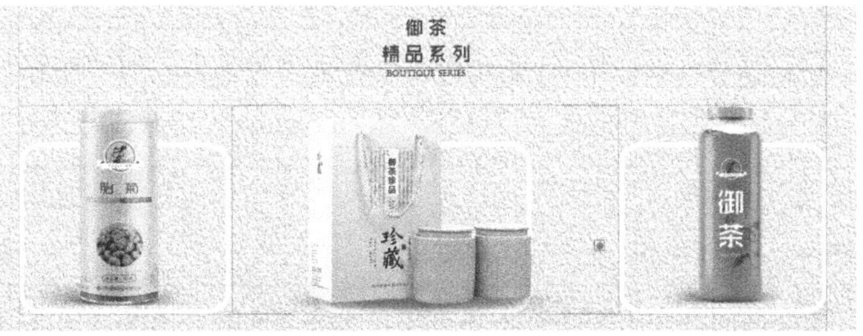

图10-46 “拆分单元格”对话框

图10-47 设置并添加图像

STEP 10 将插入点定位到最后1行单元格中，按【Ctrl+Alt+T】组合键在单元格中嵌套插入一个4行3列的表格，选择第1行单元格，设置其水平对齐方式为“居中对齐”，高为“123”，拖动鼠标调整其他行单元格的高度，效果如图10-48所示。

图10-48 设置单元格的行高和列宽

STEP 11 选择第1行左右两边的单元格，设置“宽”为“410”，然后在单元格中输入相关的文本，并分别设置字符格式为“思源黑体 cn regular、36px、#535353”，效果如图10-49所示。

图10-49　设置分类文本

STEP 12 选择其他的单元格，设置其水平对齐方式为“居中对齐”，然后分别在第2行单元格中插入“zy3_05.png”图像，效果如图10-50所示。

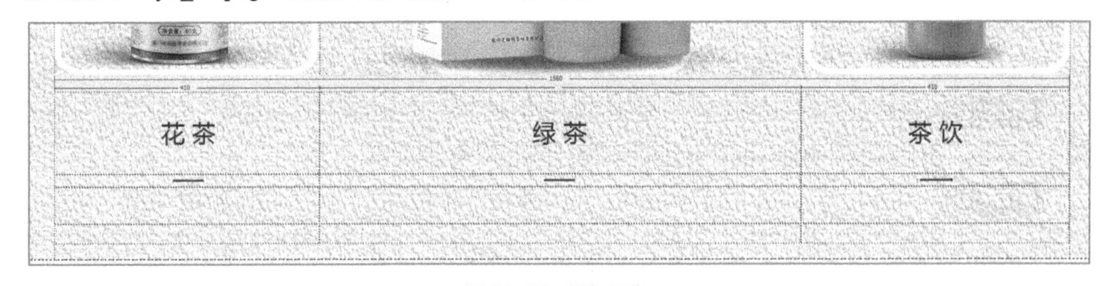

图10-50　添加图像

STEP 13 选择第3行单元格，设置垂直对齐方式为“底部”，然后在单元格中输入相关的文本，并分别设置字符格式为“思源黑体 cn regular、18px、#535353”，如图10-51所示。

图10-51　添加并设置文本

STEP 14 选择第4行单元格，设置其垂直对齐方式为“顶端”，然后分别在各个单元格中插入“zy3_09.png”图片，完成精品系列屏的制作，效果如图10-52所示。

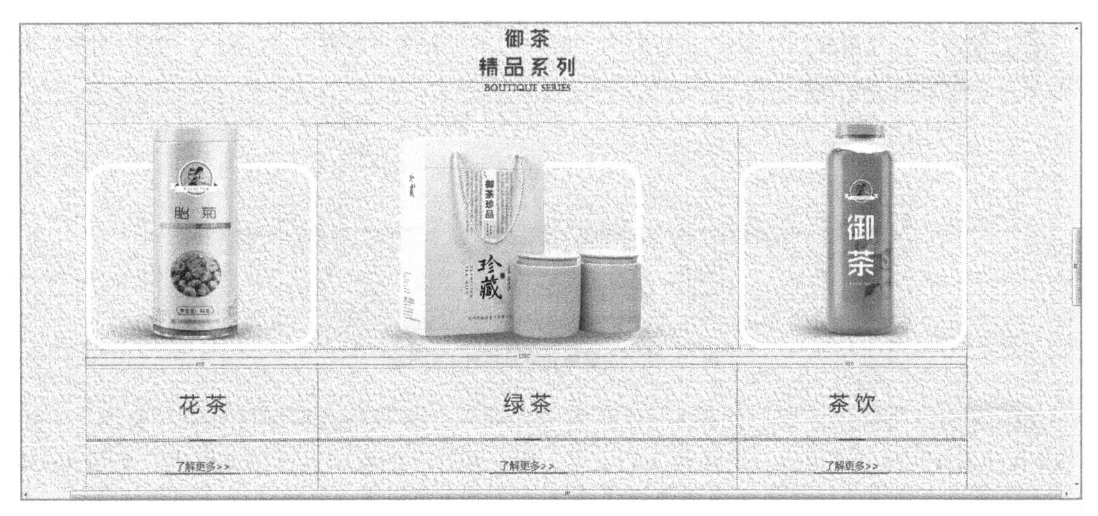

图 10-52　查看精品系列屏效果

5. 制作精品推荐屏

其具体操作步骤如下。

STEP 01 将插入点定位到“zp” DIV的右侧，在其中添加一个名称为“tj”的DIV，并设置CSS属性规则，如图10-53所示。

STEP 02 将插入点定位到DIV中，删除原有的文本，在其中插入一个4行2列的表格，如图10-54所示。

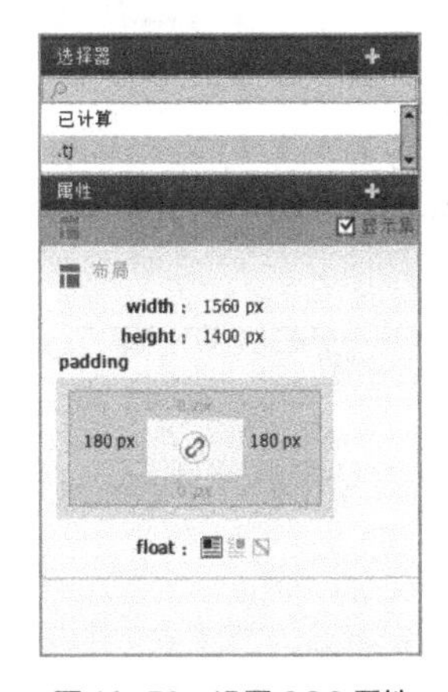

图 10-53　设置 CSS 属性

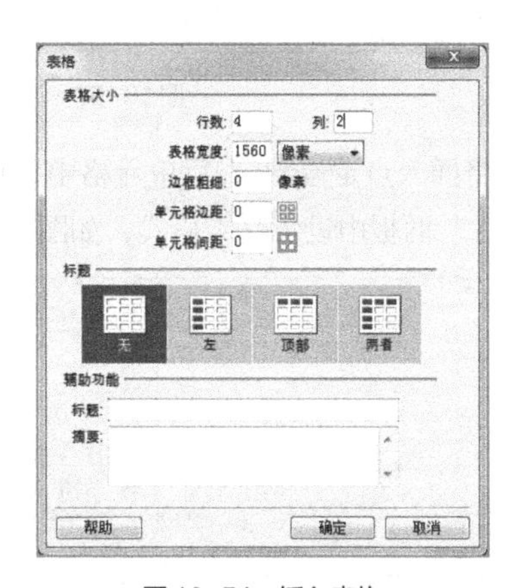

图 10-54　插入表格

STEP 03 分别选择第1行和第2行单元格，在“属性”面板中单击“合并单元格”按钮，合并单元格。选择第1行单元格，设置高为“182”，水平和垂直对齐方式分别为“居中对齐”和“底部”，如图10-55所示。

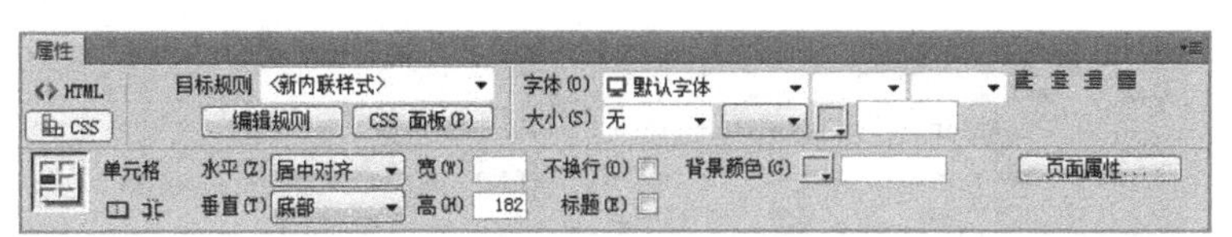

图 10-55　设置单元格对齐方式和行高

STEP 04 选择第2行单元格，设置高为“85”，水平和垂直对齐方式分别为“居中对齐”和“顶端”，如图10-56所示。

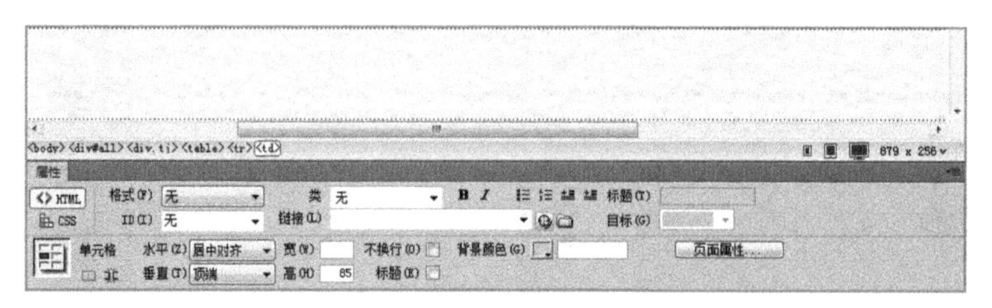

图10-56 设置单元格对齐方式和行高

STEP 05 将插入点定位到第1行单元格中，输入“御茶精选精制精推荐”文本，并按“Shift+Enter”组合键换行。选择输入的文本，在“属性”面板中设置文本格式，如图10-57所示。

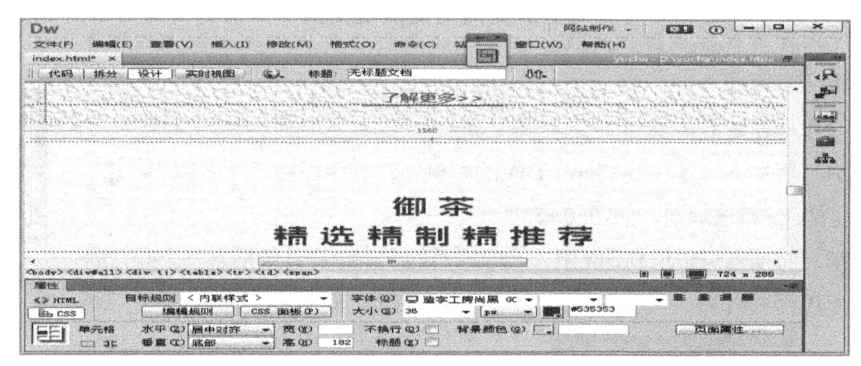

图10-57 设置中文文本格式

STEP 06 将插入点定位到第2行单元格中，输入“SELECT THE REFINED”文本。选择输入的文本，在“属性”面板中设置文本格式，如图10-58所示。

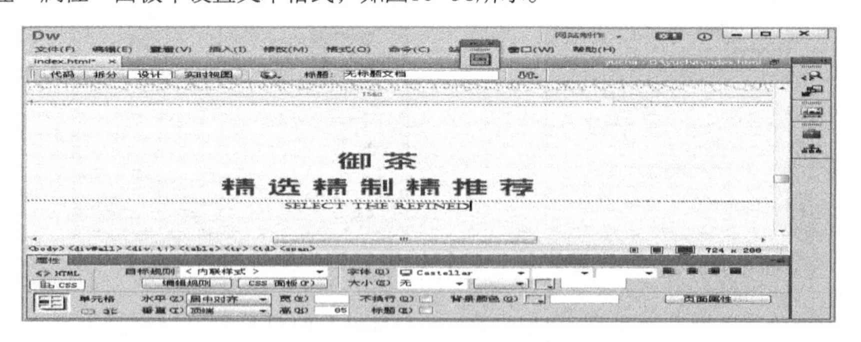

图10-58 设置英文文本格式

STEP 07 依次选择第3行和第4行单元格，分别设置相关属性,如图10-59所示。

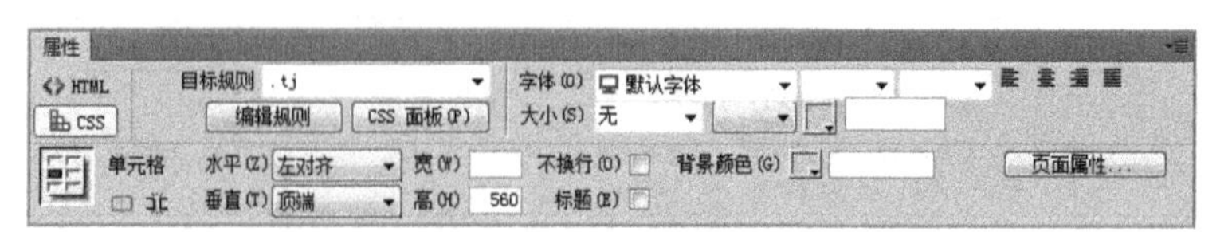

图10-59 设置单元格属性

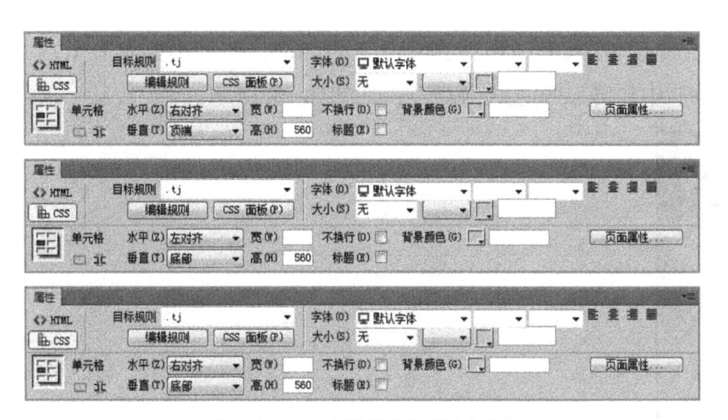

图10-59 设置单元格属性(续)

STEP 08 在相应的单元格中插入提供的素材图像，完成本屏的制作，效果如图10-60所示。

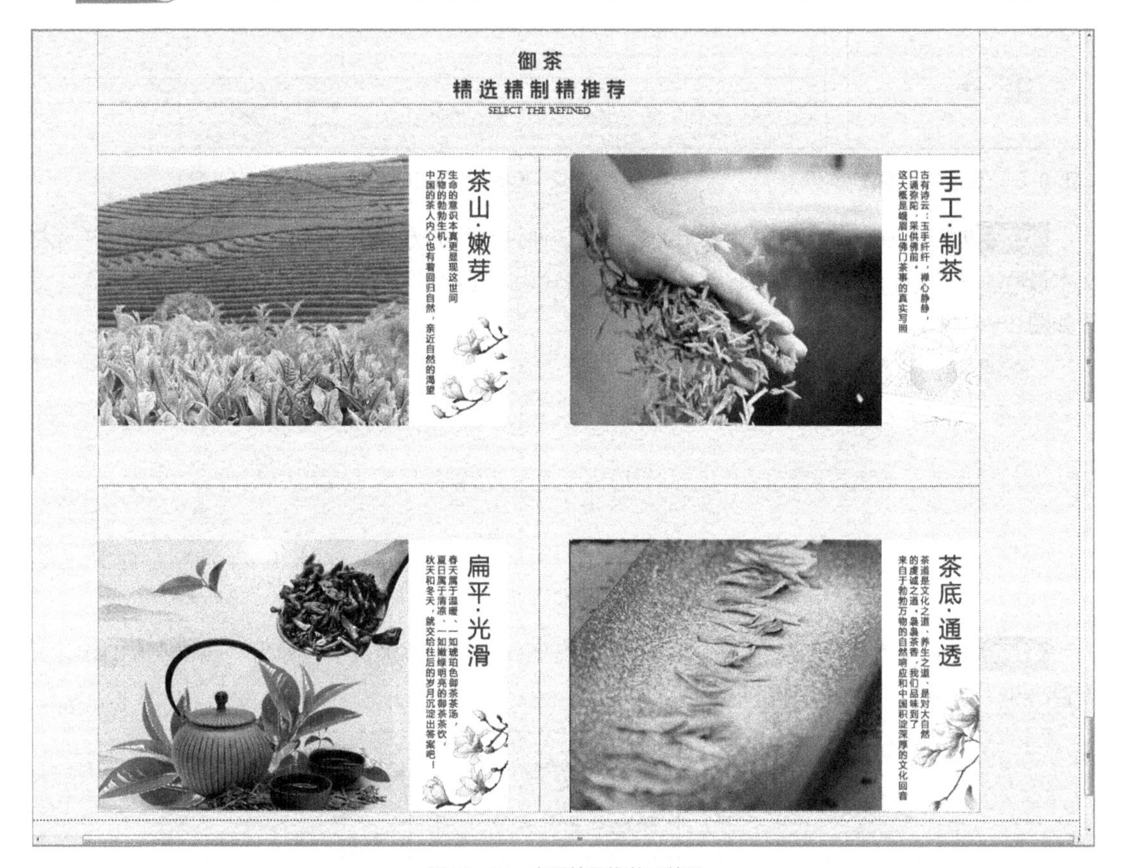

图10-60 查看精品推荐屏效果

6. 制作页尾部分

其具体操作步骤如下。

STEP 01 将插入点定位到“tj”DIV的右侧，在其中添加一个名称为“ywdh”的DIV，并设置CSS属性规则，如图10-61所示。

STEP 02 将插入点定位到DIV中，删除原有的文本，在其中插入一个1行7列的表格，设置单元格对齐方式为水平居中对齐、垂直底部对齐，如图10-62所示。

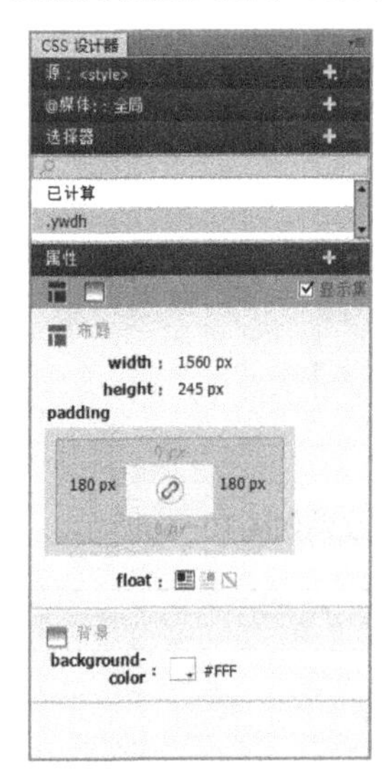

图10-61 设置CSS属性

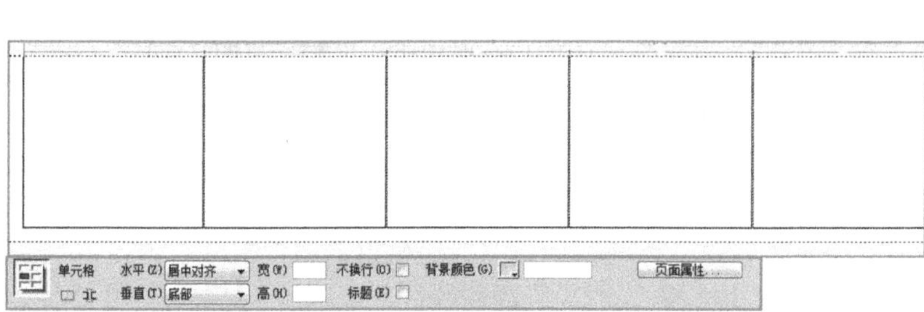

图10-62 设置表格格式（由于版面限制只显示5列）

STEP 03 分别在单元格中输入相关的文本，通过换行的方法使其垂直显示，并在每个单元格文本最后添加“zy3_05.png”图像，并设置文本格式为“思源黑体 cn regular、20pt、#546d34”，效果如图10-63所示。

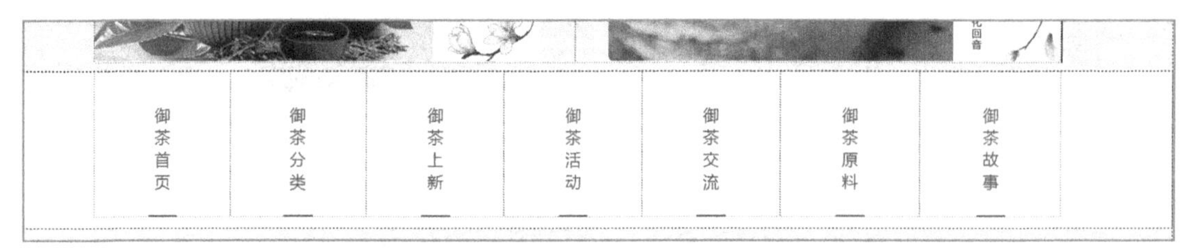

图10-63 设置文本格式的效果

STEP 04 将插入点定位到“ywdh”DIV的右侧，在其中添加一个名称为“ywdb”的DIV，并设置CSS属性规则，如图10-64所示。

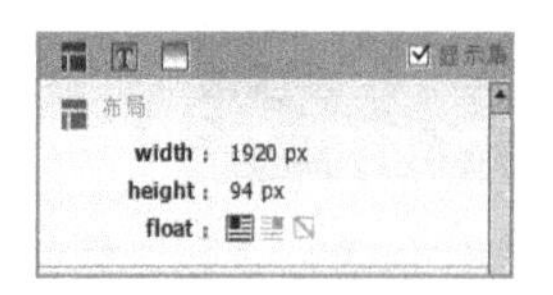

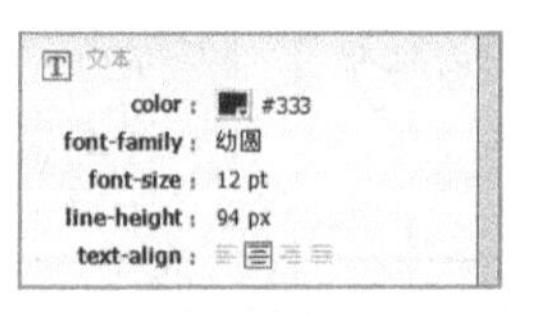

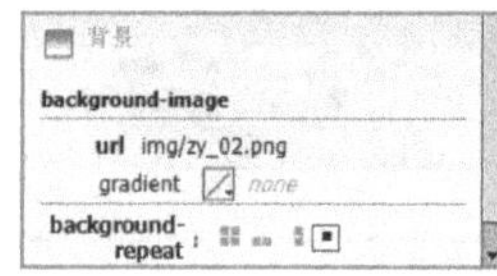

图10-64 设置“ywdb”CSS规则

STEP 05 将插入点定位到“ywdb”DIV中，删除原有的文本，在其中输入需要的文本内容，完成后的效果如图10-65所示。

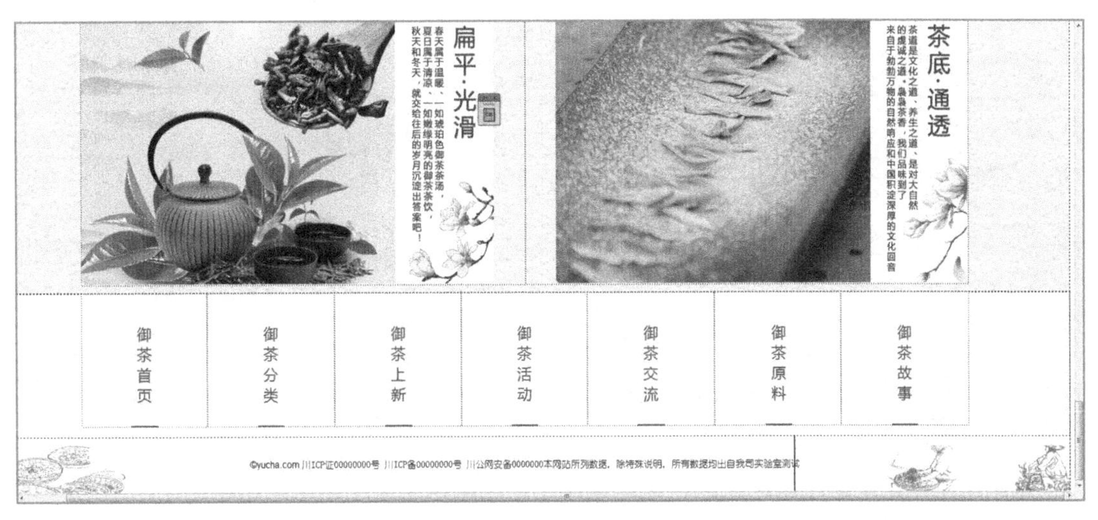

图 10-65　页尾部分效果

7. 为网页添加超链接

其具体操作步骤如下。

STEP 01　在“属性”面板中单击 页面属性... 按钮，打开“页面属性”对话框，在“链接颜色”文本框和“已访问链接”文本框中均输入“#546d34”，在“下划线样式”下拉列表中选择“始终无下划线”选项，如图10-66所示。

STEP 02　单击 确定 按钮，依次选择导航文本，在“属性”面板中单击 <> HTML 按钮，在“链接”下拉列表中输入“#”，如图10-67所示。

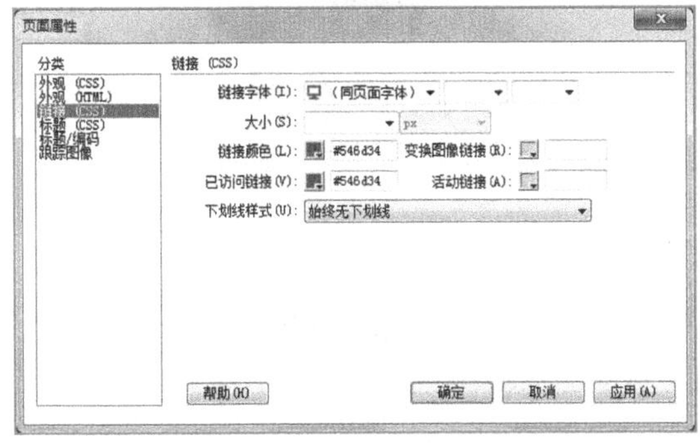

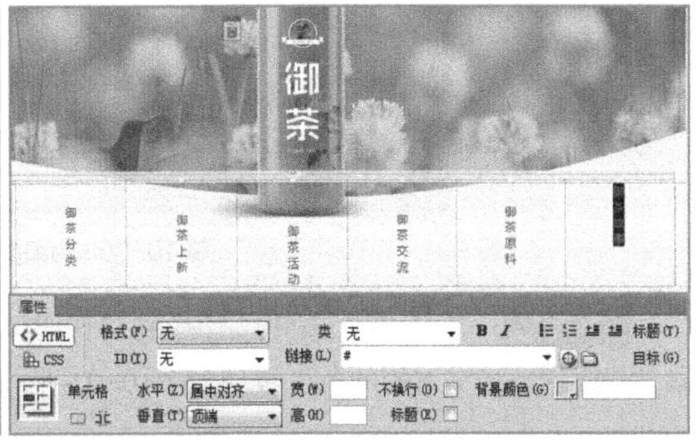

图 10-66　设置超链接颜色　　　　图 10-67　为网页添加超链接

STEP 03　选择banner图像，在“属性”面板中单击“矩形热点工具”按钮，在图像的标志上单击并拖动鼠标绘制热点区域，在打开的提示对话框中直接单击 确定 按钮，如图10-68所示。

STEP 04　单击“自由绘制热点工具”按钮，在图像的产品区域单击并拖动鼠标绘制热点区域，使产品图像被热点区域覆盖，完成后的效果如图10-69所示。

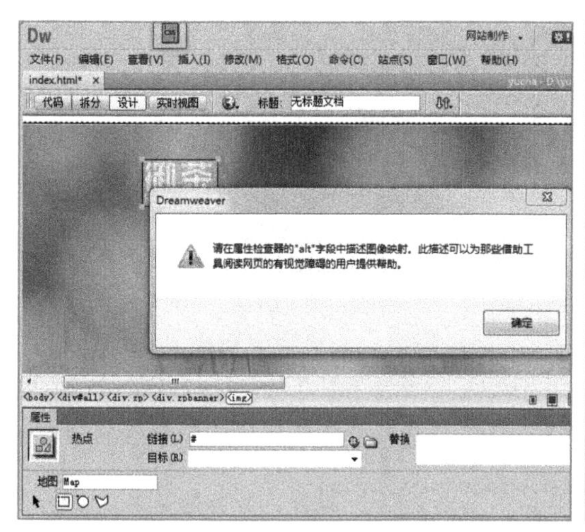

图10-68　绘制标志热点区域

图10-69　绘制产品热点区域

STEP 05 选择精品系列屏中的图像，依次在“属性”面板的“链接”文本框中输入“#”，然后选择下方的文本，在“链接”文本框中输入“#”，如图10-70所示。

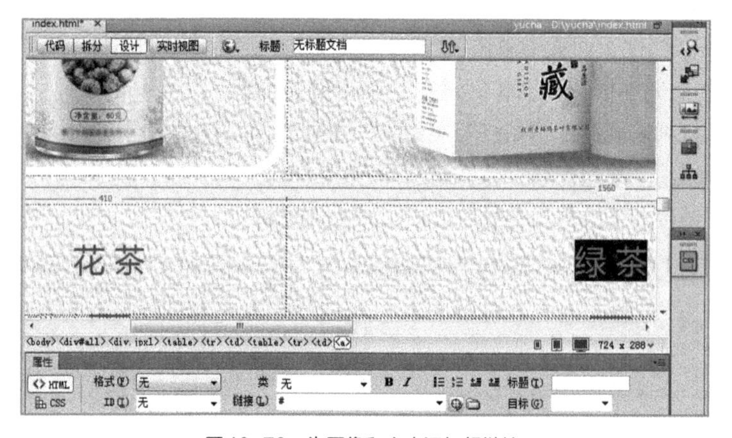

图10-70　为图像和文本添加超链接

STEP 06 单击 拆分 按钮，切换到“代码”视图，在其中添加“.jpxl a:link{color:#666}”代码，修改超链接文本的颜色，效果如图10-71所示。

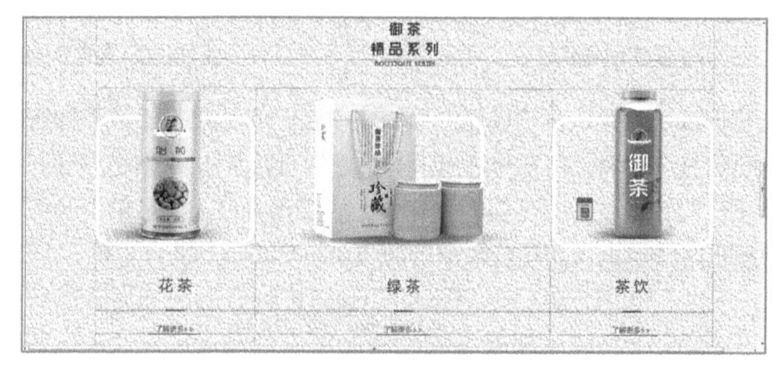

图10-71　修改超链接文本的颜色

STEP 07 继续使用相同的方法为其他图像和文本添加超链接，按【Ctrl+S】组合键保存网页，完成主页的制作。

8. 制作御茶内页网页

其具体操作步骤如下。

STEP 01 选择【文件】/【另存为】命令，打开“另存为”对话框，在其中设置保存名称为“ycny.html”，如图10-72所示。

STEP 02 单击 保存(S) 按钮，删除网页中的图像，然后再插入“ny1_01.png”图像，效果如图10-73所示。

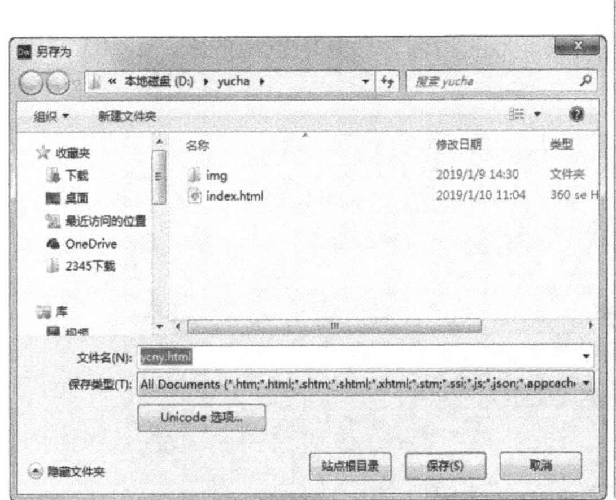

图10-72 另存内页

图10-73 为网页添加图像

STEP 03 选择“zpdh”DIV标签，在“CSS设计器”面板中的“background-image”栏中单击“浏览”按钮，在打开的对话框中双击“ny1_02.png”图像文件，修改DIV标签的背景图像，效果如图10-74所示。

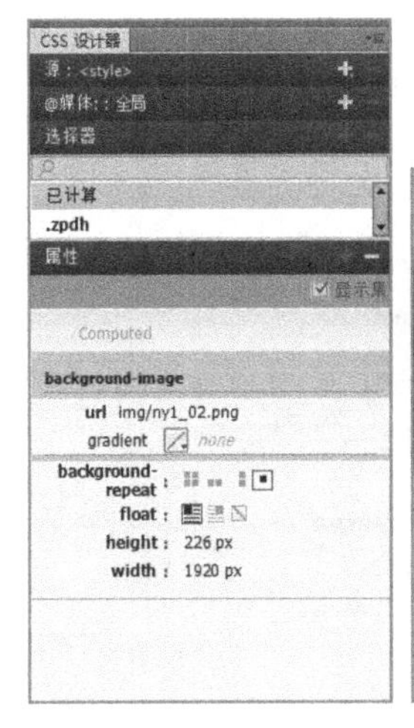

图10-74 修改标签背景

STEP 04 删除“珍稀高山林间茶”文本，在“属性”面板中单击“拆分单元格”按钮，在打开的对话框中直接单击 确定 按钮，然后分别设置第1行单元格和第2行单元格的属性，如图10-75所示。

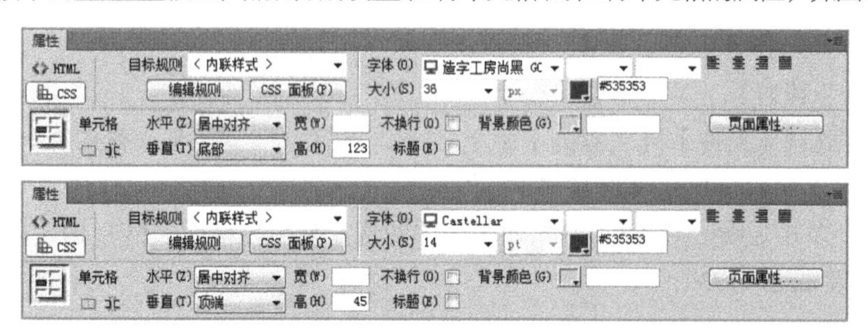

图10-75 设置单元格属性

STEP 05 在单元格中输入相关的文本，然后删除下方的图像，在其中重新插入“ny_03.png”图像，效果如图10-76所示。

图10-76 添加图像文件

STEP 06 观察发现图像超过了原来的DIV标签大小，在“CSS设计器”面板中修改DIV标签的高为1 379Px，然后修改下方单元格中的文本内容，完成后的效果如图10-77所示。

图10-77 修改标签大小和文本

STEP 07 选择“jpxl”DIV标签，在“CSS设计器”面板中修改DIV标签的高为1 382Px，padding-top为15px，删除背景图像，如图10-78所示。

STEP 08 删除表格中的其他内容，然后选择倒数两行单元格，在“属性”面板中单击“合并单元格”按钮□合并单元格。将插入点定位到表格前，在其中添加一条水平分割线，最后修改表格中的文本，效果如图10-79所示。

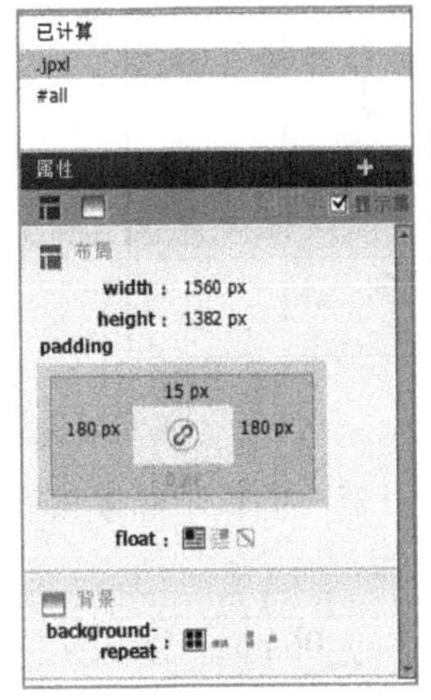

图10-78 修改CSS属性

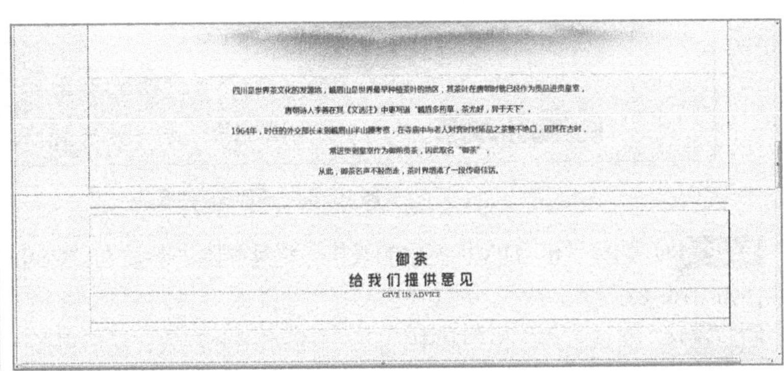

图10-79 修改表格内容

STEP 09 将插入点定位到合并后的单元格中，选择【插入】/【表单】/【表单】命令，在表格中插入一个表单，在“CSS设计器”面板中新建“#form1”样式，并设置属性，如图10-80所示。

STEP 10 按【Ctrl+Alt+T】组合键插入一个7行2列的表格，通过合并单元格的方式修改表格的结构，并调整单元格的行高，完成后的效果如图10-81所示。

图10-80 设置CSS属性

图10-81 调整表格结构和行高（由于版面限制只显示5行）

STEP 11 在表格中相应的位置输入文本，然后设置文本格式为“思源黑体 cn regular、24pt、#333”，在下方单元格中插入“img/zy3_09.png”图像，并通过空格来控制文本的位置。

STEP 12 在“插入”面板的“表单”栏中单击相关的表单元素，将其插入到对应的单元格中，并在“CSS”面板中分别新建CSS规则，设置属性的宽和高分别为“505”和“65”，字符格式都为“思源黑体 cn regular、18px”，效果如图10-82所示。

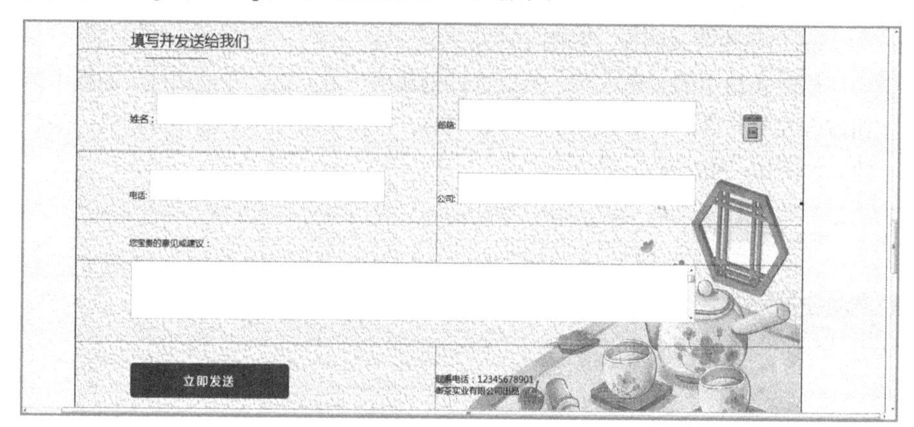

图10-82　添加表单内容

STEP 13 选择“tj”DIV标签中的表格，将其删除，然后在“CSS设计器”面板中修改该样式属性，如图10-83所示。

STEP 14 将插入点定位到其中，插入一条水平分割线，然后再插入“ny_06.png”图像文件，完成后的效果如图10-84所示。

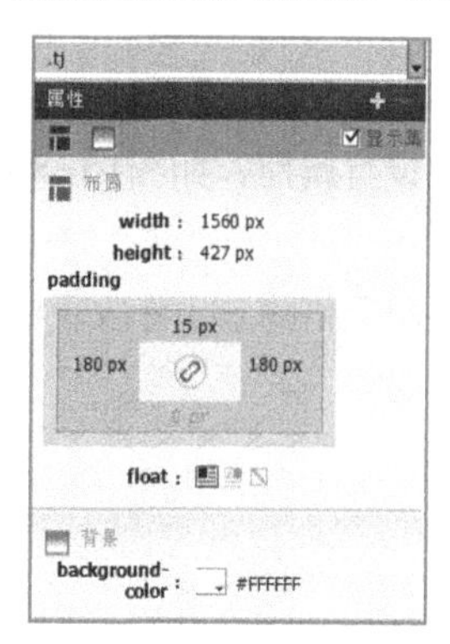

图10-83　修改CSS属性

图10-84　查看效果

STEP 15 选择两处导航中的“御茶首页”文本，分别在“属性”面板的“链接”文本框中输入“index.html”，完成后保存网页文件，按【F12】键预览网页即可完成本例的制作。

10.2 制作移动端御茶网站页面

随着移动互联网的发展，移动端的网页越来越受到人们的青睐，尤其是在电子商务方面最为突出。本例将为御茶网站制作移动端网页，要求网页具有PC端网页的相关功能，完成后的参考效果如图10-85所示。

知识要点：布局页面；添加图像和文本；添加超链接；添加表单。

素材位置：素材 \ 第 10 章 \ img

效果文件：效果 \ 第 10 章 \ yddindex.html、yddny.html

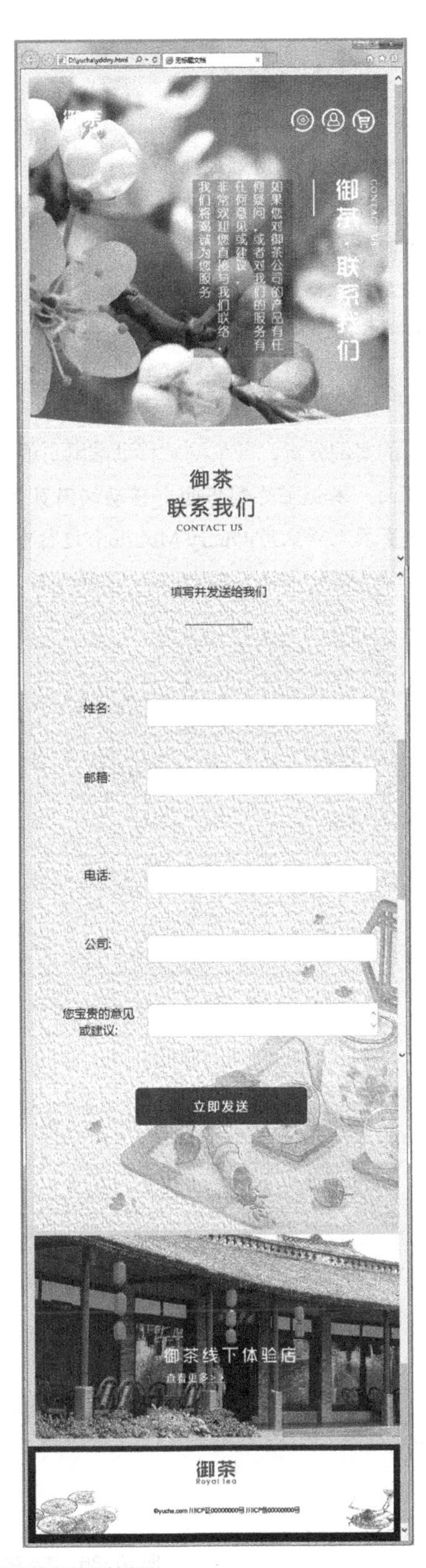

图10-85　移动端御茶网站页面

10.2.1 案例分析

本例要为御茶网站制作移动端网页。制作移动端网页需要注意以下方面。

- 页面尺寸：移动端网页的页面尺寸宽度应为750像素，且一屏的显示高度最高为1 000像素，因此，为了在移动端的小屏幕上完整地显示网页内容，在设计时，必须将主要内容放在屏幕中间显眼的位置。
- 页面布局：移动端网页其实与PC端网页同属一个网站，因此，页面布局要保持网页原有的风格，网页字体、颜色和图像应与PC端大体相同。

10.2.2 设计思路

根据上面的案例分析，御茶网站移动端网页的设计思路大致如下。

- 布局页面：本例主要制作两个移动端网页页面，其中主页网页将主要通过DIV来进行布局设计，内页网页将采用jQuery Mobile来进行布局，完成后的参考效果如图10-86所示。

图10-86 布局移动端网页页面

● 添加相关内容：当完成网页布局后，就需要在网页中添加相关的内容，如图像、文本、表格、表单等，如图10-87所示。

图10-87 为网页添加内容

10.2.3 制作过程

下面分别制作移动端主页和第2页页面。

1. 制作移动端主页

其具体操作步骤如下。

STEP 01 启动Dreamweaver CC，选择【文件】/【新建】命令，在打开的“新建文档”对话框中选择“空白页”选项，并选择页面类型为“HTML”，在右下角的“文档类型”下拉列表框中选择“HTML5”选项，单击 创建(R) 按钮创建新的页面，如图10-88所示。

STEP 02 打开“插入”面板中的“常用”栏，在其中单击“Div”选项，打开“插入Div”对话框，在“ID”文本框中输入“all”，如图10-89所示。

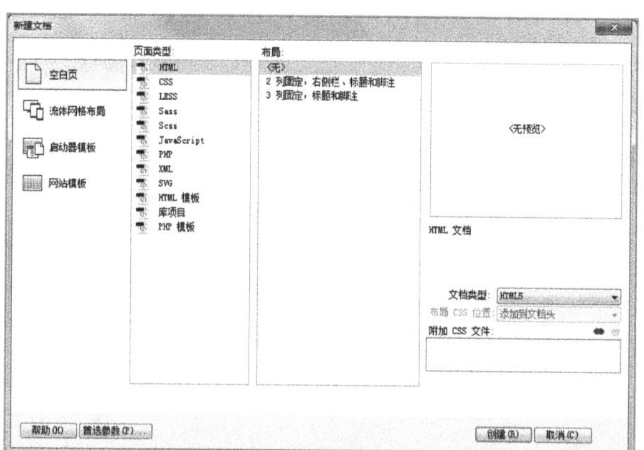

图10-88 创建页面

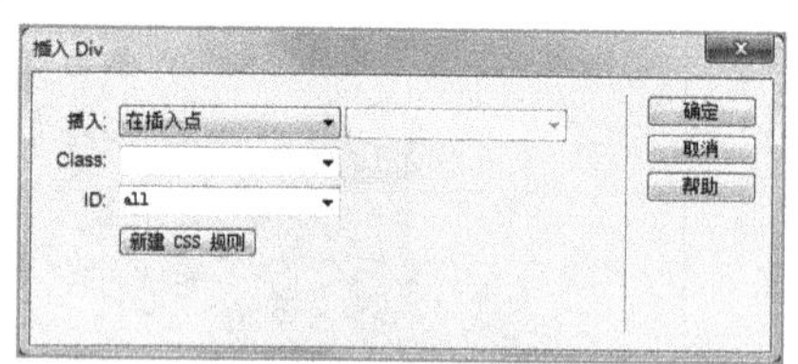

图10-89 创建DIV

STEP 03 单击 确定 按钮，打开“CSS设计器”面板，在“选择器”列表框中创建一个名称为“#all”的样式名称，然后在“属性”列表框中设置规则属性，如图10-90所示。

STEP 04 使用相同的方法在“all”DIV标签中创建3个DIV，并设置相关属性，如图10-91所示。

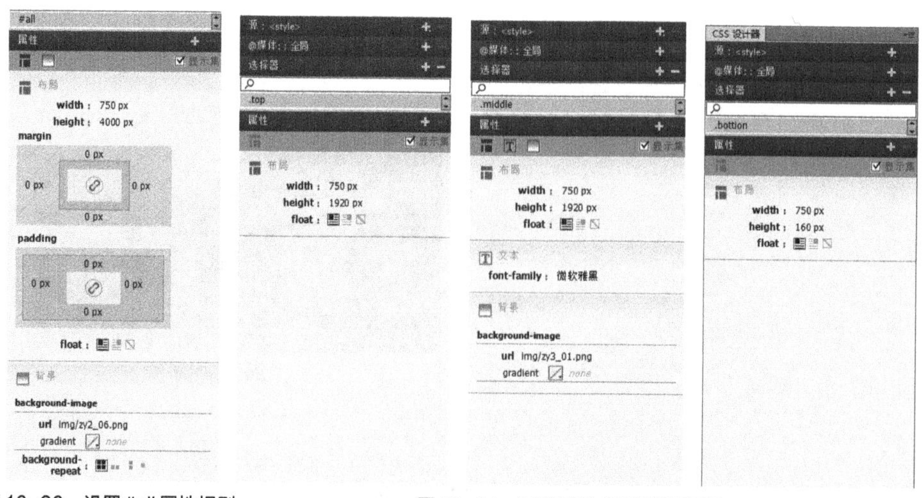

图10-90 设置#all属性规则

图10-91 设置其他CSS规则属性

STEP 05 将插入点定位到“top”DIV标签中，在其中插入“yddzy_01.png”图像，如图10-92所示。

STEP 06 将插入点定位到“middle”DIV标签中，按【Ctrl+Alt+T】组合键打开“表格”对话框，按照图10-93所示进行设置。

STEP 07 将插入点定位到第1行单元格中，设置单元格高为“205”，然后设置第3、5、7行单元格的高都为“185”，最后分别在第2、4、6行单元格中插入相关的图像文件，效果如图10-94所示。

图10-92 添加图片

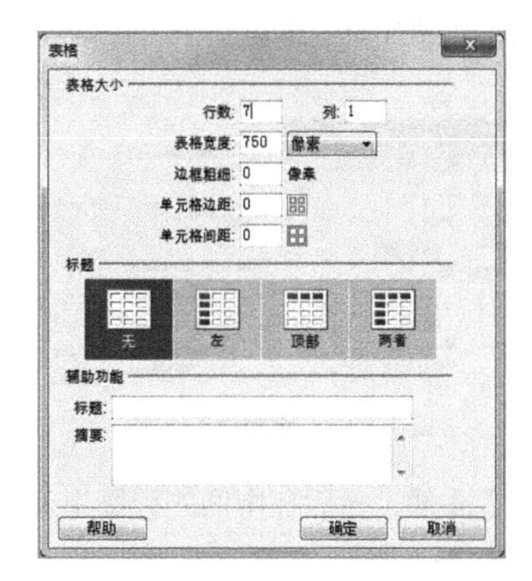

图10-93 设置表格

图10-94 添加图像

STEP 08 将插入点定位到第1行单元格中，插入一个2行1列的单元格，然后分别设置单元格属性，再在其他单元格中插入一个4行1列的单元格，并设置相关的属性，如图10-95所示。

STEP 09 将插入点定位在其中，添加相关的文字和图像，再将插入点定位到“bottion”DIV标签中，插入“yddzy_03.png”图像，效果如图10-96所示。

STEP 10 将网页名称保存为“yddindex.html”，完成网页的制作。

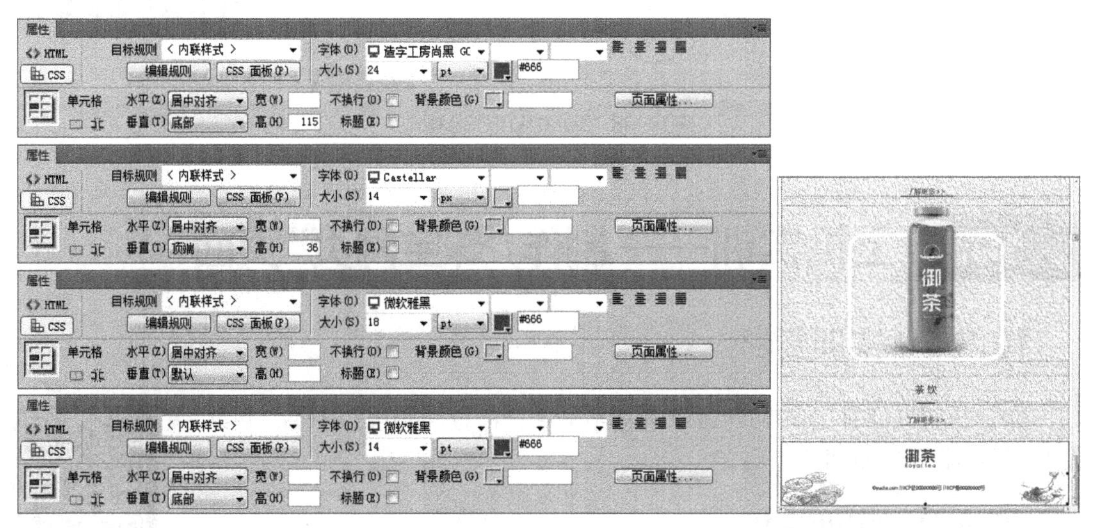

图10-95 设置单元格属性

图10-96 查看效果

2. 制作移动端第 2 页

其具体操作步骤如下。

视频教学
制作移动端第 2 页

STEP 01 新建一个网页文件，在“插入”面板的下拉列表框中选择“jQuery Mobile”选项，切换到“jQuery Mobile”插入面板，单击“页面”按钮，打开“jQuery Mobile文件”对话框，在其中保持默认设置，然后单击 确定 按钮，打开“页面”对话框，取消选中“标题”复选框，单击 确定 按钮。

STEP 02 完成简单的jQuery Mobile创建，然后保存为“yddny.html”页面，在“内容”标签中插入3个DIV标签，设置CSS样式，如图10-97所示。

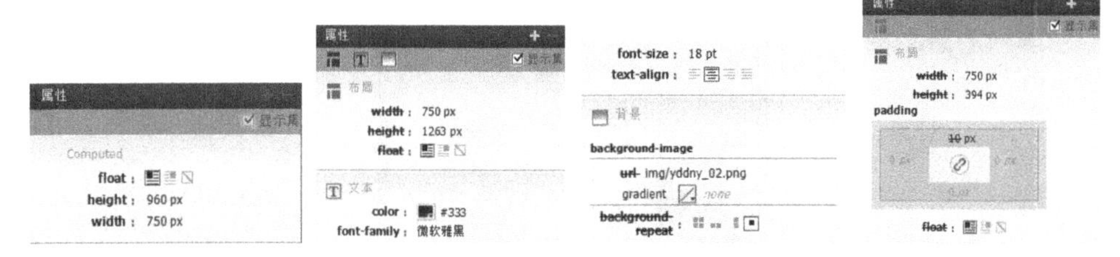

图 10-97　设置相关属性

STEP 03 在相应的标签中插入图像，然后在中间的标签中通过“jQuery Mobile”面板插入相关的表单，然后进行属性设置，如图10-98所示。

STEP 04 设置完成后再在DIV标签中插入图像，然后保存网页完成页面的制作。

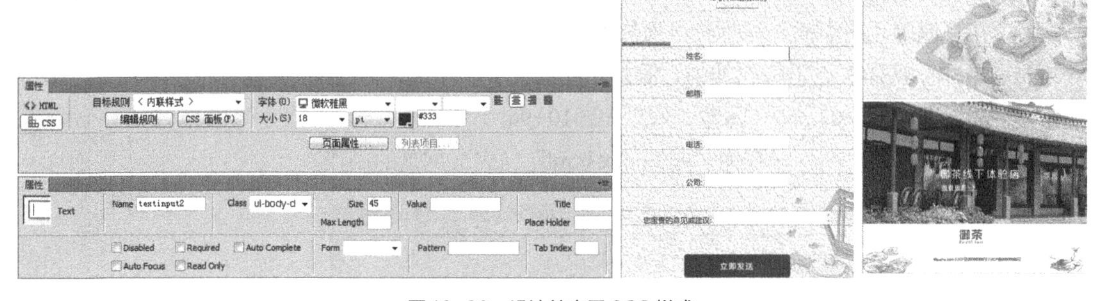

图 10-98　设计并应用CSS样式

10.3 上机实训——制作“珠宝网页”页面

10.3.1 实训要求

本实训要求为某珠宝公司的电商销售网站制作一个“产品中心”页面，该页面主要展示珠宝公司的相关产品。

视频教学
制作珠宝网页页面

10.3.2 实训分析

要让页面展示公司产品，需要先对页面进行布局，然后实现查看功能，即浏览者购买通道。本实训通过DIV来进行页面布局，然后在其中添加相关的内容，并为图像创建超链接，便于浏览者进入页面进行购买，完成后的参考效果如图10-99所示。

素材所在位置： 素材 \ 第10章 \ 上机实训 \ img \

效果所在位置： 效果 \ 第10章 \ 上机实训 \ cpzx.html

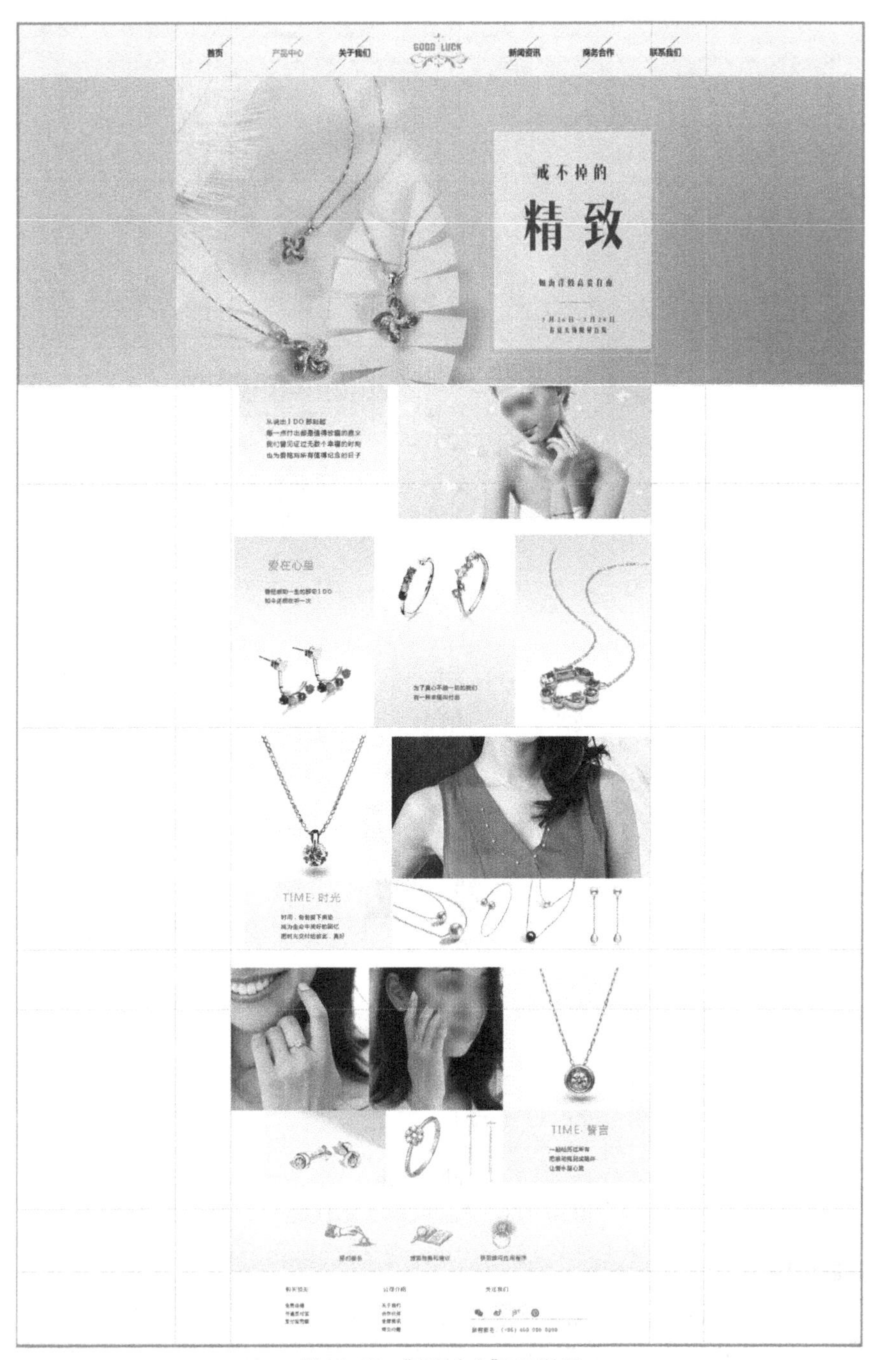

图10-99 “产品中心”页面效果

10.3.3 操作思路

完成本实训需要先创建DIV，然后在其中添加图像、文字、Flash动画等内容，其操作思路如图10-100所示。

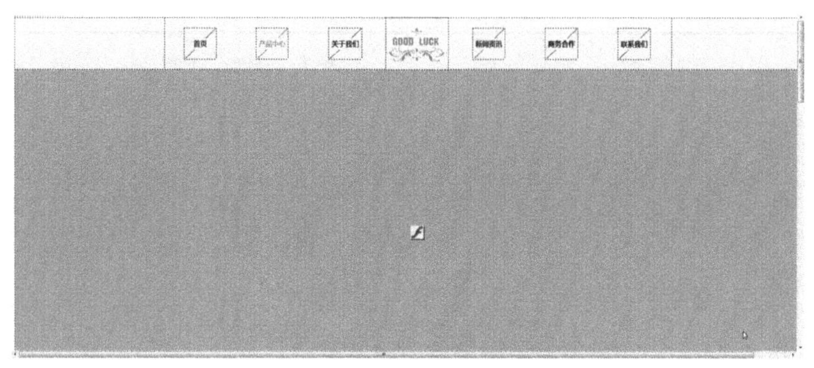

① 添加文本和Flash动画

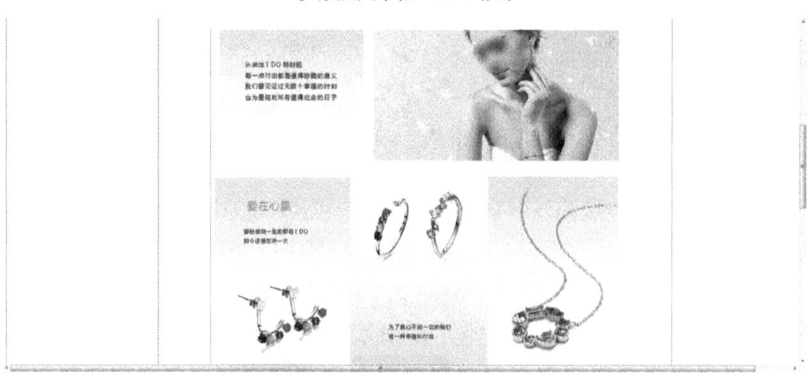

② 添加图像

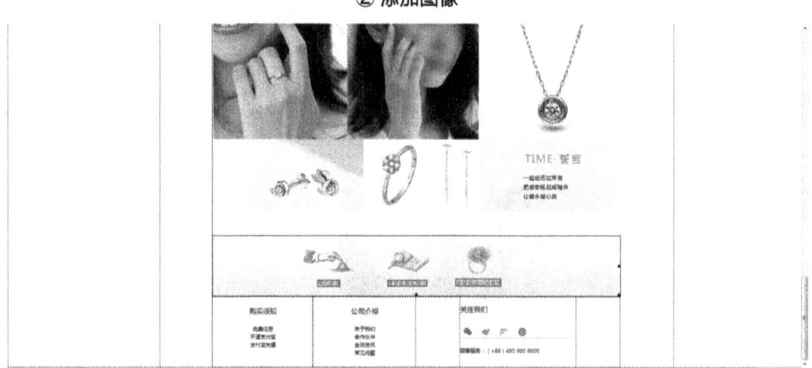

③ 添加超链接

图10-100 产品中心网页设计思路

【步骤提示】

STEP 01 启动Dreamweaver，创建一个站点，然后创建相关的文件和文件夹。

STEP 02 在网页中添加DIV标签，然后通过CSS设计器来布局网页页面，并设置相关的格式。

STEP 03 通过“插入”面板将图像和Flash动画插入到相关的DIV中，并调整大小和位置等属性。

STEP 04 选择需要添加超链接的文本或图像，在“链接”文本框中输入链接地址，然后在需要的图像区域创建热点超链接，绘制矩形热点，设置链接地址。

STEP 05 保存网页文件，然后按【F12】键预览网页文件即可。

10.4 课后练习

1. 练习1——制作“珠宝官网”首页

本练习要求为某珠宝公司设计一个电商平台的销售主页页面，完成后的参考效果如图10-101所示。

素材所在位置：素材\第10章\课后练习\imges\

效果所在位置：效果\第10章\课后练习\html\index.html

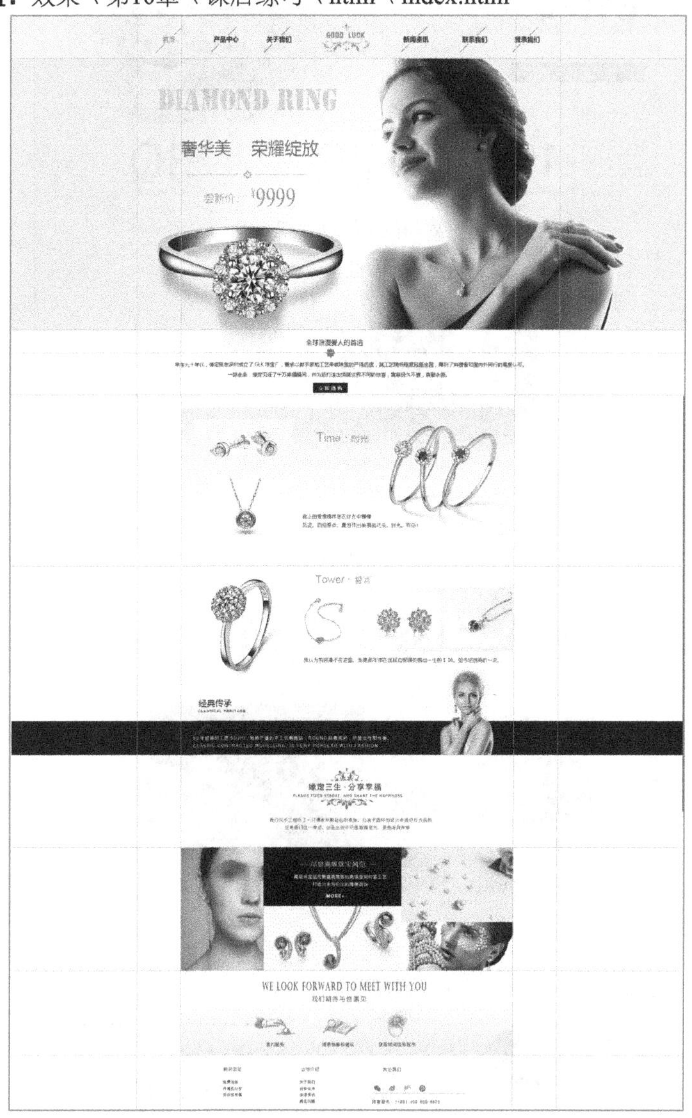

图10-101 “珠宝官网”首页参考效果

2. 练习2——制作“墨韵箱包馆”网页

本练习要求为一个箱包公司制作一个企业官网，该网站需要实现电子商务功能，制作完成后的参考效果如图10-102所示。

素材所在位置： 素材 \ 第10章 \ 课后练习 \ images \

效果所在位置： 效果 \ 第10章 \ 课后练习 \ html2 \ index.html

图10-102 “墨韵箱包馆”网页